Física I para leigos

A física envolve muito cálculo e resolução de problemas. Ter ao alcance das mãos as equações e fórmulas mais usadas pode ajudá-lo a realizar essas tarefas com mais eficiência e precisão.

EQUAÇÕES E FÓRMULAS DA FÍSICA

A física está repleta de equações e fórmulas que lidam com movimento angular, máquinas de Carnot, fluidos etc.

Veja uma lista de algumas fórmulas e equações físicas importantes para manter à mão — organizadas por assunto — para que você não precise procurar muito para encontrá-las.

MOVIMENTO ANGULAR

Equações de movimento angular são relevantes sempre que você tiver movimentos rotacionais ao redor de um eixo. Quando o objeto rotaciona por um ângulo θ com velocidade angular ω e aceleração angular α, você pode usar estas equações para reunir esses valores.

LEMBRE-SE
Você deve usar radianos para medir o ângulo. Além disso, se souber que a distância do eixo é r, então pode descobrir a distância linear viajada, s; a velocidade, v; a aceleração centrípeta, a_c; e a força, F_c. Quando um objeto com um momento de inércia, I (o equivalente angular da massa), tiver uma aceleração angular, α, então há um torque líquido, $\Sigma\tau$.

$$\omega = \frac{\Delta\theta}{\Delta t}$$

$$\alpha = \frac{\Delta\omega}{\Delta t}$$

$$\theta = \omega_i(t_t - t_i) + \frac{1}{2}\alpha(t_t - t_i)^2$$

$$\omega_t^2 - \omega_i^2 = 2\alpha\theta$$

$$s = r\theta$$

$$v = r\omega$$

$$a = r\alpha$$

$$a_c = \frac{v^2}{r}$$

$$F_c = \frac{mv^2}{r}$$

$$\Sigma\tau = I\alpha$$

$$I = \Sigma mr^2$$

Física I Para leigos

MÁQUINAS DE CARNOT

Uma máquina térmica recebe calor, Q_h, de uma fonte de alta temperatura a uma medida T_h e a move para um dissipador de temperatura (temperatura T_c) a uma taxa Q_c; no processo, realiza trabalho mecânico, W. (Esse processo pode ser revertido de forma que o trabalho seja realizado para mover o calor na direção oposta — uma bomba de calor.) A quantidade de trabalho realizado em proporção à quantidade de calor extraído da fonte de calor é o rendimento da máquina. Uma máquina de Carnot é reversível e tem o maior rendimento possível, dado pelas equações a seguir. O equivalente do rendimento para uma bomba de calor é o coeficiente da performance.

$$\text{Eficiência} = \frac{W}{Q_h}$$

$$\frac{Q_c}{Q_h} = \frac{T_c}{T_h}$$

$$\text{Eficiência} = 1 - \left(\frac{Q_c}{Q_h}\right) = 1 - \left(\frac{T_c}{T_h}\right)$$

$$\text{Coeficiente de performance} = \frac{Q_h}{W}$$

$$\text{Coeficiente de performance} = \frac{1}{1 - \left(Q_c \div Q_h\right)} = \frac{1}{1 - \left(T_c \div T_h\right)}$$

FLUIDOS

Um volume, V, de fluido com massa, m, tem densidade, $\boldsymbol{\rho}$. Uma força, F, sobre uma área, A, faz surgir uma pressão, P. A pressão de um fluido a uma profundidade h depende da densidade e da constante gravitacional, g. Objetos imersos em um fluido causando uma massa de peso, $W_{fluido\ deslocado}$, faz surgir uma força de empuxo direcionada para cima, F_{empuxo}. Por causa da conservação da massa, a taxa de fluxo de volume de um fluido se movendo com velocidade, v, por uma área transversal, A, é constante. A equação de Bernoulli relaciona a pressão e a velocidade de um fluido.

$$p = \frac{m}{V}$$

$$P = \frac{F}{A}$$

$$\Delta P = pgh$$

$$F_{flutuação} = W_{água\ deslocada}$$

$$p_1 A_1 v_1 = p_2 A_2 v_2$$

$$P_1 + \frac{1}{2}pv_1^2 + pgy_1 = P_2 + \frac{1}{2}pv_2^2 + pgy_2$$

Física I

para
leigos

Física I

Para leigos

Tradução da 2ª Edição

Steven Holzner

ALTA BOOKS
GRUPO EDITORIAL

Rio de Janeiro, 2019

Física I Para Leigos® — Tradução da 2ª Edição
Copyright © 2019 da Starlin Alta Editora e Consultoria Eireli. ISBN: 978-85-508-1089-8

Translated from original Physics I For Dummies®, 2nd Edition Copyright © 2011 by John Wiley & Sons, Inc. ISBN 978-1-119-29359-0. This translation is published and sold by permission of John Wiley & Sons, Inc, the owner of all rights to publish and sell the same. PORTUGUESE language edition published by Starlin Alta Editora e Consultoria Eireli, Copyright © 2019 by Starlin Alta Editora e Consultoria Eireli.

Todos os direitos estão reservados e protegidos por Lei. Nenhuma parte deste livro, sem autorização prévia por escrito da editora, poderá ser reproduzida ou transmitida. A violação dos Direitos Autorais é crime estabelecido na Lei nº 9.610/98 e com punição de acordo com o artigo 184 do Código Penal.

A editora não se responsabiliza pelo conteúdo da obra, formulada exclusivamente pelo(s) autor(es).

Marcas Registradas: Todos os termos mencionados e reconhecidos como Marca Registrada e/ou Comercial são de responsabilidade de seus proprietários. A editora informa não estar associada a nenhum produto e/ou fornecedor apresentado no livro.

Impresso no Brasil — 1ª Edição, 2019 — Edição revisada conforme o Acordo Ortográfico da Língua Portuguesa de 2009.

Publique seu livro com a Alta Books. Para mais informações envie um e-mail para autoria@altabooks.com.br

Obra disponível para venda corporativa e/ou personalizada. Para mais informações, fale com projetos@altabooks.com.br

Produção Editorial	Produtor Editorial	Marketing Editorial	Vendas Atacado e Varejo	Ouvidoria
Editora Alta Books	Thiê Alves	marketing@altabooks.com.br	Daniele Fonseca	ouvidoria@altabooks.com.br
Gerência Editorial		**Editor de Aquisição**	Viviane Paiva	
Anderson Vieira		José Rugeri	comercial@altabooks.com.br	
		j.rugeri@altabooks.com.br		

Equipe Editorial	Adriano Barros	Juliana de Oliveira	Laryssa Gomes	Paulo Gomes
	Bianca Teodoro	Kelry Oliveira	Leandro Lacerda	Raquel Porto
	Ian Verçosa	Keyciane Botelho	Livia Carvalho	Thales Silva
	Illysabelle Trajano	Larissa Lima	Maria de Lourdes Borges	Thauan Gomes

Tradução	Copi / Trad	Revisão Gramatical	Revisão Técnica	Diagramação
Eveline Vieira Machado	Samantha Batista	Hellen Suzuki	Daniela Nanni	Luisa Maria Gomes
		Thaís Pol	William Konnai	

Erratas e arquivos de apoio: No site da editora relatamos, com a devida correção, qualquer erro encontrado em nossos livros, bem como disponibilizamos arquivos de apoio se aplicáveis à obra em questão.
Acesse o site www.altabooks.com.br e procure pelo título do livro desejado para ter acesso às erratas, aos arquivos de apoio e/ou a outros conteúdos aplicáveis à obra.

Suporte Técnico: A obra é comercializada na forma em que está, sem direito a suporte técnico ou orientação pessoal/exclusiva ao leitor.

A editora não se responsabiliza pela manutenção, atualização e idioma dos sites referidos pelos autores nesta obra.

Dados Internacionais de Catalogação na Publicação (CIP) de acordo com ISBD

H762f   Holzner, Steven

       Física I Para Leigos / Steven Holzner ; tradução de Eveline Vieira Machado. - 1. ed. - Rio de Janeiro : Alta Books, 2019.
       416 p. : il. ; 16cm x 23cm. – (Para Leigos)

       Tradução de: Physics I For Dummies
       Inclui índice.
       ISBN: 978-85-508-1089-8

       1. Física. I. Machado, Eveline Vieira. II. Título.

2019-1315   CDD 530
                                                               CDU 53

Elaborado por Vagner Rodolfo da Silva - CRB-8/9410

Rua Viúva Cláudio, 291 – Bairro Industrial do Jacaré
CEP: 20.970-031 – Rio de Janeiro (RJ)
Tels.: (21) 3278-8069 / 3278-8419
www.altabooks.com.br – altabooks@altabooks.com.br
Ouvidoria: ouvidoria@altabooks.com.br

Sobre o Autor

Steven Holzner foi um autor premiado com mais de 130 livros, que venderam mais de 2 milhões de cópias e foram traduzidos para 23 idiomas. Trabalhou na faculdade de física na Cornell University por mais de uma década, ensinando Física 101 e Física 102. Dr. Holzner fez seu doutorado em física na Cornell e realizou seu trabalho de pós-graduação no MIT, onde também foi membro do corpo docente.

Dedicatória

Para Nancy.

Agradecimentos do Autor

Qualquer livro como este é um trabalho de muitas pessoas além do autor. Gostaria de agradecer à minha editora de aquisições, Stacy Kennedy, e a todas as outras pessoas que contribuíram com o conteúdo deste livro, incluindo Tracy Barr, Danielle Voirol, Joel Bryan, Eric Hedin e Neil Clark. Obrigado a todos.

Sumário Resumido

Introdução.. 1

Parte 1: Colocando a Física em Movimento 7
CAPÍTULO 1: Usando a Física para Entender o Seu Mundo....................9
CAPÍTULO 2: Revisando as Medidas Físicas e os Fundamentos Matemáticos..... 19
CAPÍTULO 3: Explorando a Necessidade de Velocidade...................... 33
CAPÍTULO 4: Seguindo Direções: Movimento em Duas Dimensões 59

Parte 2: Que as Forças da Física Estejam com Você........ 85
CAPÍTULO 5: Quando o Empuxo Vem Empurrar: Força 87
CAPÍTULO 6: Indo ao que Interessa com Gravidade, Planos Inclinados e Atrito .. 107
CAPÍTULO 7: Circulando em Torno do Movimento Rotacional e das Órbitas..... 127
CAPÍTULO 8: Siga o Fluxo: Observando a Pressão em Fluidos 149

Parte 3: Manifestando a Energia para o Trabalho.........173
CAPÍTULO 9: Obtendo Trabalho com a Física 175
CAPÍTULO 10: Colocando Objetos em Movimento: Quantidade
        de Movimento e Impulso 199
CAPÍTULO 11: Serpenteando com a Cinética Angular 219
CAPÍTULO 12: Circulando com a Dinâmica Rotacional...................... 245
CAPÍTULO 13: Molas: Movimento Harmônico Simples....................... 263

Parte 4: Estabelecendo as Leis da Termodinâmica 283
CAPÍTULO 14: Esquentando com a Termodinâmica......................... 285
CAPÍTULO 15: Aqui, Pegue Meu Casaco: Como o Calor É Transferido 301
CAPÍTULO 16: No Melhor de Todos os Mundos: A Lei dos Gases Ideais 317
CAPÍTULO 17: Calor e Trabalho: As Leis da Termodinâmica.................. 331

Parte 5: A Parte dos Dez 363
CAPÍTULO 18: Dez Heróis da Física.................................... 365
CAPÍTULO 19: Dez Teorias Extraordinárias da Física 373

Glossário 381

Índice.. 387

Sumário

INTRODUÇÃO 1
Sobre Este Livro. 1
Convenções Usadas Neste Livro 2
Só de Passagem. 2
Penso que... 2
Como Este Livro Está Organizado 3
Parte 1: Colocando a Física em Movimento 3
Parte 2: Que as Forças da Física Estejam com Você. 3
Parte 3: Manifestando a Energia para o Trabalho. 3
Parte 4: Estabelecendo as Leis da Termodinâmica 4
Parte 5: A Parte dos Dez 4
Ícones Usados Neste Livro 4
Além Deste Livro 5
De Lá para Cá, Daqui para Lá.... 5

PARTE 1: COLOCANDO A FÍSICA EM MOVIMENTO. 7

CAPÍTULO 1: **Usando a Física para Entender o Seu Mundo** 9
O que É Física. 10
Observando o mundo 10
Fazendo previsões 11
Colhendo as recompensas 12
Observando Objetos em Movimento 12
Medindo a rapidez, a direção, a velocidade e a aceleração 13
Girando e girando: Movimento rotacional 13
Molas e pêndulos: Movimento harmônico simples 14
Quando o Empuxo Empurra: Forças 15
Absorvendo a energia ao seu redor 15
Isso é pesado: Pressões em fluidos. 16
Sentindo-se Quente, mas Não Incomodado: Termodinâmica 17

CAPÍTULO 2: **Revisando as Medidas Físicas e os
Fundamentos Matemáticos** 19
Medindo o Mundo à Sua Volta e Fazendo Previsões 20
Usando sistemas de medição. 20
Dos metros às polegadas e de volta: Convertendo
entre as unidades. 21
Eliminando Alguns Zeros: Usando a Notação Científica. 24

Sumário   xiii

Verificando a Precisão das Medidas 26

 Sabendo quais dígitos são significantes 26

 Estimando a precisão.. 28

Armando-se com Álgebra Básica 28

Trabalhando com um Pouco de Trigonometria................... 29

Interpretando Equações como Ideias Reais.................... 30

CAPÍTULO 3: **Explorando a Necessidade de Velocidade** 33

Indo até o Fim com o Deslocamento........................... 34

 Entendendo o deslocamento e a posição 34

 Examinando eixos.. 36

Particularidades da Velocidade: Afinal, o que É Velocidade?...... 38

 Lendo o velocímetro: Velocidade instantânea.............. 39

 Ficando firme: Velocidade uniforme 39

 Mudando de velocidade: Movimento não uniforme 40

 Disparando o cronômetro: Velocidade média.............. 40

Aumentando (ou Diminuindo) a Velocidade: Aceleração........ 42

 Definindo aceleração 43

 Determinando as unidades da aceleração................. 43

 Observando a aceleração positiva e negativa 44

 Examinando a aceleração média e instantânea 47

 Decolando: Colocando na prática a fórmula da aceleração 48

 Entendendo a aceleração uniforme e não uniforme 49

Relacionando Aceleração, Tempo e Deslocamento 49

 Relações não tão distantes: Derivando a fórmula............ 50

 Calculando aceleração e distância........................ 51

Relacionando Velocidade, Aceleração e Deslocamento.......... 54

 Encontrando a aceleração................................. 55

 Encontrando o deslocamento 56

 Encontrando a velocidade final 57

CAPÍTULO 4: **Seguindo Direções: Movimento em Duas Dimensões** 59

Visualizando Vetores.. 60

 Pedindo direções: Fundamentos do vetor.................. 60

 Observando a adição de vetores do início ao fim.......... 61

 Encontro de cabeças na subtração de vetores.............. 62

Colocando Vetores na Grade 63

 Somando vetores ao somar coordenadas................... 63

 Mudando o comprimento: Multiplicando um vetor
 por um número 64

Um Pouco de Trigonometria: Dividindo Vetores
 em Componentes.. 65

xiv Física I Para Leigos

Encontrando os componentes do vetor. 66

Reagrupando os componentes como um vetor 68

Apresentando Deslocamento, Velocidade e Aceleração em 2D. . . 71

Deslocamento: Percorrendo a distância em duas dimensões. . 72

Velocidade: Indo rápido em uma nova direção. 75

Aceleração: Obtendo um novo ângulo nas mudanças
de velocidade 76

Acelerando para Baixo: Movimento sob a Influência
da Gravidade 78

O exercício da bola de golfe no penhasco 78

O exercício de até onde você consegue chutar a bola 81

PARTE 2: QUE AS FORÇAS DA FÍSICA ESTEJAM COM VOCÊ 85

CAPÍTULO 5: Quando o Empuxo Vem Empurrar: Força 87

A Primeira Lei de Newton: Resistindo com a Inércia. 88

Resistindo à mudança: Inércia e massa 89

Medindo a massa 90

A Segunda Lei de Newton: Relacionando Força, Massa
e Aceleração. 91

Relacionando a fórmula ao mundo real 91

Nomeando as unidades de força. 92

Adição de vetores: Reunindo as forças. 93

A Terceira Lei de Newton: Observando Forças Iguais e Opostas. . . 98

Vendo a terceira lei de Newton em ação 98

Puxando com força suficiente para superar o atrito 99

Roldanas: Suportando o dobro da força 100

Analisando os ângulos e a força na terceira lei de Newton. . . . 102

Encontrando o equilíbrio. 104

CAPÍTULO 6: Indo ao que Interessa com Gravidade, Planos Inclinados e Atrito 107

Aceleração Devido à Gravidade: Uma das Pequenas
Constantes da Vida. 108

Descobrindo um Novo Ângulo da Gravidade com
Planos Inclinados 108

Descobrindo a força da gravidade por uma rampa 109

Descobrindo a velocidade por uma rampa 111

Grudando com o Atrito 112

Calculando o atrito e a força normal. 112

Conquistando o coeficiente de atrito 113

Em movimento: Entendendo o atrito estático e cinético......114
Um declive não tão escorregadio: Lidando com
o atrito na subida e na descida 116
Vamos Nos Animar! Enviando Objetos pelo Ar 121
Lançando um objeto para cima 121
Movimento do projétil: Atirando um objeto em ângulo.......124

CAPÍTULO 7: **Circulando em Torno do Movimento
Rotacional e das Órbitas**...........................127
Aceleração Centrípeta: Mudando a Direção para
se Mover em Círculos.....................................128
Mantendo uma velocidade constante com o
movimento circular uniforme..........................129
Encontrando a grandeza da aceleração centrípeta 130
Buscando o Centro: Força Centrípeta 131
Observando a força necessária 131
Vendo como a massa, a velocidade e o raio afetam
a força centrípeta 132
Negociando curvas planas e inclinadas 133
Ficando Angular com Deslocamento, Velocidade e Aceleração ...136
Medindo ângulos em radianos...........................136
Relacionando movimento linear e angular.................137
Deixando a Gravidade Fornecer Força Centrípeta 139
Usando a lei da gravitação universal de Newton 139
Derivando a força da gravidade na superfície da Terra.......141
Usando a lei da gravitação para examinar órbitas circulares ..142
Dando uma Volta Completa: Movimento Circular Vertical.......146

CAPÍTULO 8: **Siga o Fluxo: Observando a
Pressão em Fluidos**.................................149
Densidade da Massa: Obtendo Informações Internas...........150
Calculando a densidade.................................150
Comparando densidades com gravidade específica 151
Aplicando Pressão..152
Observando unidades de pressão........................152
Conectando a pressão a mudanças na profundidade........153
Máquinas hidráulicas: Passando a pressão com
o princípio de Pascal 157
Flutuação: Faça Seu Barco Flutuar com o Princípio
de Arquimedes 159
Mecânica dos Fluidos: Movimentando-se com os Fluidos.......161
Caracterizando o tipo de fluxo 162
Imaginando o fluxo com linhas...........................164

xvi   **Física I Para Leigos**

No Passo do Fluxo e da Pressão 165
   A equação de continuidade: Relacionando o tamanho
   do cano e as taxas de fluxo 165
   Equação de Bernoulli: Relacionando velocidade e pressão ... 168
   Canos e pressão: Juntando tudo 169

PARTE 3: MANIFESTANDO A ENERGIA PARA O TRABALHO 173

CAPÍTULO 9: **Obtendo Trabalho com a Física** 175

Procurando Trabalho 175
   Trabalhando nos sistemas de medição 176
   Empurrando seu peso: Aplicando a força na
   direção do movimento 176
   Usando um cabo para reboque: Aplicando força em ângulo.. 178
   Trabalho negativo: Aplicando força oposta à direção
   do movimento.. 180
Fazendo um Movimento: Energia Cinética 181
   O teorema do trabalho-energia: Transformando
   o trabalho em energia cinética.......................... 181
   Usando a equação da energia cinética.................... 183
   Calculando mudanças na energia cinética utilizando
   a força resultante 184
Energia no Banco: Energia Potencial 186
   A novas alturas: Ganhando energia potencial
   ao trabalhar contra a gravidade 186
   Alcançando seu potencial: Convertendo energia
   potencial em energia cinética........................... 187
Escolha Seu Caminho: Forças Conservativas versus
Forças Não Conservativas.................................. 188
Mantendo a Energia Lá em Cima: A Conservação
da Energia Mecânica 190
   Alternando entre energia cinética e energia potencial 190
   O equilíbrio de energia mecânica: Encontrando
   a velocidade e a altura................................. 192
Aumentando a Potência: A Razão da Realização do Trabalho 194
   Usando unidades comuns de potência 195
   Fazendo cálculos alternativos de potência................ 196

CAPÍTULO 10: **Colocando Objetos em Movimento: Quantidade de Movimento e Impulso** 199

Vendo o Impacto do Impulso 200
Reunindo a Quantidade de Movimento 201
Teorema do Impulso-Quantidade de Movimento:
   Relacionando Impulso e Quantidade de Movimento.......... 202

Sumário   xvii

Mesa de sinuca: Encontrando a força a partir do impulso
e da quantidade de movimento. 203
Cantando na chuva: Uma atividade impulsiva. 205
Quando os Objetos Ficam Doidos: Conservando a
Quantidade de Movimento. 206
Derivando a fórmula da conservação 206
Descobrindo a velocidade com a conservação da
quantidade de movimento 208
Descobrindo a velocidade do disparo com a conservação
da quantidade de movimento 209
Quando os Mundos (ou Carros) Colidem: Colisões
Elásticas e Inelásticas. 211
Determinando se uma colisão é elástica 212
Colidindo elasticamente em linha 213
Colidindo elasticamente em duas dimensões. 215

CAPÍTULO 11: Serpenteando com a Cinética Angular 219

Indo do Movimento Linear ao Rotacional. 220
Entendendo o Movimento Tangencial. 221
Encontrando a velocidade tangencial 221
Encontrando a aceleração tangencial 223
Encontrando a aceleração centrípeta. .224
Aplicando Vetores na Rotação 226
Calculando a velocidade angular 226
Descobrindo a aceleração angular 227
Torcendo e Gritando: Torque 229
Mapeando a equação do torque 231
Compreendendo os braços de alavanca 233
Descobrindo o torque gerado 233
Reconhecendo que o torque é um vetor 235
Girando em Velocidade Constante: Equilíbrio Rotacional 235
Determinando quanto peso Hércules consegue levantar. 236
Hasteando uma bandeira: Um problema
de equilíbrio rotacional 239
Segurança da escada: Introduzindo o atrito
no equilíbrio rotacional 241

CAPÍTULO 12: Circulando com a Dinâmica Rotacional 245

Chegando ao Movimento Angular com a
Segunda Lei de Newton. 245
Mudando de força para torque 246
Convertendo a aceleração tangencial em
aceleração angular. 247
Incluindo o momento de inércia 247

xviii   Física I Para Leigos

Momentos de Inércia: Observando a Distribuição da Massa 248
    DVD players e torque: Um exemplo de inércia
      com um disco girando. 250
    Aceleração angular e torque: Um exemplo de
      inércia com roldana 252
Compreendendo o Trabalho Rotacional e a Energia Cinética. . . . 254
    Dando um giro com o trabalho 255
    Seguindo com a energia cinética rotacional 256
    Vamos rolar! Encontrando a energia cinética rotacional
      em uma rampa 257
Impossível Parar: Quantidade de Movimento Angular. 259
    Conservando a quantidade de movimento angular. 260
    Órbitas de satélites: Um exemplo da conservação
      da quantidade de movimento angular 260

CAPÍTULO 13: **Molas: Movimento Harmônico Simples** 263

Retornando com a Lei de Hooke 263
    Esticando e comprimindo molas 264
    Empurrando ou puxando de volta: A força
      restauradora da mola 264
Movendo-se com o Movimento Harmônico Simples 266
    Próximo do equilíbrio: Examinando molas
      horizontais e verticais 266
    Pegando a onda: Um seno de movimento
      harmônico simples. 268
    Encontrando a frequência angular de uma massa
      em uma mola 275
Fatorando a Energia em Movimento Harmônico Simples 278
Balançando com Pêndulos 279

PARTE 4: ESTABELECENDO AS LEIS DA TERMODINÂMICA 283

CAPÍTULO 14: **Esquentando com a Termodinâmica** 285

Medindo a Temperatura 286
    Fahrenheit e Celsius: Trabalhando em graus. 286
    Mirando a escala Kelvin 287
Esquentando: Dilatação Térmica 288
    Dilatação linear: Alongando. 289
    Dilatação volumétrica: Ocupando mais espaço. 291
Calor: Seguindo a Propagação (da Energia Térmica) 294
    Sendo específico sobre as mudanças de temperatura 295
    Apenas uma nova fase: Adicionando calor sem mudar
      a temperatura 296

Sumário   xix

CAPÍTULO 15: Aqui, Pegue Meu Casaco: Como o Calor É Transferido 301

Convecção: Deixando o Calor Fluir. 302
O fluido quente sobe: Colocando o fluido em movimento
com a convecção natural 302
Controlando o fluxo com a convecção forçada. 303
Quente Demais para Aguentar: Entrando em Contato
com a Condução. 304
Encontrando a equação da condução 305
Considerando condutores e isolantes 309
Radiação: Pegando a Onda (Eletromagnética). 310
Radiação mútua: Dando e recebendo calor. 311
Corpos negros: Absorvendo e refletindo a radiação 312

CAPÍTULO 16: No Melhor de Todos os Mundos: A Lei dos Gases Ideais 317

Investigando Moléculas e Mols com o Número de Avogadro. 318
Relacionando Pressão, Volume e Temperatura
com a Lei dos Gases Ideais. 319
Forjando a lei dos gases ideais. 320
Trabalhando com as condições normais de
temperatura e pressão 322
Problemas para respirar: Verificando seu oxigênio 322
As leis de Boyle e Charles: Expressões alternativas
da lei dos gases ideais 323
Rastreando Moléculas de Gás Ideal com a Fórmula
da Energia Cinética. 326
Prevendo a velocidade das moléculas de ar 326
Calculando a energia cinética em um gás ideal. 327

CAPÍTULO 17: Calor e Trabalho: As Leis da Termodinâmica . . 331

Equilíbrio Térmico: Obtendo a Temperatura com a Lei Zero 332
Conservando Energia: A Primeira Lei da Termodinâmica 332
Calculando com conservação de energia. 333
Permanecendo constante: Processos isobárico,
isocórico, isotérmico e adiabático 336
Do Quente ao Frio: A Segunda Lei da Termodinâmica. 350
Motores térmicos: Colocando o calor para trabalhar 351
Limitando a eficiência: Carnot diz que não se pode ter tudo . . 354
Indo contra a corrente com bombas de calor. 357
Congelando: A Terceira (e Absolutamente Última)
Lei da Termodinâmica 361

XX   Física I Para Leigos

PARTE 5: A PARTE DOS DEZ 363

CAPÍTULO 18: Dez Heróis da Física 365

Galileu Galilei 365

Robert Hooke...366

Sir Isaac Newton 366

Benjamin Franklin 367

Charles-Augustin de Coulomb 368

Amedeo Avogadro...368

Nicolas Léonard Sadi Carnot.................................369

James Prescott Joule 369

William Thomson (Lord Kelvin) 370

Albert Einstein 370

CAPÍTULO 19: Dez Teorias Extraordinárias da Física 373

Você Pode Medir a Distância Menor 373

Pode Existir um Tempo Menor...............................374

Heisenberg Diz que Você Não Pode Ter Certeza 374

Buracos Negros Não Deixam a Luz Sair 375

A Gravidade Curva o Espaço.................................375

A Matéria e a Antimatéria Se Destroem 376

As Supernovas São as Explosões Mais Poderosas 377

O Universo Começa com o Big Bang e Termina
com o Gnab Gib 378

Os Fornos de Micro-ondas São Física Quente.................378

O Universo É Feito para Medir? 380

GLOSSÁRIO 381

ÍNDICE 387

xxii   Física I Para Leigos

Introdução

Física é tudo. *Tudo* o quê? Todas as coisas. Ela está presente em toda ação à sua volta. E, como está por toda parte, chega a alguns lugares complicados e pode ficar difícil de acompanhar. Estudar física pode ser ainda pior quando você lê um livro denso e complicado.

Para a maioria das pessoas que entra em contato com a física, os livros didáticos com cerca de 1.200 páginas são sua única opção neste campo surpreendentemente rico e gratificante. E o que se segue são lutas cansativas quando os leitores tentam escalar uma impressionante murada de volumes enormes. Nenhuma alma corajosa quis escrever um livro sobre física do ponto de vista do *leitor*? Existe uma alma pronta para essa tarefa, e estou aqui com tal livro.

Sobre Este Livro

Física I Para Leigos, tradução da 2ª edição, é todo sobre física do seu ponto de vista. Ensinei física a milhares de alunos no nível universitário e, a partir dessa experiência, sei que a maioria dos estudantes compartilha um traço comum: a confusão. Do tipo: "Estou confuso com o que fiz para merecer tal tortura."

Este livro é diferente. Em vez de escrevê-lo a partir do ponto de vista do físico ou do professor, escrevi a partir do ponto de vista do leitor. Depois de milhares de aulas particulares, sei em que parte um livro normalmente começa a confundir as pessoas e tive muito cuidado para descartar um pouco de explicações passo a passo. Você não sobrevive às aulas particulares por muito tempo, a menos que saiba o que realmente faz sentido para as pessoas — o que elas querem ver a partir de *seus* pontos de vista. Em outras palavras, planejei este livro para estar repleto de coisas boas — e *apenas* as coisas boas. Descubra também maneiras únicas de enxergar os problemas que os professores usam para simplificar sua compreensão.

Convenções Usadas Neste Livro

Alguns livros têm várias convenções que você precisa conhecer antes de começar. Este não. Tudo o que precisa saber é que variáveis e termos novos aparecem em itálico, *assim*, e que os vetores — os itens que têm uma grandeza e uma direção — aparecem em **negrito.** Endereços de sites aparecem em `monofont`.

Só de Passagem

Forneço dois elementos neste livro que você não terá que ler se não estiver interessado nos trabalhos internos da física — boxes e parágrafos marcados com o ícone Papo de Especialista.

Os boxes proporcionam um pouco mais de visão sobre o que está acontecendo com um tópico específico. Eles fornecem um pouco mais de história, por exemplo, de como algum físico famoso fez o que fez ou de uma aplicação real inesperada do ponto discutido. Você pode pular esses boxes, se quiser, sem perder nada essencial.

O material Papo de Especialista oferece visões técnicas sobre um tópico, mas não se perde nenhuma informação necessária para resolver um problema. Nada será perdido do seu tour guiado pelo mundo da física.

Penso que...

Ao escrever este livro, fiz algumas suposições sobre você:

» Você não tem nenhum ou muito pouco conhecimento prévio de física.

» Você tem certo talento matemático. Em particular, sabe álgebra e um pouco de trigonometria. Não é preciso ser um profissional da álgebra, mas é necessário saber como mover itens de um lado para o outro da equação e como encontrar valores.

» Você quer explicações claras e concisas de conceitos da física, e quer exemplos que mostrem esses conceitos na prática.

Como Este Livro Está Organizado

O mundo natural é *grande*. E, para lidar com ele, a física o divide em partes diferentes. As seções a seguir apresentam as várias partes encontradas neste livro.

Parte 1: Colocando a Física em Movimento

Você geralmente inicia sua jornada da física com o movimento, pois descrevê--lo — incluindo aceleração, velocidade e deslocamento — não é muito difícil. Você precisa lidar com poucas equações e pode dominá-las em pouco tempo. Examinar o movimento é uma ótima maneira de entender como a física funciona, tanto medindo quanto prevendo o que está acontecendo.

Parte 2: Que as Forças da Física Estejam com Você

"Para toda ação, há uma reação oposta e de igual intensidade." Já ouviu isso? A lei e suas implicações associadas aparecem nesta parte. Sem forças, o movimento dos objetos não aconteceria, contribuindo para um mundo bem chato. Graças ao Sr. Isaac Newton, a física é particularmente boa em explicar o que acontece quando forças são aplicadas. Você também dá uma olhada no movimento dos fluidos nesta parte.

Parte 3: Manifestando a Energia para o Trabalho

Se aplicar uma força em um objeto, movendo-o e fazendo-o ir de modo mais rápido, o que você realmente está fazendo? Está fazendo um trabalho, e esse trabalho se transforma na energia cinética desse objeto. Juntos, o trabalho e a energia explicam muito sobre o mundo louco à nossa volta, e é por isso que dedico a Parte 3 a esses tópicos.

Parte 4: Estabelecendo as Leis da Termodinâmica

O que acontece quando coloca seu dedo em uma vela acesa e deixa ele lá? Você queima o dedo! E completa um experimento de transferência de calor, um dos tópicos da Parte 4, um resumo da termodinâmica — a física do calor e do fluxo dele. Também vemos como as máquinas térmicas funcionam, como o gelo derrete, como o gás ideal se comporta e muito mais.

Parte 5: A Parte dos Dez

A Parte dos Dez é composta de listas rápidas com dez itens cada uma. Descubra todos os tipos de tópicos surpreendentes aqui, como um pouco de física legal — tudo, desde buracos negros e o Big Bang, até os buracos no espaço e a menor distância em que o espaço pode ser dividido — além de alguns cientistas famosos cujas contribuições fizeram uma diferença enorme no campo.

Ícones Usados Neste Livro

Você pode encontrar alguns ícones neste livro que chamam atenção para certas informações. Aqui estão os significados dos ícones:

LEMBRE-SE

Este ícone marca as informações que devem ser lembradas, como a aplicação de uma lei da física ou um atalho para uma equação particularmente interessante.

DICA

Ao se deparar com este ícone, esteja preparado para encontrar um atalho nos cálculos ou informações que o ajudarão a entender melhor um tópico.

CUIDADO

Este ícone destaca erros comuns que as pessoas cometem ao estudar física e resolver problemas.

PAPO DE ESPECIALISTA

Este ícone significa que a informação é técnica, de especialista. Você não precisa ler se não quiser, mas, caso queira se tornar um especialista em física (e quem não quer?), dê uma olhada.

Além Deste Livro

Você pode acessar a Folha de Cola Online no site da editora Alta Books (`www.altabooks.com.br`). Procure pelo título do livro. Faça o download da Folha de Cola completa, bem como de erratas e possíveis arquivos de apoio.

De Lá para Cá, Daqui para Lá...

Você pode folhear este livro; não precisa lê-lo do início ao fim. Como alguns outros livros *Para Leigos*, este foi planejado para permitir que o leitor vá e volte o quanto quiser. Este é seu livro e a física é o seu mundo. Você pode pular para o Capítulo 1, que é onde a ação começa; pode ir para o Capítulo 2 para ver uma análise sobre a álgebra e a trigonometria necessárias; ou pode pular para qualquer parte desejada se souber exatamente qual tópico deseja estudar. E quando estiver pronto para tópicos mais avançados, de eletromagnetismo à relatividade e à física nuclear, confira *Física II Para Leigos*.

6   Física I Para Leigos

1

Colocando a Física em Movimento

NESTA PARTE...

A Parte 1 serve para introduzi-lo às formas da física. O movimento é um dos tópicos de física mais fáceis de se trabalhar, e você pode se tornar um mestre do movimento com apenas algumas equações. Esta parte também o equipa com informações básicas sobre matemática e medidas para mostrar como as equações de física descrevem o mundo ao seu redor. É só inserir os números e você fará cálculos que deixarão seus colegas de queixo caído.

NESTE CAPÍTULO

» Reconhecendo a física no seu mundo

» Entendendo o movimento

» Lidando com a força e a energia ao seu redor

» Esquentando com a termodinâmica

Capítulo **1**

Usando a Física para Entender o Seu Mundo

A física é o estudo do mundo e do Universo à sua volta. Por sorte, os comportamentos da matéria e da energia — as coisas deste Universo — não são completamente incontroláveis. Na verdade, elas obedecem leis rígidas, que os físicos revelam gradualmente por meio de aplicações cuidadosas do *método científico*, que depende da evidência experimental e de certo raciocínio rigoroso. Assim, os físicos têm descoberto cada vez mais a beleza que reside no coração dos trabalhos do Universo, do infinitamente pequeno ao surpreendentemente grande.

A física é uma ciência abrangente. Você pode estudar vários aspectos do mundo natural (na verdade, a palavra *física* deriva do grego *physika*, que significa "coisas naturais") e, consequentemente, pode estudar diferentes campos: a física dos objetos em movimento, da energia, das forças, dos gases, do calor e da temperatura, e assim por diante. Desfrute do estudo de todos esses tópicos e muitos outros neste livro. Neste capítulo, dou uma visão geral da física — o que é, do que trata e por que os cálculos matemáticos são importantes para ela — para começar.

O que É Física

Muitas pessoas ficam nervosas quando pensam na física. Para elas, o assunto parece um tópico intelectual que tira números e regras do além. Mas a verdade é que a física existe para ajudá-lo a compreender o mundo. É uma aventura humana, executada em nome de todos, sobre a forma em que o mundo funciona.

LEMBRE-SE

Na raiz, a física se trata de conscientizar-se do seu mundo e de usar modelos mentais e matemáticos para explicá-lo. A essência é a seguinte: comece fazendo uma observação, crie um modelo para simular essa situação e, então, acrescente um pouco de matemática para preencher — e voilà! Você tem o poder de prever o que acontecerá no mundo real. Toda essa matemática existe para que veja o que acontece e por que acontece.

Nesta seção, explico como as observações do mundo real se encaixam na matemática. As seções posteriores o levam em uma turnê curta de tópicos-chave que abrangem a física básica.

Observando o mundo

Você pode observar muitas coisas acontecendo à sua volta em seu mundo complexo. As folhas estão balançando, o sol está brilhando, as lâmpadas estão acesas, os carros estão se movendo, as impressoras estão imprimindo, as pessoas estão caminhando e andando de bicicleta, os rios estão fluindo e assim por diante. Quando para e examina essas ações, sua curiosidade natural dá margem a perguntas infinitas, como estas:

- » Por que escorrego quando tento escalar um monte de neve?
- » Qual é a distância das estrelas e quanto tempo levaria para chegar lá?
- » Como funciona a asa de um avião?
- » Como uma garrafa térmica mantém quentes as coisas quentes *e* frias as coisas frias?
- » Por que um navio de cruzeiros enorme flutua e um clipe de papel afunda?
- » Por que a água borbulha quando ferve?

10 PARTE 1 **Colocando a Física em Movimento**

Qualquer lei da física vem de uma observação muito atenta do mundo, e qualquer teoria que um físico elabore precisa enfrentar medidas experimentais. Este estudo vai além das declarações qualitativas sobre coisas físicas — "Se eu empurrar a criança no balanço com mais força, então ela balançará mais alto", por exemplo. Com as leis, é possível prever precisamente a altura que a criança no balanço alcançará.

Fazendo previsões

A física trata de modelar o mundo (embora um ponto de vista alternativo alegue que ela, na realidade, revela a verdade sobre o funcionamento do mundo; não só o modela). Use esses modelos mentais para descrever como o mundo funciona: como blocos deslizam rampa abaixo, como as estrelas se formam e brilham, como os buracos negros prendem a luz para que não possa escapar, o que acontece quando carros colidem e assim por diante.

Quando esses modelos são criados pela primeira vez, às vezes têm pouco a ver com números; apenas tratam da essência da situação. Por exemplo, uma estrela é formada por esta camada e depois aquela camada e, como resultado, esta reação ocorre seguida por aquela. E — bum! — temos uma estrela. Com o passar do tempo, esses modelos ficam mais numéricos, e é aí que os alunos começam a ter problemas. As aulas de física seriam moleza se você pudesse simplesmente dizer: "Aquele carro vai rolar ladeira abaixo e, ao chegar próximo do fim, rolará cada vez mais rápido." Mas a história é mais complicada — podemos não só dizer que o carro rolará mais rápido, mas, ao exercer sua maestria sobre o mundo físico, também podemos dizer que velocidade ele alcançará.

Há uma interação delicada entre a teoria, formulada com matemática, e as medidas experimentais. Muitas vezes, as medidas experimentais não só verificam teorias, mas também sugerem ideias para novas teorias, que por sua vez sugerem novos experimentos. Ambas se alimentam e levam a mais descobertas.

Muitas pessoas que abordam esse assunto podem achar que a matemática é algo tedioso e abstrato demais. No entanto, no contexto da física, a matemática ganha vida. Uma equação quadrática pode parecer um pouco seca, mas, quando você a utiliza para encontrar o ângulo correto para disparar um foguete na trajetória perfeita, pode achá-la mais palatável. O Capítulo 2 explica toda a matemática necessária para realizar cálculos básicos de física.

Colhendo as recompensas

Então o que você conseguirá com a física? Se quiser seguir uma carreira na área ou em um campo alinhado, como a engenharia, a resposta é clara: precisará deste conhecimento diariamente. Mas, mesmo que não esteja planejando embarcar em uma carreira relacionada, pode ganhar muito ao estudar o assunto. É possível aplicar na vida real muito do que se descobre em um curso introdutório de física:

» De certo modo, todas as outras ciências são baseadas na física. Por exemplo, a estrutura e as propriedades elétricas dos átomos determinam as reações químicas; portanto, toda a química é governada pelas leis da física. Na verdade, você poderia argumentar que tudo acaba se resumindo nas leis da física!

» A física trata de alguns fenômenos bem legais. Muitos vídeos de fenômenos físicos são virais do YouTube; confira. Faça uma pesquisa por "fluido não newtoniano" e poderá assistir à dança lenta e fluida de uma mistura de água e amido de milho em um alto-falante.

» Mais importantes do que as aplicações da física são as habilidades de resolução de problemas que ela proporciona para abordar qualquer tipo de questão. Os problemas de física o treinam a recuar, considerar suas opções para atacar, selecionar seu método e, então, resolver o problema da forma mais fácil possível.

Observando Objetos em Movimento

Algumas das perguntas mais fundamentais que você pode ter sobre o mundo lidam com os objetos em movimento. Aquela pedra rolando em sua direção diminuirá de velocidade? Com que rapidez você terá que se mover para sair de seu caminho? (Espere só um pouco enquanto pego minha calculadora...) O movimento foi uma das primeiras explorações da física.

Quando olhamos em volta, vemos que o movimento dos objetos muda o tempo todo. Você vê uma folha caindo e, então, parando quando atinge o chão, apenas para ser apanhada de novo pelo vento. Vê uma bola de sinuca atingir as outras do modo errado para que todas se movam sem ir para onde deveriam. A Parte 1 deste livro lida com objetos em movimento — de bolas a vagões de trem e a maioria dos objetos intermediários. Nesta seção, apresento o movimento em linha reta, o movimento rotacional e o movimento cíclico de molas e pêndulos.

Medindo a rapidez, a direção, a velocidade e a aceleração

A rapidez é importante para os físicos — a que velocidade um objeto está se movendo? Cinquenta e seis quilômetros por hora não é o bastante? Que tal 5.600? Isso não é problema quando se trata da física. Além da rapidez, a direção para a qual um objeto se move é importante se você quiser descrever seu movimento. Se o time da casa está levando a bola pelo campo, você precisa garantir que estejam indo na direção certa.

Quando junta a rapidez e a direção, obtém um vetor — o vetor velocidade. Os vetores são um tipo muito útil de quantidade. Tudo o que tem tamanho e direção é melhor descrito com um *vetor*. Os vetores geralmente são representados por flechas, em que o comprimento da flecha dá a magnitude (tamanho) e para onde a flecha aponta dá a direção. Para um vetor velocidade, o comprimento corresponde à rapidez do objeto, e a flecha aponta para a direção em que o objeto está se movendo. (Para descobrir como usar vetores, vá ao Capítulo 4.)

Tudo tem uma velocidade, então ela é ótima para descrever o mundo ao seu redor. Mesmo que um objeto esteja em repouso em relação ao solo, ele ainda está na Terra, que tem uma velocidade. (E, se tudo tem uma velocidade, não é de se espantar que os físicos continuem recebendo financiamento — alguém precisa medir todo esse movimento.)

Se você já andou de carro, sabe que a velocidade não é o fim da história. Os carros não ligam a 90km por hora; eles precisam acelerar até atingir essa velocidade. Como a velocidade, a aceleração não tem apenas uma magnitude, mas também uma direção, então a aceleração também é um vetor na física. Trato de rapidez, velocidade e aceleração no Capítulo 3.

Girando e girando: Movimento rotacional

Muitas coisas giram no mundo cotidiano — CDs, DVDs, pneus, braços de arremessadores, roupas na secadora, montanhas-russas fazendo loop, ou apenas criancinhas girando de alegria com a primeira nevasca. Sendo esse o caso, os físicos querem entrar em ação com as medidas. Assim como você pode ter um carro se movendo e acelerando em linha reta, seus pneus podem girar e acelerar em um círculo.

Passar do mundo linear para o rotacional é bem fácil, porque há *análogos* (palavra chique para "equivalentes") físicos úteis para tudo o que é linear no mundo rotacional. Por exemplo, a distância percorrida se transforma em uma volta angular. A velocidade em metros por segundo se transforma em uma velocidade em volta angular por segundo. Até a aceleração linear se transforma em aceleração rotacional.

Então, quando você sabe movimento linear, o movimento rotacional vem de mão beijada. Use as mesmas equações para ambos, o movimento linear e o angular — apenas símbolos diferentes com significados levemente diferentes (o ângulo substitui a distância, por exemplo) —, e estará pronto para dar voltas em pouco tempo. O Capítulo 7 tem mais detalhes.

Molas e pêndulos: Movimento harmônico simples

Você já viu alguma coisa balançando para cima e para baixo em uma mola? Esse tipo de movimento intrigou os físicos por muito tempo, mas então eles colocaram as mãos na massa. Descobriram que, quando uma mola é esticada, a força não é constante. A mola puxa de volta, e, quanto mais você puxa a mola, com mais força ela puxa de volta.

Então como a força é comparada à distância que você puxa uma mola? A força é diretamente proporcional à quantidade que a mola é esticada: dobre a quantia em que a mola é esticada e será dobrada a quantidade de força que ela puxa de volta.

Os físicos ficaram extasiados — esse era o tipo de matemática que eles entendiam. Força proporcional à distância? Ótimo — coloque esse relacionamento em uma equação e pode utilizá-la para descrever o movimento do objeto ligado a uma mola. Os físicos obtiveram resultados que diziam exatamente como objetos ligados a uma mola se moveriam — outra vitória.

Essa vitória em particular é chamada de *movimento harmônico simples*. É *simples* porque a força é diretamente proporcional à distância, então o resultado é simples. É *harmônico* porque se repete à medida que o objeto na mola pula para cima e para baixo. Os estudiosos eram capazes de derivar equações simples que poderiam dizer exatamente onde o objeto estaria a qualquer momento no tempo.

Mas isso não é tudo. O movimento harmônico simples se aplica a muitos objetos no mundo real, não apenas a coisas em molas. Os pêndulos, por exemplo, também se movem em movimento harmônico simples. Digamos que você tenha uma pedra balançando para frente e para trás em uma corda. Contanto que o arco em que se move não seja alto demais, a pedra em uma corda é um pêndulo; portanto, segue o movimento harmônico simples. Se você conhece o comprimento da corda e o tamanho do ângulo que o balanço cobre, pode prever onde a pedra estará a qualquer momento. Eu abordo o movimento harmônico simples no Capítulo 13.

Quando o Empuxo Empurra: Forças

As forças são um favorito em particular na física. Você precisa de forças para mover coisas paradas — literalmente. Considere uma pedra no chão. Muitos físicos (exceto, talvez, os geofísicos) a considerariam de maneira suspeita. Ela está lá parada. Qual é a graça nisso? O que se pode medir com isso? Depois de medirem seu tamanho e massa, os físicos perderiam o interesse.

Mas chute a pedra — isto é, aplique uma força — e veja os físicos voltarem correndo. Agora algo está acontecendo — a pedra começou em repouso, mas agora se move. Você pode encontrar todo tipo de número associado a esse movimento. Por exemplo, é possível conectar a força aplicada a alguma coisa à sua massa e obter a aceleração. E os físicos adoram números, porque eles os ajudam a descrever o que está acontecendo no mundo físico.

Os estudiosos da física são especialistas em aplicar forças a objetos e prever resultados. Tem uma geladeira para empurrar rampa acima e quer saber se vai conseguir? Pergunte a um físico. Tem um foguete para lançar? Faça o mesmo.

Absorvendo a energia ao seu redor

Você não precisa procurar muito para encontrar a próxima parte da física. (Nunca.) Ao sair de casa pela manhã, por exemplo, pode ouvir uma batida na rua. Dois carros colidiram em alta velocidade e, grudados, estão deslizando na sua direção. Graças à física (e mais especificamente à Parte 3 deste livro), é possível fazer as medições e previsões necessárias para saber exatamente a distância que você precisa percorrer para sair do caminho.

Ter as ideias de energia e quantidade de movimento dominadas ajuda nessa hora. Usam-se essas ideias para descrever o movimento de objetos com massa. A energia do movimento é chamada de *energia cinética*, e, quando aceleramos um carro de 0 a 90km por hora em 10 segundos, ele acaba com bastante energia cinética.

De onde vem a energia cinética? Ela vem do *trabalho*, que é o que acontece quando uma força move um objeto por uma distância. A energia também pode vir da *energia potencial*, a armazenada no objeto, que vem do trabalho feito por um tipo específico de força, como a gravidade ou as forças elétricas. Usando a gasolina, por exemplo, um motor realiza trabalho no carro para que ele tenha velocidade. Mas você precisa de uma força para acelerar alguma coisa, e, surpreendentemente, o motor realiza trabalho no carro usando a força do atrito com a estrada. Sem o atrito, as rodas simplesmente girariam, porém, por causa da força do atrito, os pneus transmitem uma força para a estrada. Para cada força entre dois objetos, há uma força reativa de tamanho igual, mas de direção oposta. Então a estrada também exerce uma força sobre o carro, que o faz acelerar.

Ou digamos que você esteja movendo um piano pelas escadarias do seu novo prédio. Depois de subir as escadas, seu piano tem energia potencial, simplesmente porque você exerceu bastante trabalho contra a gravidade para fazê--lo subir seis andares. Infelizmente, seu colega de apartamento odeia pianos e derruba o seu pela janela. O que acontece em seguida? A energia potencial do piano devido à sua altura em um campo gravitacional é convertida em energia cinética, a energia do movimento. Você decide calcular a velocidade final do piano no momento em que ele atinge o chão. (Depois, calcula a conta do piano, entrega para o seu colega de apartamento e desce as escadas para buscar sua bateria.)

Isso é pesado: Pressões em fluidos

Já reparou que quando você está a 1.500m de profundidade no oceano, a pressão é diferente da superfície? Nunca esteve 1.500m abaixo das ondas do oceano? Então talvez tenha notado a diferença na pressão ao mergulhar em uma piscina. Quanto mais fundo for, maior a pressão, porque o peso da água acima de você exerce uma força para baixo. *Pressão* é apenas a força por área.

Você tem uma piscina? Qualquer físico que se preze pode dizer-lhe a pressão aproximada no fundo se souber a profundidade da piscina. Ao trabalhar com fluidos, há vários tipos de outras quantidades a serem medidas, como a velocidade dos fluidos por pequenos buracos, a densidade de um fluido e assim por diante. Mais uma vez, os estudiosos respondem com elegância sob pressão. Leia sobre forças em fluidos no Capítulo 8.

Sentindo-se Quente, mas Não Incomodado: Termodinâmica

O calor e o frio fazem parte da sua vida cotidiana. Já deu uma olhada nas gotas de condensação em um copo de água fria em um cômodo quente? O vapor da água no ar é resfriado quando toca o vidro e condensa como líquido. O vapor condensado da água passa a energia térmica para o copo, que passa energia térmica para a bebida gelada, que acaba ficando mais quente como resultado.

A *termodinâmica* pode dizer quanto calor você está irradiando em um dia frio, quantas bolsas de gelo precisa para resfriar um poço de lava e qualquer outra coisa que lide com a energia do calor. Também podemos levar o estudo da termodinâmica para além do planeta Terra. Por que o espaço é frio? Em um ambiente normal, irradiamos calor a tudo à nossa volta, e tudo à nossa volta irradia calor de volta. Mas no espaço o nosso calor apenas se irradia, portanto, podemos congelar.

A irradiação do calor é apenas uma das três maneiras pelas quais o calor pode ser transferido. Você pode descobrir muito sobre o calor, seja criado por uma fonte de calor como o Sol ou por atrito, nos tópicos da Parte 4.

18   PA RTE 1   Colocando a Física em Movimento

NESTE CAPÍTULO

» **Dominando medidas (e mantendo-as certas ao resolver equações)**

» **Considerando dígitos significativos e possíveis erros**

» **Relembrando a álgebra básica e os conceitos da trigonometria**

Capítulo **2**

Revisando as Medidas Físicas e os Fundamentos Matemáticos

A física usa observações e medidas para criar modelos mentais e matemáticos que explicam como o mundo (e tudo o que há nele) funciona. Esse processo não é familiar para a maioria das pessoas, e é aí que este capítulo entra em cena.

Este capítulo aborda algumas habilidades básicas que você precisará para as próximas etapas. Eu trato de medidas e notação científica, reviso a álgebra e a trigonometria básicas e mostro a quais dígitos em um número você precisa prestar atenção — e quais ignorar. Continue lendo para criar uma base sólida e inabalável de física com a qual possa contar no decorrer deste livro.

CAPÍTULO 2 **Revisando as Medidas Físicas e os Fundamentos Matemáticos** 19

Medindo o Mundo à Sua Volta e Fazendo Previsões

A física é excelente em medir e prever o mundo físico — afinal, é por isso que ela existe. A medição é o ponto de partida — faz parte da observação do mundo para que você possa, então, modelá-lo e prevê-lo. Estão à sua disposição vários objetos de medição: alguns para comprimento, outros para massa e peso, alguns para o tempo e assim por diante. Dominar essas medidas faz parte do domínio da física.

Usando sistemas de medição

Para manter juntas medidas semelhantes, os físicos e os matemáticos as agruparam em *sistemas de medição*. O sistema de medição mais comum que se vê na física é o sistema MKS (metro-quilograma-segundo), também chamado de SI (abreviação de *Système International d'Unités*, o Sistema Internacional de Unidades), mas também é possível encontrar o sistema inglês (pé-libra-segundo). A Tabela 2-1 mostra as principais unidades de medida no sistema MKS e suas abreviações.

TABELA 2-1 Unidades de Medida no Sistema MKS

Medida	Unidade	Abreviação
Comprimento	metro	m
Massa	quilograma	kg
Tempo	segundo	s
Força	newton	N
Energia	joule	J
Pressão	pascal	Pa
Corrente elétrica	ampere	A
Densidade do fluxo magnético	tesla	T
Carga elétrica	coulomb	C

CUIDADO

Como cada sistema de medição usa um comprimento-padrão diferente, você pode obter vários números diferentes para uma parte do problema, dependendo da medida usada. Por exemplo, se estiver medindo a profundidade da água em uma piscina, poderá usar o sistema de medida MKS, que fornece uma resposta em metros, ou o sistema FPS, menos comum, que determina a profundidade da água em pés. O que eu quero dizer com isso? Ao trabalhar com equações, mantenha o mesmo sistema de medição em todo o problema. Se não fizer isso, sua resposta será uma mistura confusa, porque você usa várias réguas para obter uma única resposta. Misturar as medidas causa problemas — imagine fazer um bolo em que a receita pede duas xícaras de farinha, mas você usa dois litros.

Dos metros às polegadas e de volta: Convertendo entre as unidades

Os físicos usam vários sistemas de medição para registrar os números de suas observações. Mas o que acontece quando é necessário converter entre esses sistemas? Os problemas da física, algumas vezes, tentam confundi-lo aqui, fornecendo os dados necessários em unidades misturadas: centímetros para esta medida, mas metros para aquela outra — e talvez até misturando polegadas também. Não se engane. *Tudo* deve ser convertido para o mesmo sistema de medição antes de continuar. Como converter do modo mais fácil possível? É só usar os fatores de conversão explicados nesta seção.

Usando fatores de conversão

DICA

Para converter as medidas em sistemas diferentes de medição, você pode multiplicar por um fator de conversão. Um *fator de conversão* é uma proporção que, quando multiplicada pelo item que está sendo convertido, pega as unidades não desejadas e fornece as desejadas. O fator de conversão deve ser igual a 1.

Funciona assim: para cada relação entre unidades — por exemplo, 24 horas = 1 dia — você pode fazer uma fração que tem o valor de 1. Se, por exemplo, dividir ambos os lados da equação 24 horas = 1 dia por 1 dia, você obtém:

$$\frac{24 \text{ horas}}{1 \text{ dia}} = 1$$

Suponha que você queira converter 3 dias para horas. É possível apenas multiplicar seu tempo pela fração anterior. Isso não muda o valor do tempo porque você está multiplicando por 1. Note que a unidade de *dias* se cancela, deixando um número de horas:

$$\frac{3 \text{ dias}}{1} \times \frac{24 \text{ horas}}{1 \text{ dia}} = \frac{3 \text{ dias}}{1} \times \frac{24 \text{ horas}}{1 \text{ dia}} = 72 \text{ horas}$$

LEMBRE-SE

Palavras como *dias*, *segundos* e *metros* agem como as variáveis x e y, pois quando estão presentes tanto no numerador quanto no denominador cancelam umas às outras.

Para converter para o contrário — horas em dias, neste exemplo — simplesmente use a mesma relação original, 24 horas = 1 dia, mas desta vez divida ambos os lados por 24 horas para obter:

$$1 = \frac{1 \text{ dia}}{24 \text{ horas}}$$

Depois multiplique essa fração para cancelar as unidades da parte inferior, o que o deixa com as unidades da parte superior.

Considere o problema a seguir. Cruzando a fronteira do estado, você nota que percorreu 4.680 milhas em exatamente 3 dias. Muito impressionante. Se estivesse em uma velocidade constante, qual seria? A velocidade é o que você espera — distância dividida pelo tempo. Então, calcule sua velocidade como a seguir:

$$\frac{4.680 \text{ milhas}}{3 \text{ dias}} = 1.560 \text{ milhas/dia}$$

Contudo, sua resposta não está exatamente em uma unidade de medição padrão. Você tem um resultado em milhas por dia, escrito como milhas/dia. Para calcular milhas por hora, é preciso um fator de conversão que retire os *dias* do denominador e deixe as horas em seu lugar, então multiplique *dias/hora* e cancele os *dias*:

$$\frac{\text{milhas}}{\cancel{\text{dias}}} \times \frac{\cancel{\text{dias}}}{\text{hora}} = \frac{\text{milhas}}{\text{hora}}$$

Seu fator de conversão é *dias/hora*. Ao multiplicar pelo fator de conversão, seu trabalho fica assim:

$$\frac{1.560 \text{ milhas}}{1 \text{ dia}} \times \frac{1 \text{ dia}}{24 \text{ horas}}$$

Perceba que, como há 24 horas em um dia, o fator de conversão é exatamente igual a 1, como todos os fatores de conversão devem ser. Então, quando você multiplica 1.560 milhas/dia por esse fator de conversão, nada muda — tudo o que está fazendo é multiplicar por 1.

Ao cancelar os *dias* e multiplicar as frações, você obtém a resposta que procura:

$$\frac{1.560 \text{ milhas}}{1 \cancel{\text{ dia}}} \times \frac{1 \cancel{\text{ dia}}}{24 \text{ horas}} = 65 \text{ milhas/hora}$$

Então, sua velocidade média é de 65 milhas por hora, o que é muito rápido, considerando que esse problema supõe que esteja dirigindo por 3 dias sem parar.

Você não *precisa* usar um fator de conversão; se souber instintivamente que para converter de milhas por dia para milhas por hora precisa dividir por 24, então, muito melhor. Mas, se estiver em dúvida, use um fator de conversão e anote os cálculos, pois é muito melhor pegar o caminho mais longo do que cometer um erro. Já vi muitas pessoas fazerem tudo certo em um problema, exceto esse tipo de conversão simples.

QUANDO OS NÚMEROS FIZEREM SUA CABEÇA GIRAR, VEJA AS UNIDADES

DICA

Quer um segredo que os professores e instrutores geralmente usam para resolver os problemas de física? Preste atenção nas unidades com as quais está trabalhando. Tive milhares de aulas particulares resolvendo problemas com alunos, trabalhando em problemas de tarefa de casa, e posso dizer que esse é um truque que os instrutores usam sempre.

Como um exemplo simples, digamos que sejam dados uma distância e um tempo, e você tenha que encontrar uma velocidade. Você pode simplificar o problema imediatamente, pois sabe que a distância (por exemplo, metros) dividida pelo tempo (por exemplo, segundos) fornece a velocidade (metros/segundo). A multiplicação e a divisão estão refletidas nas unidades. Então, por exemplo, como a taxa de velocidade é dada como uma distância dividida pelo tempo, as unidades (em MKS) são metros/segundo. Como outro exemplo, uma quantidade chamada *quantidade de movimento* é dada pela velocidade (metros/segundo) multiplicada pela massa (quilogramas); tem as unidades kg·m/s.

Contudo, à medida que os problemas ficarem mais complexos, mais itens serão envolvidos — digamos, por exemplo, uma massa, uma distância, um tempo e assim por diante. Você acaba olhando as palavras de um problema para obter os valores numéricos e suas unidades. Precisa encontrar uma quantidade de energia? A energia é a massa vezes a distância ao quadrado sobre o tempo ao quadrado, portanto, se puder identificar esse itens na questão, saberá como eles se encaixarão na solução e não ficará perdido com os números.

O resultado é que as unidades são suas amigas. Elas fornecem um modo fácil de assegurar que você seja conduzido à resposta desejada. Portanto, quando se sentir preocupado demais com os números, verifique as unidades para se certificar de que esteja no caminho certo. Você ainda precisa garantir que esteja usando as equações certas!

Capítulo 2 **Revisando as Medidas Físicas e os Fundamentos Matemáticos**

Eliminando Alguns Zeros: Usando a Notação Científica

Os físicos têm mania de colocar suas mentes nos piores lugares possíveis, e esses lugares geralmente envolvem números bem grandes ou bem pequenos. Eles têm um modo de lidar com números bem grandes ou bem pequenos; para ajudar a reduzir o amontoado e deixá-los mais fáceis de digerir, usa-se a *notação científica*.

LEMBRE-SE

Na notação científica, escreve-se um número como um decimal (com apenas um dígito antes do separador decimal) multiplicado por uma potência de dez. A potência de dez (10 com um expoente) expressa o número de zeros. Para obter a potência correta de dez para um número muito grande, conte todas as casas na frente do separador decimal, da direita para a esquerda, até a casa logo à direita do primeiro dígito (o primeiro dígito não é incluído, porque você o deixa na frente do separador decimal no resultado).

Por exemplo, digamos que esteja lidando com a distância média entre o Sol e Plutão, que é cerca de 5.890.000.000.000 metros. Você tem muitos metros nas mãos, acompanhados de muitos zeros. É possível escrever a distância entre o Sol e Plutão como a seguir:

5.890.000.000.000 metros = $5{,}89 \times 10^{12}$ metros

O expoente é 12 porque você conta 12 casas entre o final de 5.890.000.000.000 (em que um decimal apareceria no número inteiro) e a nova casa decimal depois do 5.

A notação científica também funciona para os números muito pequenos, como o número a seguir, em que a potência de dez é negativa. Você conta o número de casas, movendo-se da esquerda para a direita, do separador decimal até logo depois do primeiro dígito diferente de zero (novamente, deixando o resultado com apenas um dígito na frente do decimal):

0,0000000000000000005339 metros = $5{,}339 \times 10^{-19}$ metros

USANDO PREFIXOS DE UNIDADES

Os cientistas inventaram uma notação útil que ajuda a dar um jeito nas variáveis de valores muito grandes ou muito pequenos em suas unidades-padrão. Digamos que você esteja medindo a espessura de um fio de cabelo humano e descubra que ele tem 0,00002 metro de espessura. Você poderia usar a notação científica para escrever isso como 2×10^{-5} metros (20×10^{-6} metros), ou poderia usar o prefixo de unidade μ, que significa *micro:* 20 μm. Ao colocar μ na frente de qualquer unidade, isso representa 10^{-6} vezes essa unidade.

Um prefixo de unidade mais familiar é o *k*, de *quilo*, que representa 10^3 vezes a unidade. Por exemplo, o quilômetro, km, é 10^3 metros, que é igual a 1.000 metros. A tabela a seguir mostra outros prefixos de unidade comuns que podem ser encontrados.

Prefixo de Unidade	Expoente
mega (M)	10^6
quilo (k)	10^3
centi (c)	10^{-2}
milli (m)	10^{-3}
micro (μ)	10^{-6}
nano (n)	10^{-9}
pico (p)	10^{-12}

LEMBRE-SE

Se o número com o qual você está trabalhando for maior que dez, terá um expoente positivo na notação científica; se ele for menor que um, terá um expoente negativo. Como pode ver, lidar com números supergrandes ou superpequenos com a notação científica é mais fácil do que escrevê-los, e é por isso que as calculadoras já vêm com esse tipo de funcionalidade embutida.

Veja um exemplo simples: como o número 1.000 fica em notação científica? Você gostaria de escrever 1.000 como 1,0 vezes 10 a uma potência, mas qual é a potência? Seria necessário mover o separador decimal de 1,0 três casas para a direita para obter 1.000, então a potência é três:

$$1.000 = 1,0 \times 10^3$$

Capítulo 2 Revisando as Medidas Físicas e os Fundamentos Matemáticos   25

Verificando a Precisão das Medidas

A precisão é importante ao fazer medidas (e análises) na física. Não se pode concluir que sua medição é mais precisa do que realmente é simplesmente adicionando algarismos significativos em excesso; além disso, deve-se levar em conta a possibilidade de erro no seu sistema de medição acrescentando ± quando necessário. As próximas seções vão mais fundo nos tópicos dos dígitos significantes e da precisão.

Sabendo quais dígitos são significantes

Esta seção trata de como contabilizar corretamente a precisão conhecida das medidas e levar isso aos cálculos, como representar os números de modo consistente com sua precisão conhecida e o que fazer com cálculos que envolvem medidas com diferentes níveis de precisão.

Encontrando o número de dígitos significantes

Em uma medida, os *dígitos significantes* são aqueles que foram realmente medidos. Digamos que você meça uma distância com sua régua, que tem marcas de milímetros. É possível obter uma medida de 10,42cm, que tem quatro dígitos significantes (a distância entre as marcas é estimada para obter o último dígito). Mas, se tiver um medidor de micrômetro muito preciso, poderá medir a distância para até um centésimo disso, então você pode medir a mesma coisa como 10,4213 centímetros, que tem seis dígitos significantes.

Por convenção, os zeros usados simplesmente para preencher os valores abaixo (ou acima) do separador decimal não são considerados significantes. Quando você vê um número como 3.600, sabe que o 3 e o 6 são incluídos porque são significantes. Mas pode ser complicado saber se algum dos zeros é significante.

DICA

A melhor maneira de escrever um número para que não haja dúvidas de quantos dígitos significantes ele tem é usando a notação científica. Por exemplo, se você ler sobre uma medida de 1.000 metros, não sabe se há um, dois, três ou quatro dígitos significantes. Mas se o visse escrito como $1,0 \times 10^3$ metros, saberia que há dois dígitos significantes. Se a medida fosse escrita como $1,000 \times 10^3$ metros, então saberia que há quatro dígitos significantes.

Arredondando respostas ao número de dígitos correto

Ao fazer cálculos, geralmente é necessário arredondar sua resposta para o número significante de dígitos correto. Se incluir qualquer dígito a mais, estará afirmando uma precisão que realmente não tem e não foi medida.

Por exemplo, se alguém disser que um foguete percorreu 10,0 metros em 7,0 segundos, a pessoa está dizendo que as medidas são conhecidas com três dígitos significantes e os segundos são conhecidos com dois dígitos significantes (o número de dígitos em cada medida). Se quiser encontrar a velocidade do foguete, poderá pegar uma calculadora e dividir 10,0 por 7,0 para obter 1,428571429 metros por segundo, que parece ser uma medida bem precisa. Mas o resultado é preciso demais — se você souber as medidas com apenas dois ou três dígitos significantes, não poderá dizer que sabe a resposta com dez dígitos significantes. Declarar tal coisa seria como pegar um metro, ler o milímetro mais próximo e, então, escrever uma resposta para o décimo de milhão mais próximo de um milímetro. É preciso arredondar sua resposta.

LEMBRE-SE

As regras para determinar o número correto de dígitos significantes depois de fazer cálculos são:

» **Quando você multiplica ou divide números:** O resultado tem o mesmo número de dígitos significantes do número original que tem menos dígitos significantes. No caso do foguete, em que é preciso dividir, o resultado deverá ter apenas dois dígitos significantes (o número de dígitos em 7,0). O máximo que pode dizer é que o foguete viaja a 1,4 metros por segundo, que é 1,428571429 arredondado a uma casa decimal.

» **Quando você soma ou subtrai números:** Alinhe os separadores decimais; o último dígito significante no resultado corresponde à coluna mais à direita, em que todos os números ainda têm dígitos significantes. Se tiver que somar 3,6, 14 e 6,33, escreveria a resposta com o número inteiro mais próximo — o 14 não tem nenhum dígito significante depois da casa decimal, portanto a resposta também não deverá ter. Você pode ver o que quero dizer dando uma olhada por si mesmo:

```
  3,6
 14
 +6,33
 23,93
```

Quando arredondar a resposta para o número correto de dígitos significantes, sua resposta será 24.

LEMBRE-SE

Ao arredondar um número, observe o dígito à direita da casa para o qual está arredondando. Se esse dígito à direita for 5 ou maior, arredonde para cima. Se for 4 ou menor, arredonde para baixo. Por exemplo, arredonde 1,428 para 1,43 e 1,42 para 1,4.

Estimando a precisão

Os físicos nem sempre contam com os dígitos significantes ao registrar medidas. Algumas vezes, você vê medidas como o sinal de mais ou menos para indicar possível erro na medição, como a seguir:

5,36 ± 0,05 metro

A parte do ± (0,05 metro no exemplo anterior) é a estimativa do físico do possível erro na medição, portanto, o ele está dizendo que o valor real está entre 5,36 + 0,05 (isto é, 5,41) metros e 5,36 − 0,05 (isto é, 5,31 metros), inclusive. Note que o possível erro não é na quantidade que sua medida *difere* da resposta "certa"; é uma indicação da precisão que seu aparelho pode medir — ou seja, a confiabilidade de seus resultados como medida.

Armando-se com Álgebra Básica

A física lida com muitas equações e, para ser capaz de manipulá-las, é necessário saber como mover seus itens. Note que a álgebra não possibilita que você só insira números e encontre valores de variáveis diferentes; ela também permite que você reorganize as equações para fazer substituições em outras equações, e essas novas equações exibem diferentes conceitos físicos. Se conseguir acompanhar a derivação de uma fórmula em um livro de física, obterá uma compreensão melhor de por que o mundo funciona dessa forma. Isso é algo muito importante! É hora de voltar para a álgebra básica e recordar rapidamente.

Você precisa ser capaz de isolar variáveis diferentes. Por exemplo, a equação a seguir informa a distância, s, que um objeto percorre se partir do repouso e acelerar a uma taxa a por um tempo t:

$$s = \frac{1}{2}at^2$$

Agora, suponha que o problema realmente informe o tempo no qual o objeto está em movimento e a distância que ele percorre, e pede para calcular a aceleração do objeto. Reorganizando a equação, você pode determinar a aceleração:

$$a = \frac{2s}{t^2}$$

Neste caso, você multiplicou os dois lados por 2 e dividiu ambos por t^2 para isolar a aceleração, a, em um lado da equação.

E se tiver que determinar o tempo, *t*? Movendo o número e as variáveis, você obtém a seguinte equação:

$$t = \sqrt{\frac{2s}{a}}$$

É necessário memorizar todas essas três variações da mesma equação? Certamente que não. Apenas grave uma equação que se relaciona com estes três itens — distância, aceleração e tempo — e, então, reorganize a equação conforme o necessário. (Se precisar de uma revisão de álgebra, obtenha uma cópia de *Álgebra I Para Leigos*, de Mary Jane Sterling.)

Trabalhando com um Pouco de Trigonometria

Você precisa saber um pouco de trigonometria, incluindo senos, cossenos e tangentes para os problemas de física. Para encontrar esses valores, comece com um triângulo retângulo simples. Dê uma olhada na Figura 2-1, que exibe um triângulo retângulo em toda a sua glória, completo com rótulos que forneci para a explicação. Note, em particular, o ângulo θ, que aparece entre um dos lados do triângulo e a hipotenusa (o lado maior, que fica oposto ao ângulo reto). O lado *y* é oposto a θ, e o lado *x* é adjacente a θ.

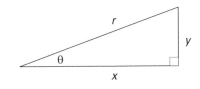

FIGURA 2-1: Um triângulo rotulado que você pode usar para encontrar valores trigonométricos.

LEMBRE-SE

Para encontrar os valores trigonométricos do triângulo na Figura 2-1, divida um lado pelo outro. Estas são as definições de seno, cosseno e tangente:

» $\operatorname{sen}\theta = \dfrac{y}{r}$

» $\cos\theta = \dfrac{x}{r}$

» $\tan\theta = \dfrac{y}{x}$

Se você tiver a medida de um ângulo e de um lado do triângulo, poderá encontrar todos os outros lados. Veja outras formas dos relacionamentos trigonométricos — eles provavelmente se tornarão extremamente familiares antes que você termine qualquer curso de física, mas *não* será necessário memorizá-los. Se souber as equações anteriores de seno, cosseno e tangente, poderá derivar as seguintes quando precisar:

» $x = r\cos\theta = \dfrac{y}{\tan\theta}$

» $y = r\,\text{sen}\,\theta = x\,\tan\theta$

» $r = \dfrac{y}{\text{sen}\,\theta} = \dfrac{x}{\cos\theta}$

Para encontrar o ângulo θ, você pode voltar com o seno, cosseno e tangente inversos, escritos como sen^{-1}, cos^{-1} e tan^{-1}. Basicamente, se inserir o seno de um ângulo na equação sen^{-1}, acabará com a medida do próprio ângulo. Veja os inversos para o triângulo da Figura 2-1:

» $\text{sen}^{-1}\left(\dfrac{y}{r}\right) = \theta$

» $\cos^{-1}\left(\dfrac{x}{r}\right) = \theta$

» $\tan^{-1}\left(\dfrac{y}{x}\right) = \theta$

Se precisar de uma revisão aprofundada, confira *Trigonometria Para Leigos*, de Mary Jane Sterling.

Interpretando Equações como Ideias Reais

Depois de ensinar física para alunos universitários por muitos anos, tenho muita familiaridade com um dos grandes problemas enfrentados — eles se perdem na matemática e ficam intimidados por ela.

DICA

Sempre lembre que o mundo real vem antes e a matemática vem depois. Ao enfrentar um problema de física, certifique-se de não se perder na matemática; mantenha uma perspectiva global sobre o que acontece no problema, porque isso o ajudará a manter o controle.

Na física, o importante são as ideias e observações do mundo físico. As operações matemáticas são apenas uma linguagem simplificada para descrever com precisão o que está acontecendo. Por exemplo, esta é uma equação simples para a velocidade:

$$v = \frac{s}{t}$$

Nessa equação, v é a velocidade, s é a distância e t é o tempo. Você pode examinar os termos da equação para ver como ela incorpora noções simples de senso comum sobre a velocidade. Digamos que você percorra uma distância maior no mesmo período de tempo. Nesse caso, o lado direito da equação deve ser maior, o que significa que sua velocidade, à esquerda, também é maior. Se percorre a mesma distância, mas leva mais tempo, então o lado direito da equação fica menor, o que significa que sua velocidade é menor. O relacionamento entre todos os componentes diferentes faz sentido.

Você pode pensar de maneira similar para todas as equações que encontrar, para garantir que façam sentido no mundo real. Se sua equação se comporta de uma maneira que não faça sentido físico, então você sabe que deve haver algo de errado com ela.

Resumindo: na física, a matemática é sua amiga. Não precisa se perder nela. Em vez disso, use-a para formular o problema e ajudá-lo a se orientar na solução. Sozinhas, cada uma dessas operações matemáticas é muito simples, mas, quando você as junta, são muito poderosas.

SEJA UM GÊNIO: NÃO SE CONCENTRE NA MATEMÁTICA

Richard Feynman foi um famoso ganhador do Prêmio Nobel de Física, conhecido nas décadas de 1950 e 1960 como um gênio surpreendente. Mais tarde, explicou seu método: ele ligava o problema a uma situação real, criando uma imagem mental, enquanto as outras pessoas se perdiam na matemática. Quando alguém lhe mostrava uma longa derivação que tinha dado errado, por exemplo, ele pensava em algum fenômeno físico que a derivação poderia explicar. Quando seguia neste caminho, chegava ao ponto em que de repente percebia que a derivação não coincidia mais com o que acontecia no mundo real e dizia: "Não, esse é o problema." Ele estava sempre certo, fazendo com que as pessoas, impressionadas, o considerassem um supergênio. Quer ser um supergênio? Faça o mesmo: não deixe a matemática assustar você.

32   PARTE 1   Colocando a Física em Movimento

> **NESTE CAPÍTULO**
>
> » Ficando por dentro do deslocamento
>
> » Dissecando os diferentes tipos de velocidade
>
> » Indo com a aceleração
>
> » Examinando a conexão entre aceleração, tempo e deslocamento
>
> » Ligando velocidade, aceleração e deslocamento

Capítulo **3**

Explorando a Necessidade de Velocidade

á está você em seu carro de Fórmula 1, correndo em direção à glória. Com a velocidade necessária, os marcos vão passando rapidamente de cada lado. Você está confiante de que pode vencer e, indo para a volta final, está bem à frente. Ou, pelo menos, acha que está. Parece que outro corredor também está fazendo um grande esforço, pois você vê um brilho prateado em seu espelho. Ao olhar melhor, percebe que precisa fazer algo — o vencedor do ano passado está se aproximando rapidamente.

É bom que você saiba tudo sobre velocidade e aceleração. Com tal conhecimento, sabe exatamente o que fazer: você pisa no pedal, acelerando sem problemas. Seu conhecimento de velocidade permite que lide com a curva final com facilidade. A bandeira quadriculada é uma mancha quando você cruza a linha de chegada em tempo recorde. Nada mal. Agradeça ao seu conhecimento dos problemas deste capítulo: deslocamento, velocidade e aceleração.

Você já tem uma ideia intuitiva do que analiso neste capítulo, ou não seria capaz de dirigir ou mesmo andar de bicicleta. O deslocamento é uma questão de posicionamento; a velocidade é a rapidez com a qual se move e qualquer pessoa que já tenha estado em um carro conhece a aceleração. As pessoas se interessam por essas características do movimento todos os dias, e a física fez um estudo organizado delas. Esse conhecimento tem possibilitado que as pessoas planejem estradas, construam naves espaciais, organizem padrões de tráfego, voem, acompanhem o movimento dos planetas, prevejam o tempo e até fiquem furiosas em engarrafamentos lentos. A compreensão do movimento é uma parte vital da compreensão da física, e esse é o tópico deste capítulo. É hora de seguir em frente.

Indo até o Fim com o Deslocamento

Quando algo se move do ponto A até o ponto B, o deslocamento ocorre em termos de física. Em português simples, o *deslocamento* é uma distância em uma direção específica.

LEMBRE-SE

Como qualquer outra medida na física (exceto para certos ângulos), o deslocamento sempre tem unidades — geralmente, centímetros ou metros. Pode-se usar também quilômetros, polegadas, pés, milhas ou até anos-luz (a distância que a luz percorre em um ano, uma grande distância, não adequada para medir com uma trena: 5.865.696.000.000 milhas, que são 9.460.800.000.000 quilômetros ou 9.460.800.000.000.000 metros).

Nesta seção, trato da posição e do deslocamento de uma a três dimensões.

Entendendo o deslocamento e a posição

O deslocamento é encontrado quando se mede a distância entre a posição inicial de um objeto e sua posição final. Digamos, por exemplo, que você tenha uma bela bola de golfe nova que costuma rolar sozinha, como mostrado na Figura 3-1. Esta bola em particular gosta de rolar sobre uma trena grande. Você coloca a bola de golfe na posição 0 da trena, como vê na Figura 3-1, diagrama A.

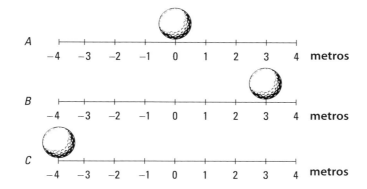

FIGURA 3-1: Examinando o deslocamento com uma bola de golfe.

A bola de golfe rola até um novo ponto, 3 metros para a direita, como se vê na Figura 3-1, diagrama B. A bola se moveu, portanto, ocorreu um deslocamento. Neste caso, o deslocamento é de apenas 3 metros para a direita. Sua posição inicial era em 0 metro e sua posição está em +3 metros. O deslocamento é de 3 metros.

LEMBRE-SE

Em termos físicos, geralmente vemos o deslocamento referido como a variável s (não me pergunte o porquê).

Os cientistas, sendo quem são, gostam de entrar em mais detalhes. Geralmente, você vê o termo s_i, que descreve a *posição inicial* (o i significa *inicial*). E pode ver o termo s_f usado para descrever a *posição final*.

Nesses termos, indo do diagrama A para o B na Figura 3-1, s_i está na marca 0 do metro e s_f está em +3 metros. O deslocamento, s, é igual à posição final menos a posição inicial:

$$s = s_f - s_i$$
$$= 3 \text{ m} - 0 \text{ m} = 3 \text{ m}$$

LEMBRE-SE

Os deslocamentos não precisam ser positivos; eles também podem ser zero ou negativos. Se a direção positiva é para a direita, então um deslocamento negativo significa que o objeto se moveu para a esquerda.

No diagrama C, a bola de golfe inquieta se moveu para um novo local, medido como −4 metros na trena. O deslocamento é dado pela diferença entre as posições inicial e final. Se quiser saber o deslocamento da bola a partir de sua posição no diagrama B, use a posição inicial da bola como $s_i = 3$ metros; depois o descolamento é dado por

$$s = s_f - s_i$$
$$= -4 \text{ m} - 3 \text{ m} = -7 \text{ m}$$

DICA

Ao trabalhar com problemas de física, você pode escolher a posição de origem do seu sistema de medida onde for conveniente. A medição da posição de um objeto depende de onde escolhe posicionar sua origem; contudo, o deslocamento de uma posição inicial s_i para uma posição final s_f não depende da posição da origem, pois o deslocamento só depende da *diferença* entre as posições, não das posições propriamente ditas.

Examinando eixos

O movimento que ocorre no mundo nem sempre está em uma dimensão. Ele pode ocorrer em duas ou três dimensões. E, se você quiser examiná-lo em duas dimensões, precisará de duas trenas (ou linhas numeradas) se cruzando, chamadas de eixos. Você tem um eixo horizontal — o eixo x — e um eixo vertical — o eixo y. (Para os problemas tridimensionais, verá um terceiro eixo — o eixo z — ficando para cima, como se saísse do papel.)

Encontrando a distância

Dê uma olhada na Figura 3-2, em que uma bola de golfe se move em duas dimensões. Ela inicia no centro do gráfico e sobe para a direita. Em termos dos eixos, a bola de golfe se move para +4 metros no eixo x e +3 metros no eixo y, que é representado como o ponto (4, 3); a medida x vem primeiro, seguida da medida y: (x, y).

Então, o que isso significa em termos de deslocamento? A mudança na posição de x, Δx (Δ, a letra grega delta, significa "mudança ou diferença"), é igual à posição final de x menos a posição inicial de x. Se a bola de golfe iniciar no centro do gráfico — a origem do gráfico, posição (0, 0) — você terá uma mudança no local de x de:

$$\Delta x = x_f - x_i$$
$$= 4 \text{ m} - 0 \text{ m} = 4 \text{ m}$$

A mudança na posição de y é:

$\Delta y = y_f - y_i$
$= 3\text{ m} - 0\text{ m} = 3\text{ m}$

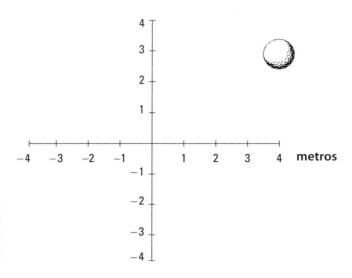

FIGURA 3-2: Uma bola se movendo em duas dimensões.

Se estiver mais interessado em descobrir a grandeza (tamanho) do deslocamento do que a mudança nas posições de x e y da bola de golfe, então a história é outra. Agora, a pergunta é: qual a distância da bola de golfe de seu ponto inicial no centro do gráfico?

LEMBRE-SE

Usando a *fórmula da distância* — que é apenas o teorema de Pitágoras para encontrar a hipotenusa —, você pode encontrar a *grandeza do deslocamento* da bola de golfe, que é a distância que ela percorre do início ao fim. O teorema de Pitágoras determina que a soma das áreas dos quadrados nos catetos de um triângulo retângulo ($a^2 + b^2$) é igual ao quadrado da hipotenusa (c^2). Aqui, os lados do triângulo são Δx e Δy, e a hipotenusa é s. Veja como trabalhar a equação:

$$\begin{aligned}
s &= \sqrt{\Delta x^2 + \Delta y^2} \\
&= \sqrt{(4\text{ m})^2 + (3\text{ m})^2} \\
&= \sqrt{16\text{ m}^2 + 9\text{ m}^2} \\
&= \sqrt{25\text{ m}^2} \\
&= 5\text{ m}
\end{aligned}$$

Então, nesse caso, a grandeza do deslocamento da bola de golfe é de exatamente 5 metros.

Determinando a direção

LEMBRE-SE

Você pode encontrar a direção do movimento de um objeto a partir dos valores de Δx e Δy. Como há apenas os lados de um triângulo retângulo, use a trigonometria básica para encontrar o ângulo do deslocamento da bola a partir do eixo x. A tangente desse ângulo é dada simplesmente por:

$$\tan\theta = \frac{\Delta y}{\Delta x}$$

Portanto, o ângulo é apenas o inverso da tangente:

$$\theta = \tan^{-1}\left(\frac{\Delta y}{\Delta x}\right)$$
$$= \tan^{-1}\left(\frac{3 \text{ m}}{4 \text{ m}}\right)$$
$$\approx 37°$$

A bola da Figura 3-2 se moveu em um ângulo de 37° a partir do eixo x.

Particularidades da Velocidade: Afinal, o que É Velocidade?

Há mais na história do movimento do que apenas o movimento em si. Quando o deslocamento ocorre, ele acontece em uma certa quantidade de tempo. Você pode já saber que a velocidade é a distância percorrida por uma certa quantia de tempo:

$$\text{velocidade} = \frac{\text{distância}}{\text{tempo}}$$

Por exemplo, se percorrer uma distância s em um tempo t, sua velocidade, v, será:

$$v = \frac{s}{t}$$

LEMBRE-SE

A variável v realmente significa velocidade, mas a verdadeira velocidade também tem uma direção associada, que a *rapidez* não tem. Por isso, a velocidade é um vetor (geralmente, você vê o vetor da velocidade representado como **v** ou $\vec{v}$). Os *vetores* têm uma grandeza (tamanho) e uma direção, portanto, com a velocidade, você não sabe apenas a rapidez com a qual está se movendo, mas também em qual direção. A rapidez é apenas uma grandeza (se tiver um certo vetor de velocidade, de fato, a rapidez será a grandeza desse vetor), portanto é representada pelo termo v (sem negrito). Veja mais sobre a velocidade e o deslocamento como vetores no Capítulo 4.

LEMBRE-SE

Assim como você mede o deslocamento, pode medir a diferença no tempo do início e do fim do movimento, e isso geralmente é escrito assim: $\Delta t = t_f - t_i$. Falando tecnicamente (os físicos adoram falar tecnicamente), a rapidez é a mudança na posição (deslocamento) dividida pela mudança no tempo, portanto, você também poderá representá-la assim, caso esteja, digamos, movendo-se no eixo x:

$$v = \frac{\Delta x}{\Delta t} = \frac{x_f - x_i}{t_f - t_i}$$

A rapidez pode ter muitas formas, que você descobrirá nas próximas seções.

Lendo o velocímetro: Velocidade instantânea

Você já tem uma ideia do que é velocidade; é o que se mede no velocímetro do carro, certo? Ao utilizar ferramentas, tudo o que tem que fazer para ver sua velocidade é observar o velocímetro. Nele, você tem: 75 milhas por hora. Hmm, melhor diminuir um pouco — 65 mph agora. Está vendo sua velocidade neste momento específico. Em outras palavras, vê sua *velocidade instantânea*.

LEMBRE-SE

A velocidade instantânea é um termo importante para compreender a física da velocidade, portanto lembre-se dele. Se estiver a 65 mph agora, essa será sua velocidade instantânea. Se acelerar para 75 mph, isso se tornará sua velocidade instantânea. A velocidade instantânea é sua velocidade em determinado instante do tempo. Dois segundos a partir de agora, ela pode ser totalmente diferente.

Ficando firme: Velocidade uniforme

E se você continuar dirigindo a 65 mph para sempre? Conseguirá uma *velocidade uniforme* na física (também chamada de *velocidade constante*). O movimento uniforme é a variação de velocidade mais simples de descrever, pois nunca muda.

A velocidade uniforme pode ser possível no oeste dos Estados Unidos, por exemplo, onde as estradas ficam em linha reta por muito tempo e não é necessário mudar a sua velocidade. Mas ela também é possível quando você dirige em círculos. Imagine dirigir em uma pista de corrida; sua velocidade mudaria (por causa da mudança constante de direção), mas sua rapidez poderia permanecer constante desde que mantenha o pedal do acelerador pressionado da mesma forma. Discuto o movimento circular uniforme no Capítulo 7, mas neste capítulo falarei sobre o movimento em linhas retas.

Mudando de velocidade: Movimento não uniforme

O *movimento não uniforme* varia com o tempo; é o tipo de velocidade mais encontrado no mundo real. Ao dirigir, por exemplo, você muda de velocidade com frequência e suas alterações ganham vida em uma equação como esta, em que v_f é sua velocidade final e v_i é sua velocidade inicial:

$$\Delta v = v_f - v_i$$

A última parte deste capítulo é toda sobre a aceleração, que ocorre no movimento não uniforme. Lá, você verá como a mudança de velocidade está relacionada à aceleração — e como pode acelerar mesmo sem mudar de velocidade!

Disparando o cronômetro: Velocidade média

LEMBRE-SE

A *velocidade média* é a distância total percorrida dividida pelo tempo total que leva para percorrê-la. Algumas vezes, a velocidade média é escrita como $\bar{v}$; uma barra sobre uma variável significa *média* em termos físicos.

Digamos, por exemplo, que você queira viajar de Nova York até Los Angeles para visitar a família de seu tio, uma distância de mais ou menos 2.781 milhas. Se a viagem levar quatro dias, qual será sua velocidade média? Divida a distância total percorrida pela diferença de tempo, portanto, sua velocidade para a viagem seria de:

$$\frac{2.781 \text{ milhas}}{4.000 \text{ dias}} \approx 695,3 \text{ milhas/dia}$$

Essa solução divide milhas por dias, portanto o resultado é 695,3 milhas por dia. Não é exatamente uma unidade de medida padrão — quanto seria em milhas por hora? Para descobrir, você precisa cancelar os *dias* da equação e colocar *horas* (veja o Capítulo 2). Como 1 dia tem 24 horas, multiplique assim (note que os *dias* se cancelam, deixando milhas sobre horas ou *milhas por hora*):

$$\frac{2.781 \text{ milhas}}{4.000 \text{ dias}} \times \frac{1 \text{ dia}}{24 \text{ horas}} \approx 28,97 \text{ milhas/hora}$$

Essa é uma resposta melhor.

LEMBRE-SE

Você pode relacionar a distância total percorrida, s, com a velocidade média, $\bar{v}$, e o tempo, t, da seguinte forma:

$$s = \bar{v}t$$

Comparando as velocidades média e instantânea

LEMBRE-SE

A velocidade média difere da velocidade instantânea, a menos que você esteja viajando em movimento uniforme (neste caso, sua velocidade nunca varia). Na verdade, como a velocidade média é a distância total dividida pelo tempo total, ela pode ser muito diferente de sua velocidade instantânea.

Se você viaja 2.781 milhas em 4 dias (um total de 96 horas), segue a uma velocidade média de 28,97 milhas por hora. Essa resposta parece bem lenta, porque ao dirigir geralmente segue a 65mph. Você calculou uma velocidade média da viagem toda, obtida pela divisão da distância total pelo tempo total de viagem, o que inclui o tempo parado. Você pode ter parado em um hotel por algumas noites, e enquanto dormia sua velocidade instantânea era 0 milhas por hora; mas, mesmo nesse momento, sua velocidade média geral era de 28,97mph!

Diferenciando a rapidez média da velocidade média

Há uma diferença entre a rapidez média e a velocidade média. Digamos por exemplo que, ao dirigir em Ohio em sua viagem pelos EUA, você quisesse fazer um desvio para visitar sua irmã em Michigan depois de deixar um caroneiro em Indiana. Seu caminho pode ter ficado parecido com as linhas retas da Figura 3-3 — primeiro 80 milhas para Indiana, depois 30 milhas para Michigan.

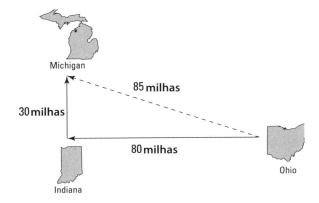

FIGURA 3-3: Uma viagem de Ohio para Michigan.

Capítulo 3 **Explorando a Necessidade de Velocidade**   41

Se você dirigiu a uma rapidez média ou uniforme de 55mph e percorreu 80 + 30 = 110 milhas, essa viagem demorou 2,0 horas. Mas, se calcular a magnitude da velocidade média (pegando a distância entre o ponto inicial e o ponto final, cerca de 85 milhas em linha reta), terá:

$$\frac{85\,\text{milhas}}{2,0\,\text{horas}} \approx 43\,\text{milhas/hora}$$

A direção da velocidade média é apenas a direção entre o ponto inicial e o final. Mas, se estiver interessado em sua velocidade média em qualquer dos lados da viagem, terá que medir o tempo que leva para um lado e dividir o comprimento desse lado pelo tempo para obter a velocidade média.

Para calcular a rapidez média de toda a viagem, observe a distância total percorrida, que é de 80 + 30 = 110 milhas, não apenas 85 milhas. E 110 milhas divididas por 2,0 horas são 55mph; essa é a sua rapidez média.

Como outra ilustração da diferença entre rapidez média e velocidade média, considere o movimento da Terra ao redor do Sol. A Terra viaja em sua órbita quase circular ao redor do Sol em uma rapidez média enorme de algo como 18 milhas por segundo! No entanto, se considerar uma revolução completa da Terra, ela retorna à sua posição original, relativa ao Sol, depois de 1 ano. Depois desse tempo, não há deslocamento relativo com o Sol, então a velocidade média da Terra em 1 ano é zero, mesmo que sua rapidez média seja enorme!

LEMBRE-SE

Ao considerar o movimento, não é só a rapidez que importa, mas a direção também. Por isso a velocidade é importante: ela permite registrar a rapidez de um objeto e sua direção. Unir rapidez e direção possibilita que você lide com casos como o da viagem pelos EUA, em que a direção pode mudar.

Aumentando (ou Diminuindo) a Velocidade: Aceleração

A *aceleração* é a rapidez com a qual sua velocidade muda. Quando você passa pela saída de um estacionamento e ouve pneus cantando, sabe o que virá em seguida — alguém está acelerando para cortar você. E, com certeza, o inconsequente aparecerá na sua frente tirando um fino. Depois que ele passa, desacelera bem na sua frente, forçando-o a frear para desacelerar também. Ainda bem que você sabe tudo sobre física.

PAPO DE ESPECIALISTA

Talvez ache que, com todo esse acelerar e desacelerar, você usaria termos como *aceleração* e *desaceleração*. Bem, a física não tem uso algum para o termo *desaceleração*, porque ele é um tipo específico de aceleração — um em que a velocidade é reduzida.

Como a velocidade, a aceleração tem muitas formas que afetam seus cálculos em várias situações físicas. Em problemas diferentes, a direção da aceleração precisa ser levada em consideração (seja ela positiva ou negativa em uma direção específica), seja média ou instantânea, seja uniforme ou não. Esta seção conta mais sobre a aceleração e explora suas variadas formas.

Definindo aceleração

LEMBRE-SE

Em termos físicos, a *aceleração*, *a*, é a quantia pela qual sua velocidade muda em uma dada quantidade de tempo

$$a = \frac{\Delta v}{\Delta t}$$

Dadas as velocidades inicial e final, v_i e v_f, e os tempos inicial e final sobre os quais sua velocidade muda, t_i e t_f, você também pode escrever a equação assim:

$$a = \frac{\Delta v}{\Delta t} = \frac{v_f - v_i}{t_f - t_i}$$

A aceleração, como a velocidade, na verdade é um vetor e, geralmente, é escrito como **a**, no estilo vetorial (veja o Capítulo 4). Em outras palavras, a aceleração, como a velocidade mas diferente da rapidez, tem uma direção associada a ela.

Determinando as unidades da aceleração

Você pode calcular as unidades da aceleração bem facilmente dividindo a velocidade pelo tempo para obter a aceleração:

$$a = \frac{v_f - v_i}{t_f - t_i}$$

Em termos de unidades, a equação fica assim:

$$a = \frac{v_f - v_i}{t_f - t_i} = \frac{\text{distância/tempo}}{\text{tempo}} = \text{distância/tempo}^2$$

Capítulo 3 **Explorando a Necessidade de Velocidade** 43

Distância sobre o tempo ao quadrado? Não deixe que isso o confunda. Você acaba com o tempo ao quadrado no denominador, porque divide a velocidade pelo tempo. Em outras palavras, a *aceleração* é a proporção na qual sua velocidade muda, pois as proporções têm o tempo no denominador. Para a aceleração, você verá unidades de metros por segundo², centímetros por segundo², milhas por segundo², pés por segundo² ou até quilômetros por hora².

DICA

Pode ser mais fácil para um determinado problema usar unidades como mph/s (milhas por hora por segundo). Isso seria útil se a velocidade em questão tivesse uma grandeza de algo como muitas milhas por hora que mudasse normalmente no decorrer de uma quantidade de segundos.

Observando a aceleração positiva e negativa

Assim como o deslocamento e a velocidade, a aceleração pode ser positiva ou negativa. Esta seção explica como as acelerações positiva e negativa se relacionam às mudanças em velocidade e direção.

Mudando a velocidade

O sinal da aceleração diz se você está acelerando ou desacelerando (dependendo da direção em que estiver viajando).

Por exemplo, digamos que esteja dirigindo a 75mph e vê luzes vermelhas piscando no espelho retrovisor. Você vai para o acostamento, levando cerca de 20 segundos para parar. O policial aparece em sua janela e diz: "Você está dirigindo a 75mph em uma zona de 30mph." O que responderia?

Você pode calcular a taxa de aceleração ao encostar o carro, o que, sem dúvida alguma, impressionaria o policial — olha só você e suas tendências de obediência à lei! Você pega sua calculadora e começa a inserir dados. Lembre-se de que a aceleração é dada em termos da diferença na velocidade dividida pela diferença no tempo:

$$a = \frac{\Delta v}{\Delta t}$$

Inserindo os números, seus cálculos ficariam assim:

$$a = \frac{\Delta v}{\Delta t}$$
$$= \frac{75 \text{ mph}}{20 \text{ s}}$$
$$\approx 3,8 \text{ mph/s}$$

PARTE 1 **Colocando a Física em Movimento**

Sua aceleração era de 3,8 mph/s. Mas isso não pode estar certo! Já é possível ver o problema aqui; dê uma olhada na definição original de aceleração:

$$a = \frac{\Delta v}{\Delta t} = \frac{v_f - v_i}{t_f - t_i}$$

Sua velocidade final era 0mph e sua velocidade original era 75mph, portanto, inserir estes números aqui fornecerá esta aceleração:

$$a = \frac{\Delta v}{\Delta t} = \frac{v_f - v_i}{t_f - t_i}$$
$$= \frac{0 - 75 \text{ mph}}{20 \text{ s}}$$
$$\approx -3,8 \text{ mph/s}$$

Em outras palavras, −3,8mph/s, não +3,8mph/s — uma grande diferença em termos de resolução de problemas de física (e em termos de execução da lei). Se você desacelerou a +3,8mph/s, em vez de a −3,8mph/s, acabou indo a 150mph no final de 20 segundos, e não 0mph. E isso provavelmente não deixaria o policial muito feliz.

Agora, você tem sua aceleração. Pode desligar sua calculadora e sorrir, dizendo: "Talvez eu estivesse indo um pouco rápido, seu guarda, mas sou muito cumpridor da lei. Por isso, quando ouvi a sirene, acelerei a −3,8mph/s para encostar prontamente." O policial pega sua calculadora e faz alguns cálculos rápidos. "Nada mal", ele diz, impressionado. E você sabe que escapou dessa.

Levando em conta a direção

LEMBRE-SE

O sinal da aceleração depende da direção. Se desacelerar até parar o carro completamente, por exemplo, e sua velocidade original for positiva e sua velocidade final for 0, então sua aceleração é negativa, porque uma velocidade positiva cai para 0. No entanto, se desacelerar até parar o carro completamente e sua velocidade original for negativa e sua velocidade final for 0, então sua aceleração seria positiva porque a velocidade negativa subiu até 0.

Observando a aceleração positiva e negativa

Ao ouvir dizer que a aceleração acontece cotidianamente, você geralmente pensa que isso significa que a velocidade está aumentando. Contudo, na física, esse nem sempre é o caso. Uma aceleração pode fazer a velocidade aumentar, diminuir e até se manter igual!

Capítulo 3 **Explorando a Necessidade de Velocidade**

A aceleração diz a que taxa a velocidade muda. Como a velocidade é um vetor, você pode considerar as mudanças à sua grandeza e direção. A aceleração pode mudar a grandeza e/ou a direção da velocidade. A velocidade é apenas a grandeza da velocidade.

Veja um exemplo básico que mostra como uma constante de aceleração simples pode fazer a velocidade aumentar e diminuir no curso do movimento de um objeto. Digamos que você pegue uma bola, jogue-a para cima no ar e pegue-a novamente. Se jogar a bola com uma velocidade de 9,8m/s, a velocidade tem uma grandeza de 9,8m/s na direção ascendente. Agora a bola está sob a influência da gravidade, que, na superfície da Terra, faz com que todos os objetos em queda livre passem por uma aceleração vertical de −9,8m/s². Essa aceleração é negativa porque sua direção é vertical e para baixo.

Com essa aceleração, qual é a velocidade da bola depois de 1,0 segundo? Bem, você sabe que:

$$a = \frac{v_f - v_i}{t_f - t_i}$$

Reorganize essa equação e insira os números, e descobrirá que a velocidade final depois de 1,0 segundo é 0m/s:

$$v_f = v_i + a(t_f - t_i)$$
$$= 9,8 \text{ m/s} + \left(-9,8 \text{ m/s}^2\right)\left(1,0 \text{ s}\right)$$
$$= 0 \text{ m/s}$$

Depois de 1,0 segundo, a bola tem velocidade zero porque alcançou o máximo de sua trajetória, bem o ponto em que está prestes a cair novamente. Então a aceleração diminuiu porque está indo em direção contrária à velocidade.

Agora veja o que acontece quando a bola cai para a Terra. A bola tem velocidade zero, mas a aceleração, devido à gravidade, acelera a bola para baixo a uma taxa de −9,8m/s². À medida que a bola cai, ela reúne velocidade antes de você poder pegá-la. Qual é sua velocidade final enquanto você a pega, dado que sua velocidade inicial no topo de sua trajetória é zero?

O tempo para a bola cair de volta para você é o mesmo que ela leva para chegar ao topo de sua trajetória, que é 1,0 segundo, então pode-se encontrar a velocidade final para esta parte do movimento da bola com este cálculo:

$$v_{fi} = v + a(t_{fi} - t)$$
$$= 0 \text{ m/s} + \left(-9,8 \text{ m/s}^2\right)\left(1,0 \text{ s}\right)$$
$$= -9,8 \text{ m/s}$$

Portanto, a velocidade final é 9,8 metros/segundo direcionada na vertical para baixo. A grandeza dessa velocidade — isto é, a velocidade da bola — é 9,8 metros/segundo. A aceleração aumenta a velocidade da bola durante a queda porque está na mesma direção da velocidade nesta parte da trajetória da bola.

Ao trabalhar com problemas de física, lembre-se de que a aceleração pode acelerar ou desacelerar um objeto, dependendo da direção da aceleração e da velocidade do objeto. Não suponha simplesmente que, só porque algo está acelerando, sua velocidade está aumentando. (A propósito, se quiser ver um exemplo de como uma aceleração pode deixar a velocidade de um objeto constante, dê uma olhada no tópico de movimento circular abordado no Capítulo 7.)

Examinando a aceleração média e instantânea

Exatamente como você pode verificar as velocidades média e instantânea, pode verificar as acelerações média e instantânea. A *aceleração média* é a proporção da mudança na velocidade pela mudança no tempo. Calcule a aceleração média, também escrita como $\bar{a}$, obtendo a velocidade final, subtraindo a velocidade inicial e dividindo o resultado pelo tempo total (tempo final menos tempo inicial):

$$\bar{a} = \frac{v_f - v_i}{t_f - t_i}$$

Em qualquer ponto dado, a aceleração que você mede é a aceleração instantânea e esse número pode ser diferente da aceleração média. Por exemplo, quando vê pela primeira vez as luzes vermelhas da polícia piscando atrás de você, pode pisar nos freios, o que fornece uma grande aceleração na direção oposta à que está se movendo (na linguagem cotidiana, você diria que *desacelerou*, mas esse termo é proibido nos círculos da física). Mas você alivia um pouco e vai para o acostamento até parar, portanto a aceleração é menor. Mas a aceleração média é um valor simples, derivado da divisão da mudança total na velocidade pelo tempo total.

A aceleração é a proporção da mudança da velocidade, não da rapidez. Se a direção da velocidade muda sem uma mudança na rapidez, isso também é um tipo de aceleração.

Decolando: Colocando na prática a fórmula da aceleração

Veja um exemplo de aceleração. Ao amarrarem você ao jato na plataforma de porta-aviões, o mecânico diz que você precisa decolar a uma velocidade de pelo menos 62,0m/s. Você será catapultado a uma aceleração de 31m/s². Existirá uma catapulta grande o suficiente para esse trabalho? Você pergunta qual o tamanho da catapulta. "Cem metros", diz o mecânico, terminando de amarrá-lo.

Hmm, você pensa. A aceleração de 31m/s² por uma distância de 100 metros servirá? Você pega sua prancheta e pergunta a si mesmo: a que distância devo ter acelerado a 31m/s² para alcançar uma velocidade de 62m/s?

Primeiro pensa na distância que precisa estar acelerado como o tamanho do deslocamento de sua posição inicial. Para encontrar o deslocamento, pode-se usar a equação $s = \bar{v}t$, em que s é o deslocamento, $\bar{v}$ é a velocidade média, e t é o tempo — o que significa que você precisa encontrar o tempo no qual você fica acelerado. Para isso, pode usar a equação que relaciona a diferença na velocidade, Δv; a aceleração, a; e a diferença no tempo, Δt:

$$a = \frac{\Delta v}{\Delta t}$$

Resolvendo Δt:

$$\Delta t = \frac{\Delta v}{a}$$

Inserindo os números e resolvendo, encontramos a diferença no tempo:

$$\Delta t = \frac{\Delta v}{a}$$
$$= \frac{62 \text{ m/s}}{31 \text{ m/s}^2}$$
$$= 2,0 \text{ s}$$

Certo, então demora 2,0 segundos para você alcançar a velocidade de 62m/s se sua taxa de aceleração for 31m/s². Agora pode usar esta equação para encontrar a distância total que precisa percorrer para chegar a essa velocidade; é o tamanho do deslocamento, dado por $s = \bar{v}t$, em que $\bar{v} = (1/2)(v_i + v_f)$, $v_i = 0$m/s e $v_f = 62$m/s. Então sua equação é:

$$s = \frac{1}{2}(v_i + v_f)t$$

Inserindo os números você obtém:

$$s = \frac{1}{2}\left(v_i + v_f\right)t$$
$$= \frac{1}{2}\left(0 \text{ m/s} + 62 \text{ m/s}\right)\left(2,0 \text{ s}\right)$$
$$= 62\,\text{m}$$

Portanto, você precisa de 62 metros a uma aceleração de 31m/s^2 para obter a velocidade de decolagem — e a catapulta tem 100 metros de comprimento. Sem problemas.

Entendendo a aceleração uniforme e não uniforme

A aceleração pode ser uniforme ou não uniforme. A não uniforme requer uma mudança na aceleração. Por exemplo, quando está dirigindo,você encontra sinais de trânsito ou semáforos com frequência e, quando desacelera até parar e então acelera de novo, participa da aceleração não uniforme.

Outras acelerações são muito uniformes (ou seja, não mudam), como, por exemplo, a aceleração devido à gravidade na superfície da Terra. Essa aceleração é de 9,8 metros por segundo^2 para baixo, em direção ao centro da Terra, e não muda (se mudasse, muitas pessoas ficariam bem assustadas).

Relacionando Aceleração, Tempo e Deslocamento

Este capítulo lida com quatro quantidades de movimento: aceleração, velocidade, tempo e deslocamento. Você trabalha a equação-padrão relacionando deslocamento e tempo para obter a velocidade:

$$v = \frac{\Delta s}{\Delta t} = \frac{s_f - s_i}{t_f - t_i}$$

E vê a equação-padrão relacionando velocidade e tempo para obter a aceleração:

$$a = \frac{\Delta v}{\Delta t} = \frac{v_f - v_i}{t_f - t_i}$$

Capítulo 3 **Explorando a Necessidade de Velocidade** 49

Mas as duas equações têm apenas um nível de profundidade, relacionando velocidade ao deslocamento e ao tempo, e aceleração à velocidade e ao tempo. E se quiser relacionar a aceleração ao deslocamento e ao tempo? Esta seção mostra como é possível retirar a velocidade da equação.

DICA

Quando se está lidando com a álgebra, pode achar mais fácil trabalhar com quantidades simples, como, por exemplo, v (para falar de Δv) em vez de $v_f - v_i$. Geralmente, pode-se transformar v em $v_f - v_i$ mais tarde, se necessário.

Relações não tão distantes: Derivando a fórmula

Você relaciona aceleração, deslocamento e tempo mexendo nas equações até obter o que deseja. Primeiro, note que o deslocamento é igual à velocidade média multiplicada pelo tempo:

$$s = \bar{v}t$$

Você tem um ponto de partida. Mas qual é a velocidade média? Se sua aceleração é constante, sua velocidade aumenta em linha reta de 0 até seu valor final, como mostrado na Figura 3-4.

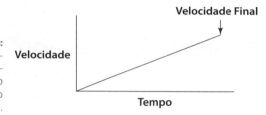

FIGURA 3-4: Aumentando a velocidade sob aceleração constante.

A velocidade média é metade da velocidade final, e você sabe disso porque há uma aceleração constante. Sua velocidade final é $v_f = at$, então sua velocidade média é metade disso:

$$\bar{v} = \frac{1}{2}at$$

Até então, tudo certo. Agora, insira essa velocidade média na equação $s = \bar{v}t$ para obter:

$$s = \bar{v}t = \left(\frac{1}{2}at\right)t$$

LEMBRE-SE

E isso se transforma em:

$$s = \frac{1}{2}at^2$$

Você também pode inserir $t_f - t_i$ em vez de só o t:

$$s = \frac{1}{2}a(t_f - t_i)^2$$

Parabéns! Você elaborou uma das equações mais importantes que precisa saber ao trabalhar com os problemas de física relacionados a aceleração, deslocamento, tempo e velocidade.

Perceba que, ao derivar esta equação, você teve uma velocidade inicial de zero. E se não começasse com uma velocidade zero, mas ainda quisesse relacionar a aceleração, o tempo e o deslocamento? E se começasse a 100 milhas por hora? Essa velocidade inicial certamente somaria à distância percorrida final. Como a distância é igual à velocidade multiplicada pelo tempo, a equação ficaria assim (não se esqueça de que isso supõe que a aceleração é constante):

$$s = v_i(t_f - t_i) + \frac{1}{2}a(t_f - t_i)^2$$

LEMBRE-SE

Você também vê isso escrito de modo mais simples como a seguir (em que t substitui Δt, o tempo durante o qual a aceleração ocorreu):

$$s = v_i t + \frac{1}{2}at^2$$

Calculando aceleração e distância

Com a fórmula relacionando distância, aceleração e tempo, você pode encontrar qualquer um desses valores dados os outros dois. Se tiver uma velocidade inicial, encontrar a distância ou a aceleração também não será nada difícil. Nesta seção, trabalho alguns problemas de física para mostrar como essas fórmulas funcionam.

Encontrando a aceleração

Dada a distância e o tempo, é possível encontrar a aceleração. Digamos que você vire um piloto de arrancada para analisar sua aceleração pela dragway. Depois da corrida de teste, você sabe que distância percorreu — 402 metros, ou cerca de 0,25 milha (a grandeza de seu deslocamento) — e sabe quanto tempo levou — 5,5 segundos. Então qual foi sua aceleração ao arrancar pela pista?

Capítulo 3 **Explorando a Necessidade de Velocidade** 51

Bem, você sabe como relacionar o deslocamento, a aceleração e o tempo (veja a seção anterior), e é isso que deseja — você sempre trabalha com a álgebra para relacionar todas as quantidades que conhece à quantidade que *não* conhece. Neste caso, você tem:

$$s = \frac{1}{2}at^2$$

(Lembre-se, neste caso, de que sua velocidade inicial é zero — você não tem permissão para começar a arrancada correndo!) É possível reorganizar essa equação com um pouco de álgebra para encontrar a aceleração; é só dividir ambos os lados por t^2 e multiplicar por 2 para obter:

$$a = \frac{2s}{t^2}$$

Ótimo. Inserindo os números, terá o seguinte:

$$a = \frac{2s}{t^2}$$
$$= \frac{2(402 \text{ m})}{(5,5 \text{ s})^2}$$
$$= \frac{804 \text{ m}}{30,25 \text{ s}^2}$$
$$\approx 27 \text{ m/s}^2$$

Certo, a aceleração é aproximadamente 27 metros por segundo^2. E o que isso significa em termos mais compreensíveis? A aceleração devido à gravidade, g, é 9,8 metros por segundo^2, então isso é cerca de 2,7 g's — você se sentiria sendo empurrado de volta ao banco com uma força cerca de 2,7 vezes maior que seu próprio peso.

Descobrindo o tempo e a distância

Dada uma aceleração constante e a mudança na velocidade, você pode descobrir o tempo e a distância. Por exemplo, imagine que seja um piloto de arrancada. Sua aceleração é 26,6 metros por segundo^2, e sua velocidade final é 146,3 metros por segundo. Agora descubra a distância total percorrida. Peguei você, não é? "Nem um pouco", você diz, extremamente confiante. "Deixe-me apenas pegar minha calculadora."

A aceleração e a velocidade final são conhecidas. Qual a distância total requerida para obter aquela velocidade? Esse problema parece uma pegadinha, porque as equações neste capítulo envolveram o tempo até agora. Mas, se o tempo é necessário, sempre é possível encontrá-lo. Você conhece a velocidade final, v_f, e a inicial, v_i (que é zero), e conhece a aceleração, a. Como $v_f - v_i = at$, sabe-se que:

$$t = \frac{v_f - v_i}{a}$$
$$= \frac{146,3 \text{ m/s} - 0 \text{ m/s}}{26,6 \text{ m/s}^2}$$
$$= 5,50 \text{ s}$$

Agora temos o tempo. Ainda precisamos da distância, e podemos obtê-la assim:

$$s = v_i t + \frac{1}{2} at^2$$

O segundo termo cai porque $v_i = 0$, então tudo o que se precisa fazer é inserir os números:

$$s = \frac{1}{2} at^2$$
$$= \frac{1}{2} \left(26,6 \text{ m/s}^2 \right) \left(5,50 \text{ s} \right)^2$$
$$\approx 402 \text{ m}$$

Ou seja, a distância total percorrida é 402 metros, ou um quarto de milha. Deve ser uma pista de arrancada quarto-de-milha.

Descobrindo a distância com a velocidade inicial

Dada a velocidade inicial, o tempo e a aceleração, é possível encontrar o deslocamento. Veja um exemplo: lá está você, o herói do Tour de France, pronto para dar uma demonstração de suas habilidades ciclísticas. Haverá um teste de 8,0 segundos. Sua velocidade inicial é de 6,0 metros/segundo, e, quando o apito soa, você acelera a 2,0m/s² para os 8,0 segundos permitidos. No final do teste de tempo, quanto terá percorrido?

A relação $s = (1/2)at^2$ poderia ser usada, exceto que você não começa com velocidade zero — você já está se movendo, então deve usar o seguinte:

$$s = v_i t + \frac{1}{2} at^2$$

Capítulo 3 **Explorando a Necessidade de Velocidade**   53

Neste caso, $a = 2{,}0\text{m/s}^2$, $t = 8{,}0\text{s}$ e $v_i = 6{,}0\text{m/s}$, então terá o seguinte:

$$s = v_i t + \frac{1}{2} a t^2$$
$$= \left(6{,}0 \text{ m/s}\right)\left(8{,}0 \text{ s}\right) + \frac{1}{2}\left(2{,}0 \text{ m/s}^2\right)\left(8{,}0 \text{ s}\right)^2$$
$$= 48{,}0 \text{ m} + \frac{1}{2}\left(128 \text{ m}\right)$$
$$\approx 110 \text{ m}$$

Você escreve a resposta com dois dígitos significantes — 110 metros — porque sabe que o tempo só tem dois dígitos significantes (veja o Capítulo 2 para mais informações sobre arredondamento). Ou seja, pedala cerca de 110 metros para a vitória em 8,0 segundos. A multidão vai à loucura.

Relacionando Velocidade, Aceleração e Deslocamento

Digamos que você queira relacionar deslocamento, aceleração e velocidade sem ter que conhecer o tempo. É assim que se faz: primeiro, encontre a fórmula de aceleração para o tempo:

$$t = \frac{v_f - v_i}{a}$$

Como o deslocamento é $s = \bar{v}t$ e a velocidade média é $\bar{v} = \left(1/2\right)\left(v_i + v_f\right)$ quando a aceleração é constante, você pode obter a equação a seguir:

$$s = \frac{1}{2}\left(v_i + v_f\right)t$$

Substituindo o tempo, t, obtém:

$$s = \frac{1}{2}\left(v_i + v_f\right)\left(\frac{v_f - v_i}{a}\right)$$

Depois de resolver a álgebra e simplificar, terá:

$$s = \frac{v_f^2 - v_i^2}{2a}$$

LEMBRE-SE

Movendo 2a para o outro lado da equação, você obtém uma equação importante de movimento:

$$v_f^2 - v_i^2 = 2as$$

Ufa! Se conseguir memorizar essa, pode relacionar velocidade, aceleração e deslocamento. Coloque essa equação para trabalhar — você a vê com frequência em problemas de física.

Encontrando a aceleração

Lá está você, entrando no seu carro de física enquanto a multidão aplaude. É hora de um pouco de aceleração pesada. Você pega sua prancheta. Que aceleração precisaria para acabar a 100 milhas por hora no final de uma pista de corrida de 1,0 milha?

Você pensa: "Certo". Precisa de uma equação que relacione velocidade, aceleração e deslocamento. É hora de:

$$v_f^2 - v_i^2 = 2as$$

Neste caso, é até um pouco mais fácil, porque você sabe que a velocidade inicial é 0 ($v_i = 0$), então terá:

$$v_f^2 = 2as$$

Olha só, parece que o problema já está meio resolvido. Inserindo os números, você obtém:

$$(100 mph)^2 = 2a(1,0 \text{ milha})$$

Agora encontre a:

$$a = \frac{(100 \text{ mph})^2}{2(1,0 \text{ milha})}$$
$$= 5.000 \text{ milhas/hora}^2$$

Capítulo 3 **Explorando a Necessidade de Velocidade**

Milhas por hora^2? Que diabo de unidades são essas? Mude para algo mais compreensível, como mph por segundo. Para mudar da unidade por hora para por segundo, multiplique pelo fator de conversão (veja o Capítulo 2):

$$a = \frac{5.000 \text{ milhas}}{1 \text{ hora}^2}$$

$$= \frac{5.000 \text{ milhas}}{1 \text{ hora} \times 1 \text{ hora}} \times \frac{1 \text{ hora}}{60 \text{ minutos}} \times \frac{1 \text{ minuto}}{60 \text{ segundos}}$$

$$\approx 1,4 \text{ milha/hora/segundo} = 1,4 \text{ mph/s}$$

Então, sua velocidade aumentaria apenas 1,4mph por segundo — isso não é muito chocante —, você sentiria uma aceleração leve, só isso.

Encontrando o deslocamento

Agora digamos que esteja no final da primeira milha e queira ver até onde precisaria ir — com a mesma aceleração — para obter 200 milhas por hora. Mais uma vez, você precisa relacionar velocidade, aceleração e deslocamento, então esta equação é seu neném:

$$v_f^2 = 2as$$

Aqui, você quer descobrir s, o deslocamento, e obtém o seguinte:

$$s = \frac{v_f^2 - v_i^2}{2a}$$

Ótimo. Agora alguns números. Neste caso, v_f = 200mph, v_i = 100mph e a = 5.000milhas/hora^2, e não conhecemos s a esta altura. Para encontrar s, insira os números na equação para obter:

$$s = \frac{v_f^2 - v_i^2}{2a}$$

$$= \frac{\left(200 \text{ mph}\right)^2 - \left(100 \text{ mph}\right)^2}{2\left(5.000 \text{ mph}^2\right)}$$

$$= \frac{40.000 \text{ mph}^2 - 10.000 \text{ mph}^2}{10.000 \text{ mph}^2}$$

$$= 3,0 \text{ milhas}$$

Então seriam necessárias 3,0 milhas adicionais para chegar a 200mph.

Encontrando a velocidade final

Veja mais um exemplo. Digamos que esteja em seu foguete espacial, acelerando alegremente a uns 3,25 quilômetros por segundo (cerca de 7.280 milhas por hora) quando vê uma placa: Zona de Velocidade 215km à Frente — Novo Limite de Velocidade: 3,0km/s.

Você pisa no freio (que é um foguete auxiliar na frente do foguete espacial). O foguete auxiliar é capaz de acelerar o principal a −10,0 metros/segundo[2].

É um momento tenso. Você conseguirá diminuir velocidade para menos de 3,0km/s em 215km de aceleração? Descubra usando sua velha amiga:

$$v_f^2 - v_i^2 = 2as$$

Neste caso, você quer encontrar a velocidade final, que é:

$$v_f^2 = 2as + v_i^2$$

em que $a = -10,0$m/s²; $s = 215$km = 215.000m; e $v_i = 3,25$km/s = 3.250m/s. Inserindo os dados e resolvendo v_f, você obtém o seguinte:

$$v_{fi}^2 = 2as + v^2$$
$$v_f^2 = 2\left(-10,0 \text{ m/s}^2\right)\left(215.000 \text{ m}\right) + \left(3.250 \text{ m/s}\right)^2$$
$$v_f^2 = -4.300.000 \text{ m}^2/\text{s}^2 + 10.562.500 \text{ m/s}^2$$
$$v_f^2 = 6.262.500 \text{ m}^2/\text{s}^2$$
$$\sqrt{v_f^2} = \sqrt{6.262.500 \text{ m}^2/\text{s}^2}$$
$$v_f \approx 2.500 \text{ m/s} = 2,50 \text{ km/s}$$

Ufa, você pensa — 2,50km/s é bem abaixo do limite de velocidade de 3,0km/s. Você está a salvo.

Agora pode se considerar um mestre do movimento.

58   PA RTE 1   Colocando a Física em Movimento

> **NESTE CAPÍTULO**
>
> » **Dominando a adição e a subtração de vetores**
>
> » **Colocando vetores em coordenadas numéricas**
>
> » **Mergulhando vetores em componentes**
>
> » **Identificando deslocamento, aceleração e velocidade como vetores**
>
> » **Completando um exercício de gravidade**

Capítulo **4**

Seguindo Direções: Movimento em Duas Dimensões

Você não está limitado a se mover para a esquerda e direita ou para frente e para trás; você pode se mover em mais de uma dimensão. No mundo real, é necessário saber para onde está indo e até onde ir. Por exemplo, quando uma pessoa dá orientações, ela pode apontar e dizer algo como: "O bando foi 15 milhas naquela direção!" Quando ajuda alguém a colocar uma porta, a pessoa pode dizer: "Empurre com força para a esquerda!" E, quando desvia para evitar atropelar alguém com o carro, acelera na outra direção. Todas essas afirmações envolvem vetores.

Um *vetor* é uma quantidade que tem um tamanho (grandeza) e uma direção. Por causa dos modelos físicos da vida cotidiana, vários conceitos na física também são vetores, incluindo a velocidade, a aceleração e a força. Por isso, você deve abraçar os vetores, porque os verá em praticamente todos os cursos de física que fizer. Os vetores são fundamentais.

Muitas pessoas que tiveram problemas com vetores decidem não gostar deles, o que é um erro — vetores são fáceis depois que se acostuma com eles, e você fará isso neste capítulo. Eu divido os vetores passo a passo e relaciono as características de movimento (deslocamento, velocidade e aceleração) ao conceito de vetores. Aqui, bolas voam pelo ar e rolam por colinas, jogadores de beisebol fazem jogadas, e você encontrará um ótimo atalho para o banco de parque mais próximo. Continue lendo.

Visualizando Vetores

Em uma dimensão, o deslocamento, a velocidade e a aceleração não são nem positivos, nem negativos (veja o Capítulo 3). Por exemplo, eles podem ser negativos se estiverem à esquerda e positivos se estiverem à direita. O tamanho do deslocamento, da velocidade ou da aceleração é dado pelo tamanho absoluto (independentemente do sinal) do número que o representa — isso é a *grandeza*. O sinal do número indica a direção (esquerda ou direita).

Mas o que fazer se tiver mais de uma dimensão? Se o objeto pode mover-se para cima e para baixo, para a esquerda e para a direita, não se pode mais usar um único número para representar o deslocamento, a velocidade e a aceleração. Precisa-se de vetores. Nesta seção, represento vetores como flechas e mostro como é a adição e a subtração de vetores.

Pedindo direções: Fundamentos do vetor

LEMBRE-SE

Quando você tem um vetor, precisa se lembrar de duas quantidades: sua direção e sua grandeza. As quantidades com apenas uma grandeza são chamadas *escalares*. Se adicionar uma direção a um escalar, criará um vetor.

Visualmente, você vê vetores desenhados como setas na física, o que é perfeito, porque uma seta tem uma direção e uma grandeza (o comprimento da seta) claras. Dê uma olhada na Figura 4-1. A seta representa um vetor que inicia no pé e termina na cabeça da flecha.

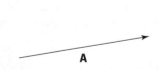

FIGURA 4-1: Um vetor, representado por uma flecha, tem direção e grandeza.

Na física, uma letra em negrito é usada para representar um vetor. É essa notação que uso neste livro; mas em alguns livros pode-se ver o símbolo com uma seta em cima, assim: $\vec{A}$. A seta significa que este não é apenas um valor escalar, que seria representado por A, mas também algo com direção.

Digamos que você fale para algum espertalhão que sabe tudo sobre vetores. Quando ele pedir para fornecer um vetor, **A**, forneça não apenas sua grandeza, como também sua direção, pois são necessárias essas duas informações juntas para definir esse vetor. Isso o deixará muito impressionado! Por exemplo, você pode dizer que **A** é um vetor 15° com a horizontal com uma grandeza de 12 metros/segundo. O sabichão sabe tudo o que precisa, inclusive que **A** é um vetor de velocidade.

Dê uma olhada na Figura 4-2, que apresenta dois vetores, **A** e **B**. Eles parecem bem iguais — o mesmo comprimento e a mesma direção. Na verdade, estes vetores são iguais. Dois vetores são *iguais* se tiverem a mesma grandeza e direção, e você pode escrever isso como **A** = **B**.

FIGURA 4-2: Vetores iguais têm o mesmo comprimento e direção, mas podem ter pontos iniciais diferentes.

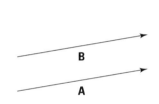

Observando a adição de vetores do início ao fim

LEMBRE-SE

Assim como podemos somar dois números para obter um terceiro, podemos adicionar dois vetores para obter um *vetor resultante*. Para mostrar que está somando dois vetores, junte as flechas para que uma comece onde a outra termina. A soma é uma nova flecha que começa na base da primeira e termina na cabeça (na ponta) da segunda.

Considere um exemplo usando vetores de deslocamento. Um *vetor de deslocamento* dá a diferença na posição: a distância do ponto inicial ao ponto final é a grandeza do vetor de deslocamento, e a direção percorrida é sua direção.

Suponha, por exemplo, que um transeunte o informe que, para chegar ao seu destino, primeiro você tem que seguir o vetor **A** e, então, o vetor **B**. Onde é exatamente esse destino? Você resolve esse problema exatamente como encontra o destino todos os dias. Primeiro, vai para o final do vetor **A** e, a partir dele, vai para o final do vetor **B**, como vê na Figura 4-3.

FIGURA 4-3:
Ir da base de um vetor para a cabeça do segundo fornece o seu destino.

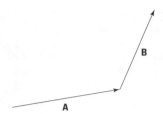

Ao chegar no final do vetor **B**, a que distância está de seu ponto de partida? Para descobrir, você desenha um vetor, **C**, de seu ponto inicial (base do primeiro vetor) até seu ponto final (cabeça do segundo vetor), como vê na Figura 4-4. Esse novo vetor representa a viagem completa, do início ao fim. Ou seja, **C = A + B**. O vetor **C** é chamado de *soma*, *resultado* ou *vetor resultante*.

FIGURA 4-4:
Obtenha a soma de dois vetores criando um novo vetor.

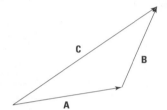

Encontro de cabeças na subtração de vetores

A subtração de vetores não é encontrada com frequência em problemas de física, mas ela aparece. Para subtrair dois vetores, coloque suas bases (as partes sem ponta) juntas; depois desenhe o vetor resultante, que é a diferença dos dois vetores, da cabeça do vetor que você está subtraindo à cabeça do vetor do qual ele é subtraído.

Para entender isso, veja a Figura 4-5, em que você subtrai **A** de **C** (ou seja, **C − A**). Como pode ver, o resultado é **B**, pois **C = A + B**.

FIGURA 4-5:
Subtração de dois vetores juntando suas bases e desenhando o resultado.

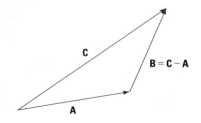

DICA

Outro modo (mais fácil para algumas pessoas) de fazer a subtração dos vetores é inverter a direção do segundo vetor (**A** em **C − A**) e usar a adição dos vetores;

PARTE 1 Colocando a Física em Movimento

isto é, iniciar com o primeiro vetor (**C**), colocar a base do vetor invertido (**A**) na cabeça do primeiro vetor e desenhar o vetor resultante.

Colocando Vetores na Grade

Os vetores podem parecer bons como flechas no espaço, mas esse não é exatamente o modo mais preciso de lidar com eles. É possível obter números dos vetores, dividindo-os como precisar, colocando as flechas em uma grade no plano de coordenadas. Esse plano permite que trabalhe com vetores usando as coordenadas (x, y) e álgebra.

Somando vetores ao somar coordenadas

Nesta seção explico como usar os componentes dos vetores para somá-los. Isso reduz o problema da adição de vetores para uma simples combinação de soma de números, o que é muito útil para resolver problemas.

Dê uma olhada no problema da adição de vetores **A** + **B** da Figura 4-6. Agora que você tem os vetores representados em um gráfico, pode ver como é realmente fácil sua adição. Se as medidas na Figura 4-6 estiverem em metros, isso significa que o vetor **A** tem 5 metros para a direita e 1 metro para cima, e o vetor **B** tem 1 metro para a direita e 4 metros para cima. Para somá-los e resultar no vetor **C**, some as partes horizontais e as partes verticais.

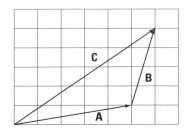

FIGURA 4-6: Use as coordenadas do vetor para lidar com eles com mais facilidade.

O vetor resultante, **C**, tem 6 metros para direita e 5 metros para cima. Veja como fica na Figura 4-6: para obter a parte horizontal da soma, some a parte horizontal de **A** (5 metros) com a parte horizontal de **B** (1 metro). Para obter a parte vertical da soma, **C**, é só somar a vertical de **A** (1 metro) à vertical de **B** (4 metros).

DICA

Se a adição dos vetores ainda parecer obscura, você pode usar uma notação que foi inventada para vetores para ajudar os físicos e os leitores *Para Leigos* a fazer isso corretamente. Como **A** tem 5 metros para a direita (a direção positiva do eixo x) e 1 para cima (a direção positiva do eixo y), expresse-o com as coordenadas (x, y), assim:

A = (5, 1)

E como **B** tem 1 metro para a direita e a 4 para cima, expresse-o com as coordenadas (x, y), assim:

B = (1, 4)

É ótimo ter uma notação, pois simplifica demais a soma vetorial. Para somar dois vetores, você apenas soma suas partes x e y, respectivamente, para obter as partes x e y do resultado:

A (5, 1) + **B** (1, 4) = **C** (6, 5)

LEMBRE-SE

O segredo da adição vetorial é dividir cada vetor em suas partes x e y, e então somar isso separadamente para obter as partes x e y do vetor resultante. Só isso. Agora, você pode obter quantos números quiser, pois está apenas adicionando ou subtraindo números. Obter essas partes x e y dá um pouco de trabalho, mas é uma etapa necessária. E, quando tiver essas partes, com certeza terá sucesso.

Veja um exemplo real: suponha que esteja procurando um hotel que está a 20 milhas para o norte e a 20 milhas para o leste. Qual é o vetor que aponta para o hotel a partir de seu local inicial? Levando em conta as informações de suas coordenadas, esse é um problema fácil. Digamos que a direção leste esteja no eixo x positivo e que o norte esteja no eixo y positivo. A Etapa 1 das direções de sua viagem é 20 milhas para o norte e a Etapa 2 é 20 milhas para o leste. Escreva o problema na notação vetorial assim (leste [x positivo], norte [y positivo]):

Etapa 1: (0, 20)

Etapa 2: (20, 0)

Para somar esses dois vetores, some as coordenadas:

(0, 20) + (20, 0) = (20, 20)

O vetor resultante é (20, 20). Ele aponta de seu ponto inicial diretamente para o hotel.

Mudando o comprimento: Multiplicando um vetor por um número

DICA

Você pode executar uma multiplicação simples de vetor por um escalar (número). Por exemplo, digamos que esteja dirigindo a 150mph para o leste em uma pista de corridas e veja um competidor no espelho retrovisor. Tudo bem, pensa; você simplesmente dobrará sua velocidade:

2(0, 150) = (0, 300)

Agora, você está voando a 300mph na mesma direção. Neste problema, você multiplica um vetor por um escalar.

Um Pouco de Trigonometria: Dividindo Vetores em Componentes

Os problemas de física nunca dizem diretamente o que você quer saber. Como explicado na seção anterior, um vetor pode ser descrito por seus componentes, que são o suficiente para especificar um vetor de forma única. Como um vetor, por definição, é uma quantidade que tem grandeza e direção, outro modo de especificar um vetor é usar sua grandeza e direção diretamente. Se souber um modo de descrever o vetor, pode conseguir o outro.

Há apenas duas formas diferentes de especificar a mesma coisa, cada uma tem seu próprio uso em problemas de física. Veja por que trabalhar com componentes de vetor:

» **Quando você tem vetores em componentes, eles são fáceis de somar, subtrair e manipular no geral.** Quando um problema fornece vetores em termos de sua grandeza e direção (que geralmente é o caso), normalmente é necessário calcular seus componentes só para resolver o problema.

» **Ser capaz de tratar as direções horizontal e vertical separadamente é útil, porque frequentemente podemos dividir um problema difícil em dois problemas simples. Usar componentes também ajuda quando uma direção é mais importante do que a outra.** Por exemplo, um problema pode dizer que uma bola está rolando por uma mesa em um ângulo de 15° com uma velocidade de 7,0 metros/segundo e perguntar quanto tempo a bola levará para cair da mesa se a beirada da mesa está a 1,0 metro de distância. Nesse caso, você só se preocupa com a velocidade que a bola se move na horizontal, diretamente para a beirada da mesa — a velocidade na direção vertical não é importante.

Depois de resolver um problema, a resposta geralmente precisa estar em termos de grandeza e direção. Então, depois de encontrar sua resposta em componentes, você normalmente precisa descobrir a grandeza e a direção novamente.

Esta seção mostra como você pode usar a grandeza e a direção de um vetor para descobrir seus componentes, bem como usar seus componentes para descobrir sua grandeza e direção.

Capítulo 4 **Seguindo Direções: Movimento em Duas Dimensões**   65

Encontrando os componentes do vetor

Quando se divide um vetor em partes, elas são chamadas de *componentes*. Por exemplo, no vetor (4, 1), o componente do eixo x é 4 e o componente do eixo y é 1. Geralmente, um problema de física fornece um ângulo e uma grandeza para definir um vetor; você mesmo tem que encontrar os componentes usando a trigonometria.

Suponha que saiba que uma bola está rolando em uma mesa a 15° a partir de uma paralela direcional à beirada inferior com uma velocidade de 7,0 metros/segundo. Você quer descobrir quanto tempo ela levará para cair pela beirada 1,0 metro para a direita.

Defina seus eixos para que a bola esteja inicialmente em sua origem e o eixo x seja paralelo à beirada inferior da mesa (veja a Figura 4-7). Portanto, o problema se divide em descobrir quanto tempo a bola levará para rolar 1,0 metro na direção x. Para descobrir o tempo, você precisa saber primeiro com que velocidade a bola está se movendo na direção x.

O problema diz que a bola está rolando em uma velocidade de 7,0 metros/segundo a 15° na horizontal (no eixo x positivo), que é um vetor: 7,0 metros/segundo a 15° fornece uma grandeza e uma direção. O que temos aqui é uma velocidade — a versão vetorial da rapidez. A rapidez da bola é a grandeza de seu vetor de velocidade, e, quando adicionamos uma direção a essa rapidez, obtemos o vetor de velocidade **v**.

Para descobrir a velocidade com a qual a bola está indo em direção à beirada da mesa, você não precisa da velocidade total da bola, e sim do componente x da velocidade da bola. O componente x é um escalar (um número, não um vetor) e é escrito assim: v_x. O componente y do vetor de velocidade da bola é v_y. Portanto, diga que:

$$\mathbf{v} = (v_x, v_y)$$

É assim que se expressa a divisão de um vetor em seus componentes. Então, o que é v_x aqui? E, aproveitando, o que é v_y, o componente y da velocidade? O vetor tem um comprimento (7,0 metros/segundo) e uma direção ($\theta = 15°$ na horizontal). E você sabe que a beirada da mesa está a 1,0 metro para a direita.

FIGURA 4-7:
Dividir um vetor em seus componentes possibilita que você os adicione ou subtraia facilmente.

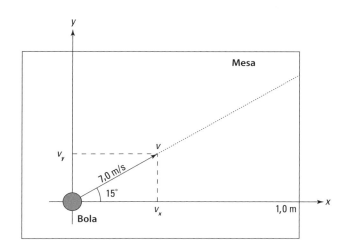

Como pode ver na Figura 4-7, a trigonometria precisa ser usada para dividir esse vetor em seus componentes. Sem problemas. A trigonometria é fácil depois que você obtém os ângulos vistos na Figura 4-7.

A grandeza de um vetor **v** é expressa como v, e, na Figura 4-7, vemos que o seguinte é verdadeiro:

LEMBRE-SE

» **Componente horizontal:** $v_x = v \cos \theta$
» **Componente vertical:** $v_y = v \sen \theta$

Vale a pena conhecer as duas equações dos componentes vetoriais, pois são muito vistas em qualquer curso de física para iniciantes. Certifique-se de saber como funcionam e sempre as tenha à mão.

É claro que, se esquecer essas equações, pode sempre obtê-las a partir da trigonometria básica. Você pode se lembrar de que o seno e o cosseno de um ângulo em um triângulo retângulo são definidos como a razão do lado oposto e do lado adjacente à hipotenusa, assim: $\sen \theta = v_y/v$ e $\cos \theta = v_x/v$ (veja o Capítulo 2). Ao multiplicar ambos os lados dessas equações por v, você pode escrever os componentes x e y do vetor como:

$v_x = v \cos \theta$

$v_y = v \sen \theta$

Capítulo 4 **Seguindo Direções: Movimento em Duas Dimensões**

Você pode ir além, relacionando cada lado do triângulo entre si (e, se souber que tan θ = sen θ/cos θ, poderá derivar tudo isso das duas equações anteriores quando for requerido; não precisa memorizar tudo):

» $v_x = v\cos\theta = \dfrac{v_y}{\tan\theta}$

» $v_y = v\operatorname{sen}\theta = v_x \tan\theta$

» $v = \dfrac{v_y}{\operatorname{sen}\theta} = \dfrac{v_x}{\cos\theta}$

Você sabe que $v_x = v \cos \theta$, portanto pode encontrar o componente x da velocidade da bola, v_x, assim:

$v_x = v \cos \theta$

Inserindo os números terá:

$$v_x = v\cos\theta$$
$$= (7{,}0 \text{ m/s})\cos 15°$$
$$\approx 6{,}8 \text{ m/s}$$

Agora você sabe que a bola está viajando a 6,8 metros por segundo para a direita. E, como também sabe que a beirada da mesa está a 1,0 metro de distância, pode dividir a distância pela velocidade para obter o tempo:

$$\dfrac{1{,}0 \text{ m}}{6{,}8 \text{ m/s}} \approx 0{,}15\text{s}$$

Como sabe com que rapidez a bola está indo na direção x, agora conhece a resposta para o problema: a bola levará 0,15 segundo para cair da beirada da mesa. E o componente y da velocidade? Isso também é fácil de encontrar:

$$v_y = v\operatorname{sen}\theta = (7{,}0 \text{ m/s})\operatorname{sen} 15° \approx 1{,}8 \text{ m/s}$$

Reagrupando os componentes como um vetor

Algumas vezes, é necessário encontrar o ângulo de um vetor em vez de componentes. Para encontrar a grandeza, use o teorema de Pitágoras. E, para encontrar θ, use a função inversa da tangente (ou inversa do seno ou do cosseno). Esta seção mostra como essas fórmulas funcionam.

Por exemplo, suponha que esteja procurando um hotel localizado a 20 milhas para o leste e 20 milhas para o norte. A partir de seu local atual, qual é o ângulo (medido a partir do leste) da direção para o hotel e a que distância ele está? Esse problema pode ser escrito na notação vetorial, assim (veja a seção anterior "Colocando Vetores na Grade"):

Etapa 1: (20, 0)

Etapa 2: (0, 20)

Ao somar esses vetores, você obterá este resultado:

(20, 0) + (0, 20) = (20, 20)

O vetor resultante é (20, 20). Esse é um modo de especificar um vetor — usando seus componentes. Mas este problema não está pedindo os resultados em termos de componentes. A pergunta deseja saber o ângulo e a distância para o hotel. Ou seja, vendo a Figura 4-8, a questão é: "Qual é h e qual é θ?"

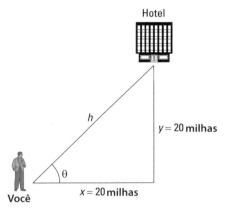

FIGURA 4-8: Usando o ângulo criado por um vetor para chegar a um hotel.

Encontrando a grandeza

Se conhece os componentes vertical e horizontal de um vetor, não é tão difícil descobrir sua grandeza, porque só precisa descobrir a hipotenusa de um triângulo. Você pode usar o teorema de Pitágoras ($x^2 + y^2 = h^2$) e achar h.

$$h = \sqrt{x^2 + y^2}$$

Inserindo os números você obtém:

$$h = \sqrt{x^2 + y^2}$$
$$= \sqrt{(20\text{ mi})^2 + (20\text{ mi})^2}$$
$$= \sqrt{400\text{ mi}^2 + 400\text{ mi}^2}$$
$$= \sqrt{800\text{ mi}^2}$$
$$\approx 28\text{ mi}$$

Descobrindo e verificando o ângulo

LEMBRE-SE

Quando você conhece os componentes horizontal e vertical de um vetor, pode usar a tangente para encontrar o ângulo, pois $\tan\theta = y/x$. Tudo o que precisa fazer é usar o inverso da tangente y/x:

$$\theta = \tan^{-1}\left(\frac{y}{x}\right)$$

Suponha que tenha que dirigir 20 milhas para o leste e 20 para o norte. Veja como encontrar θ, o ângulo entre sua posição original e final:

$$\theta = \tan^{-1}\left(\frac{y}{x}\right)$$
$$= \tan^{-1}\left(\frac{20\text{ mi}}{20\text{ mi}}\right)$$
$$= \tan^{-1}(1)$$
$$= 45°$$

Então o hotel está a cerca de 28 milhas de distância (como pode ver na seção anterior "Encontrando a grandeza") a um ângulo de 45°.

CUIDADO

Tenha cuidado ao fazer cálculos com as tangentes inversas, porque ângulos que diferem em 180° têm a mesma tangente. Quando você pega a tangente inversa, pode precisar somar ou subtrair 180° para obter o ângulo correto. O botão de tangente inversa na sua calculadora sempre dará um ângulo entre 90° e −90°. Se seu ângulo não estiver nesse intervalo, então você precisará somar ou subtrair 180°.

Para este exemplo, a resposta de 45° deve estar correta. Mas considere a situação em que precisaria somar ou subtrair 180°: suponha que você caminhe na direção completamente oposta ao hotel. Anda 20 milhas para o oeste e 20 milhas para o sul ($x = -20$ milhas, $y = -20$ milhas), então, se usar o mesmo método para encontrar o ângulo, obterá o seguinte:

$$\theta = \tan^{-1}\left(\frac{y}{x}\right)$$
$$= \tan^{-1}\left(\frac{-20 \text{ mi}}{-20 \text{ mi}}\right)$$
$$= \tan^{-1}(1)$$
$$= 45°$$

Você obtém a mesma resposta para o ângulo, mesmo andando na direção completamente oposta à anterior! Isso porque as tangentes dos ângulos que diferem em 180° são iguais. Mas, se observar os componentes do vetor ($x = -20$ milhas, $y = -20$ milhas), eles são negativos, então o ângulo deve estar entre $-180°$ e $0°$. Se subtrair 180° de sua resposta de 45°, terá $-135°$, que é o ângulo correto.

PAPO DE ESPECIALISTA

Um método alternativo para descobrir a direção é encontrar a grandeza do vetor (hipotenusa) e usar os componentes em termos de seno e cosseno do ângulo:

» $x = h \cos \theta$
» $y = h \, \text{sen} \, \theta$

Então escreva o cosseno e o seno do ângulo como:

$$\frac{x}{h} = \cos\theta$$
$$\frac{y}{h} = \text{sen}\,\theta$$

Agora, tudo o que precisa fazer é resolver o cosseno ou seno inversos:

$$\theta = \cos^{-1}\left(\frac{x}{h}\right)$$
$$\theta = \text{sen}^{-1}\left(\frac{y}{h}\right)$$

Apresentando Deslocamento, Velocidade e Aceleração em 2D

Quando um objeto se move apenas em uma dimensão (como no Capítulo 3), você só precisa lidar com um componente, que é apenas um número — o deslocamento é só uma distância, a velocidade é só uma, e a aceleração só aumenta ou diminui. Então, em uma dimensão, os vetores se parecem com números: a grandeza do vetor é o tamanho do número, e a direção do vetor é apenas o sinal desse número.

No entanto, o deslocamento, a velocidade e a aceleração são sempre vetores. No mundo real, um objeto pode se mover em duas ou mais dimensões, então a direção é importante. Nesta seção, daremos outra olhada nas equações de movimento, só que em mais de uma dimensão para que você possa ver com mais clareza como as equações são realmente equações vetoriais.

Deslocamento: Percorrendo a distância em duas dimensões

O *deslocamento*, que é a diferença na posição (veja o Capítulo 3), tem uma grandeza e uma direção associadas a ele. Quando você tem uma diferença na posição em uma direção específica e de uma distância específica, então elas são dadas pela grandeza e direção do vetor deslocamento.

Em vez de escrever o deslocamento como *s*, escreva-o como **s**, um vetor (se estiver escrevendo no papel poderá colocar uma seta sobre o *s*, para indicar seu status de vetor). Ao falar sobre o deslocamento no mundo real, a direção é tão importante quanto a distância.

Por exemplo, digamos que seus sonhos tenham se tornado realidade: você é um grande herói do beisebol ou do softbol, batendo outro line drive para o campo externo. Você corre para a primeira base, que está a 90 pés de distância. Mas 90 pés em qual direção? Sabendo como é a física vital, você sabe que a primeira base está a 90 pés de distância em um ângulo de 45°, como pode ver na Figura 4-9.

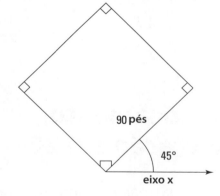

FIGURA 4-9: Um campo de beisebol é uma série de vetores criados pelos eixos *x* e *y*.

Agora você está pronto, tudo porque sabe que o deslocamento é um vetor. Neste caso, este é o vetor de deslocamento:

s = 90 pés a 45°

Como é isso em componentes?

$$\mathbf{s} = \left(s\cos\theta,\, s\,\text{sen}\theta\right)$$
$$= \left(90\cos45^\circ, 90\,\text{sen}45^\circ\right) \approx \left(64\text{ pés},\ 64\text{ pés}\right)$$

Às vezes, trabalhar com ângulos e grandezas não é tão fácil quanto trabalhar com componentes x e y. Por exemplo, digamos que esteja em um parque e peça direções para chegar ao banco mais próximo. A pessoa a quem você pergunta é muito precisa, pensa e responde: "Ande para o norte por 10,0 metros."

"Norte por 10,0 metros", você diz. "Obrigado."

"Depois leste por 20,0 metros. Depois norte por outros 50,0 metros."

Você diz: "Hmm... norte por 10,0 metros, 20,0 metros para o leste, e então outros 50,0 metros para o leste... quero dizer, norte. É isso?"

"Depois 60,0 metros para o leste."

Você olha para a pessoa com cautela. "É isso?"

"É isso", ela diz. "Banco mais próximo."

Certo, é hora de um pouco de física. O primeiro passo é traduzir todo esse negócio de norte e leste em coordenadas x e y assim: (x, y). Então, supondo que o eixo x positivo aponte para o leste e o eixo y positivo aponte para o norte (como em um mapa), a primeira etapa é de 10,0 metros para o norte, o que se transforma no seguinte (todas as medidas estão em metros):

$$\left(0,\, 10{,}0\right)$$

Isto é, o primeiro passo são 10,0 metros para o norte, o que se traduz para 10,0 metros na direção do y positivo. Adicionando o segundo passo, 20,0 metros para o leste (a direção positiva de x), dá:

$$\left(0,\, 10{,}0\right)$$
$$+ \left(20{,}0,\, 0\right)$$

O terceiro passo são 50,0 metros para o norte, e somando isso você obtém:

$$\left(0,\, 10{,}0\right)$$
$$+ \left(20{,}0,\, 0\right)$$
$$+ \left(0,\, 50{,}0\right)$$

E, finalmente, o quarto passo são 60,0 metros para o leste, que dá:

$$\left(0,\, 10{,}0\right)$$
$$+ \left(20{,}0,\, 0\right)$$
$$+ \left(0,\, 50{,}0\right)$$
$$+ \left(60{,}0,\, 0\right)$$

Capítulo 4 **Seguindo Direções: Movimento em Duas Dimensões**

Ufa! Certo, qual é a soma de todos esses vetores? É só somar os componentes:

$$\begin{array}{r} (0,10,0) \\ +(20,0,0) \\ +(0,50,0) \\ \underline{+(60,0,0)} \\ (80,0,60,0) \end{array}$$

Então, o vetor resultante é (80,0, 60,0). Hmm, isso parece muito mais fácil do que as direções que você recebeu. Agora sabe o que fazer: ande 80,0 metros para o leste e 60,0 metros para o norte. Viu como é fácil somar vetores?

Se quiser, é possível ir além. Você tem o deslocamento para o banco mais próximo em termos dos componentes x e y. Mas parece que terá que andar 80,0 metros para o leste e 60,0 metros para o norte para encontrar o banco. Não seria mais fácil se soubesse a direção até o banco e a distância total? Assim poderia pegar um atalho e andar em linha reta diretamente até ele.

Esse é um exemplo em que é bom saber como converter da forma de coordenadas (x, y) de um vetor para a forma de grandeza-ângulo. E você pode fazer isso com todo o conhecimento de física que tem. Converter (80,0, 60,0) para a forma de grandeza-ângulo possibilita que você tome um atalho ao caminhar até o banco, diminuindo um pouco a caminhada.

Sabe-se que os componentes x e y de um vetor formam um triângulo retângulo e que a grandeza total do vetor é igual à hipotenusa desse triângulo, h. Então a grandeza de h é:

$$h = \sqrt{x^2 + y^2}$$

Inserindo os números você obtém o seguinte:

$$\begin{aligned} h &= \sqrt{(80,0 \text{ m})^2 + (60,0 \text{ m})^2} \\ &= \sqrt{6.400 \text{ m}^2 + 3.600 \text{ m}^2} \\ &= \sqrt{10.000 \text{ m}^2} \\ &= 100 \text{ m} \end{aligned}$$

Voilà! O banco está a apenas 100 metros de distância. Então, em vez de andar 80,0 metros para o leste e 60,0 metros para o norte, uma distância total de 140 metros, você só precisa andar 100 metros. Seu conhecimento superior de vetores o poupou de caminhar 40 metros.

Mas em que direção está o banco? Sabe-se que ele está a 100 metros de distância — mas 100 metros para onde? Descubra o ângulo do eixo x com estes cálculos trigonométricos:

$$\tan\theta = \frac{y}{x}$$

$$\theta = \tan^{-1}\left(\frac{y}{x}\right)$$

Então, inserindo os números você tem:

$$\theta = \tan^{-1}\left(\frac{60,0\text{ m}}{80,0\text{ m}}\right)$$

Portanto, o ângulo θ é o seguinte (usando o botão tan⁻¹ útil em sua calculadora):

$$\theta \approx 36,9°$$

E é isso aí — o banco mais próximo está a 100 metros de distância a 36,9° do eixo x. Você começa confiantemente em uma linha reta a 36,9° a partir do leste, surpreendendo a pessoa que deu as orientações, que estava esperando que você saísse em um caminho de zigue-zague bobo que ela deu.

Velocidade: Indo rápido em uma nova direção

A *velocidade*, que é a taxa de mudança de posição (ou rapidez em uma direção específica), é um vetor. Imagine que você bata uma bola rasteira no campo de beisebol e esteja correndo pela linha da primeira base, ou o vetor **s**, por 90 pés a um ângulo de 45° para o eixo x positivo. Mas, à medida que corre, você pensa em perguntar: "Minha velocidade permite que eu escape do jogador da primeira base?" Uma boa pergunta, porque a bola está em seu caminho entre as bases. Pegando sua calculadora, descobre que precisa de 3,0 segundos para alcançar a primeira base a partir da base do rebatedor; então qual é a sua velocidade? Para descobri-la, divida rapidamente o vetor **s** pelo tempo que leva para alcançar a primeira base:

$$\frac{\mathbf{s}}{3,0\text{ s}}$$

Essa expressão representa um vetor de deslocamento dividido por um tempo, e o tempo é apenas um escalar. O resultado deve ser um vetor também. E é: velocidade, ou **v**:

$$\frac{\mathbf{s}}{3,0\text{ s}} = \frac{90\text{ ft a }45°}{3,0\text{ s}} = 30\text{ ft/s a }45° = \mathbf{v}$$

Sua velocidade é 30 pés/segundo a 45°, e é um vetor, **v**.

LEMBRE-SE

Dividir um vetor por um escalar fornece um vetor com unidades potencialmente diferentes e a mesma direção.

Nesse caso, você vê que dividir um vetor de deslocamento, **s**, por um tempo fornece um vetor de velocidade, **v**. Ele tem a mesma grandeza de quando você dividiu a distância pelo tempo, mas agora você vê uma direção associada a ele também, porque o deslocamento, **s**, é um vetor. Então você acaba com um resultado de vetor em vez dos escalares vistos no Capítulo 3.

Aceleração: Obtendo um novo ângulo nas mudanças de velocidade

O que acontece quando você desvia, seja em um carro ou andando? Você acelera em uma direção específica. E, assim como o deslocamento e a velocidade, a aceleração, **a**, é um vetor.

Suponha que tenha acabado de rebater uma bola rasteira em um jogo de softbol e esteja correndo para a primeira base. Você descobre que precisa do componente y de sua velocidade a pelo menos 25,0 pés/segundo e que desvia 90° do seu caminho atual com uma aceleração de 60,0 pés/segundo^2 em uma tentativa de esquivar-se do jogador da primeira base. Essa aceleração será suficiente para mudar sua velocidade para o que você precisa no décimo de segundo antes de o jogador da primeira base tocá-lo com a bola? Com certeza, o desafio cabe a você!

Seu tempo final, t_f, menos seu tempo inicial, t_i, é igual à sua diferença de tempo, Δt. É possível encontrar sua mudança de velocidade com a equação a seguir:

$\Delta \mathbf{v} = \mathbf{a}\Delta t$

Agora pode calcular a mudança em sua velocidade a partir de sua velocidade original, como mostrado na Figura 4-10.

FIGURA 4-10: Você pode usar a aceleração e a diferença de tempo para encontrar uma mudança na velocidade.

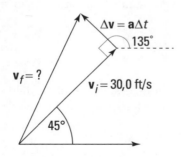

Encontrar sua nova velocidade, $\mathbf{v}_f$, torna-se uma questão de soma vetorial. Isso significa que você tem que separar sua velocidade original, $\mathbf{v}_i$, e sua diferença de velocidade, $\Delta \mathbf{v}$, em componentes. Então $\mathbf{v}_i$ fica igual a:

76   PARTE 1   Colocando a Física em Movimento

$$\mathbf{v}_i = \left(\mathbf{v}_i \cos\theta, \mathbf{v}_i \,\mathrm{sen}\,\theta \right)$$
$$= \left([30,0 \text{ ft/s}]\cos 45°, [30,0 \text{ ft/s}]\mathrm{sen}45° \right)$$
$$\approx \left(21,2 \text{ ft/s}, 21,2 \text{ ft/s} \right)$$

Você está quase lá. Agora, e a diferença na velocidade $\Delta\mathbf{v}$? Sabe-se que $\Delta\mathbf{v} = \mathbf{a}\Delta t$ e que $\mathbf{a} = 60,0$ pés/segundo² a 90° de seu caminho atual, como mostrado na Figura 4-10. Podemos encontrar a grandeza de $\Delta\mathbf{v}$, pois:

$$\Delta\mathbf{v} = \mathbf{a}\Delta t = \left(60,0 \text{ ft/s}^2 \right)\left(0,10 \text{ s} \right) = 6,0 \text{ ft/s}$$

Mas e o ângulo de $\Delta\mathbf{v}$? Se observar a Figura 4-10, verá que $\Delta\mathbf{v}$ está em um ângulo de 90° com seu caminho atual, que por sua vez está em um ângulo de 45°, a partir do eixo x positivo; portanto, $\Delta\mathbf{v}$ está em um ângulo total de 135° em relação ao eixo x positivo. Reunir tudo isso significa que você pode dividir $\Delta\mathbf{v}$ em seus componentes:

$$\Delta\mathbf{v} = \left(6,0 \text{ ft/s} \cos 135°, 6,0 \text{ ft/s} \,\mathrm{sen}\,135° \right)$$
$$\approx \left(-4,2 \text{ ft/s}, 4,2 \text{ ft/s} \right)$$

Agora, você tem tudo o que precisa para executar a soma vetorial para encontrar sua velocidade final:

$$\mathbf{v}_f = \mathbf{v}_i + \Delta\mathbf{v}$$
$$= \left(21,2 \text{ ft/s}, 21,2 \text{ ft/s} \right) + \left(-4,2 \text{ ft/s}, 4,2 \text{ ft/s} \right)$$
$$= \left(17,0 \text{ ft/s}, 25,4 \text{ ft/s} \right)$$

Você conseguiu: $\mathbf{v}_f = (17,0, 25,4)$. O componente y da sua velocidade final é mais do que o necessário, que é 25,0 pés/segundo. Tendo completado seu cálculo, guarde sua calculadora e desvie como o planejado. E, para a surpresa de todos, isso funciona — você evita o jogador surpreso da primeira base e chega até ela com segurança, sem sair da linha de base (um desvio muito bom de sua parte!). A multidão grita, e você inclina seu capacete, sabendo que é tudo devido ao seu conhecimento superior de física. Depois que o barulho diminui, dá uma olhada astuta na segunda base. Consegue roubá-la no próximo lance? É hora de calcular os vetores, então você pega sua calculadora de novo (o que não é muito agradável para a multidão).

Note que o deslocamento total é uma combinação de onde a velocidade o leva em um determinado momento adicionado ao deslocamento que você obtém com a aceleração constante.

Capítulo 4 **Seguindo Direções: Movimento em Duas Dimensões** 77

Acelerando para Baixo: Movimento sob a Influência da Gravidade

Os problemas de gravidade apresentam bons exemplos para se trabalhar com vetores em duas dimensões. Como a aceleração, devido à gravidade, é apenas vertical, é especialmente útil para tratar os componentes horizontal e vertical separadamente. Como não há aceleração na direção horizontal, esse componente do movimento é apenas uniforme. O componente vertical para por uma aceleração constante de grandeza g, direcionada para baixo. Use essa ideia para facilitar as soluções de problemas de trajetória.

O exercício da bola de golfe no penhasco

Este é um exemplo do movimento de um objeto acelerando sob a influência da gravidade. Tratar os componentes horizontal e vertical separadamente é natural para o problema e pode ajudar a resolvê-lo. Neste exemplo, o movimento horizontal é uniforme (como sempre em trajetórias gravitacionais próximas da superfície da Terra), e o componente vertical do movimento é apenas o mesmo que o de um objeto caindo de determinada altitude.

Imagine que uma bola de golfe viajando na horizontal a 1,0 metro/segundo esteja prestes a cair de um penhasco de 5,0 metros de altura, como mostrado na Figura 4-11. A pergunta é: onde a bola acertará o chão e qual será sua velocidade total imediatamente antes de aterrissar? Primeiro, descubra por quanto tempo a bola de golfe voará antes de aterrissar.

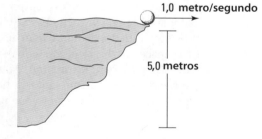

FIGURA 4-11: Uma bola de golfe prestes a cair de um penhasco.

É hora de reunir os fatos. Sabemos que a bola de golfe tem o vetor de velocidade (1,0, 0) e que voa do penhasco de uma posição a 5,0 metros do chão. Quando ela cai, segue com uma aceleração constante, g, a aceleração devido à gravidade, que é de 9,8 metros/segundo^2 diretamente para baixo.

Portanto, como descobrir onde a bola de golfe cairá no chão? Um modo de resolver esse problema é determinar quanto tempo ela leva para atingir o chão. Como a bola de golfe só acelera na direção y (direto para baixo), o componente

x de sua velocidade, v_x, não muda, significando que a distância horizontal que ela atinge o chão será de $v_x t$, em que t é o tempo que a bola de golfe fica no ar. A gravidade está acelerando a bola enquanto ela cai, portanto a equação a seguir, que relaciona o deslocamento, a aceleração e o tempo, é boa de usar:

$$\mathbf{s} = \mathbf{v}_i t + \frac{1}{2} \mathbf{a} t^2$$

Aqui, $\mathbf{s}$ é o deslocamento da bola, $\mathbf{v}_i$ é a velocidade inicial da bola e a aceleração $\mathbf{a}$ é igual à aceleração devido à gravidade, $\mathbf{g}$. Escreva os componentes desses vetores.

Primeiro considere o deslocamento, $\mathbf{s}$. Você sabe que a bola começa no topo do penhasco e cai para o chão, então o componente vertical do deslocamento é $-5{,}0$ metros. O deslocamento vertical tem uma grandeza de 5,0 metros, igual à altura do penhasco. O deslocamento é negativo porque a bola cai na direção negativa. O deslocamento horizontal da bola ainda não é conhecido, portanto escreva-o como s_x. Então escreva o vetor deslocamento como:

$$\mathbf{s} = (s_x, -5{,}0 \text{ m})$$

Segundo, escreva a velocidade inicial, $\mathbf{v}_i$, da bola. Você sabe que no início ela está rolando horizontalmente pelo topo do penhasco com uma velocidade $v_x = 1{,}0 \text{m/s}$, então a velocidade inicial da bola é:

$$\mathbf{v}_i = \left(1{,}0 \text{ m/s}, \ 0 \text{ m/s} \right)$$

Finalmente, você sabe que a aceleração é igual à aceleração devido à gravidade, g, diretamente para baixo, e que é constante. Então a aceleração, $\mathbf{a}$, da bola é:

$$\mathbf{a} = (0, -g)$$
$$= \left(0, -9{,}8 \text{ m/s}^2 \right)$$

Agora você tem tudo o que precisa saber para descobrir o deslocamento horizontal s_x. Pegue cada componente da equação anterior para o deslocamento sob aceleração constante separadamente.

Primeiro escreva o componente vertical da equação inserindo os componentes verticais do deslocamento, velocidade inicial e aceleração:

$$s_y = v_y t + \frac{1}{2} \left(-g \right) t^2$$
$$-5{,}0 \text{ m} = 0t - \frac{1}{2} \left(9{,}8 \text{ m/s}^2 \right) t^2$$

Você pode simplesmente simplificar e reorganizar esta equação para encontrar t, o tempo que a bola leva para cair:

$$t = \sqrt{\frac{2(5{,}0 \text{ m})}{\left(9{,}8 \text{ m/s}^2 \right)}}$$
$$\approx 1{,}0 \text{ s}$$

Então você sabe agora que a bola cai por 1,0 segundo. Ótimo! Use isso para observar o componente horizontal. Se escrever o componente horizontal da equação de deslocamento, terá:

$$s_x = v_x t + \frac{1}{2}(0)(t^2)$$
$$= (1{,}0 \text{ m/s})t$$

E, agora que sabe que $t = 1{,}0s$, pode descobrir o quanto a bola se move horizontalmente ao cair do topo do penhasco ao chão:

$$s_x = (1{,}0 \text{ m/s})(1{,}0 \text{ s}) = 1{,}0 \text{ m}$$

Então é isso — a bola aterrissará 1,0 metro para a direita.

É hora de descobrir qual será a velocidade da bola de golfe ao atingir o chão. Você já sabe metade da resposta, pois o componente x de sua velocidade, v_x, não é afetado pela gravidade, portanto não muda. A gravidade está empurrando a bola de golfe na direção de y, não de x, o que significa que a velocidade final da bola de golfe será assim: (1,0, ?). Então, descubra o componente y da velocidade ou o ? no vetor (1,0, ?). Para isso, use a equação a seguir:

$$\mathbf{v}_f - \mathbf{v}_i = \mathbf{a}t$$

Neste caso, $\mathbf{v}_i = 0$, a aceleração é $-g$, e você quer a velocidade final da bola de golfe na direção y, então a equação fica assim:

$$v_y = -gt$$

LEMBRE-SE

A aceleração devido à gravidade, g, também é um vetor, $\mathbf{g}$. Isso faz sentido porque $\mathbf{g}$ é uma aceleração. Esse vetor aponta para o centro da Terra — isto é, na direção y negativa e na superfície da Terra, seu valor é 9,8 metros/segundo².

O sinal negativo aqui indica que $\mathbf{g}$ está apontando para baixo, em direção a y negativo. Portanto, o resultado verdadeiro é:

$$v_y = -gt$$
$$= (-9{,}8 \text{ m/s}^2)(1{,}0 \text{ s})$$
$$= -9{,}8 \text{ m/s}$$

O vetor de velocidade final da bola de golfe quando ela atinge o chão é (1,0, −9,8) metros/segundo. Você ainda precisa descobrir a velocidade da bola de golfe quando ela atinge o chão, que é a grandeza de sua velocidade. É possível descobrir isso bem facilmente:

$$v_f = \sqrt{(1{,}0 \text{ m/s})^2 + (-9{,}8 \text{ m/s})^2} \approx 9{,}9 \text{ m/s}$$

Você venceu! A bola de golfe atingirá o chão 1,0 metro à direita e sua velocidade nesse tempo será de 9,9 metros/segundo.

Nada mal, mas se você ainda não estiver satisfeito também pode descobrir o ângulo em que a bola atinge o chão. É só usar os componentes do vetor de velocidade final para descobrir o ângulo como sempre, usando a tangente inversa:

$$\tan\theta = \frac{v_y}{v_x}$$

$$\theta = \tan^{-1}\left(\frac{v_y}{v_x}\right)$$

$$= \tan^{-1}\left(\frac{-9,8 \text{ m/s}}{1,0 \text{ m/s}}\right)$$

$$\approx -84°$$

Se a bola estivesse viajando diretamente para baixo, o ângulo seria −90°, então a bola está a apenas 6° de viajar diretamente para baixo.

O exercício de até onde você consegue chutar a bola

Este exemplo usa os mesmos princípios e estratégias da seção anterior, exceto que, desta vez, a trajetória não é tão simples. Neste exemplo, o objeto é projetado para cima a um ângulo antes de cair novamente. Com suas novas habilidades de projéteis obtidas na seção anterior, é possível determinar a que distância o objeto irá.

Você está em um teste para o seu time de futebol favorito, sonhando com a Copa do Mundo. A única coisa que falta é provar que consegue chutar a bola longe o bastante. A situação é como a mostrada na Figura 4-12. Você chuta a bola a um ângulo θ com certa velocidade e quer saber a distância que ela percorrerá antes de atingir o chão.

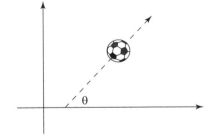

FIGURA 4-12: Uma bola de futebol chutada.

Digamos que $\theta = 45°$ e que a velocidade inicial da bola seja de 50,0 metros/segundo. Qual a distância que ela percorrerá na direção x antes de atingir o chão?

A maioria das pessoas se perderia aqui, mas você tem seu conhecimento de física para guiá-lo. Você considera o problema com cuidado — sabe que a distância horizontal que a bola percorre é igual a:

$$x = v_x t$$

em que v_x é a velocidade da bola na direção de x. Mas o que é t?

A variável t é o tempo que a bola leva para sair do seu pé, viajar pelo ar e atingir o chão novamente. Como diabos esse tempo é calculado?

Durante o tempo t, a bola sai do seu pé, viaja para cima e depois cai e atinge o chão. É aqui que você pode ser espertinho. A velocidade vertical da bola é:

$$v_y = v_{yi} + at$$

em que v_{yi} é a velocidade original verticalmente, a é a aceleração da bola e t é o tempo.

E isso ajuda? Ajuda porque você conhece a velocidade vertical da bola no auge de seu voo — que é zero. Pense: a bola começa a voar para cima, depois para de subir e começa a cair. Então, em um momento específico, no auge de seu voo, a bola tem velocidade zero na direção vertical por apenas um instante. Isso acontece exatamente na metade do voo da bola. Então, se descobrir o tempo em que a bola tem uma velocidade vertical zero e dobrar esse tempo, terá o tempo total da bola no ar.

Observada somente na direção vertical, a bola começa em sua velocidade vertical máxima e, então, alcança o auge de seu voo. A bola para de viajar verticalmente por um instante e depois cai, atingindo o chão com a mesma velocidade máxima (mas na direção oposta — para baixo, e não para cima). Logo, se conseguir descobrir em que momento a bola tem, instantaneamente, uma velocidade zero verticalmente e dobrar esse tempo, terá o tempo total do voo da bola.

Para descobrir o tempo em que a bola tem uma velocidade vertical zero temporariamente, recorra à equação para sua velocidade vertical:

$$v_y = v_{yi} + at$$

O componente vertical da aceleração, a, é igual a $-g$ (é negativo porque está direcionado para baixo). Isso significa que você tem:

$$v_y = v_{yi} - gt$$

Na metade do voo, no tempo $= t_{1/2}$, $v_y = 0$, então você tem:

$$0 = v_{yi} - gt_{1/2}$$
$$v_{yi} = gt_{1/2}$$
$$t_{1/2} = \frac{v_{yi}}{g}$$

Certo, então qual seria v_{yi}, a velocidade original na direção vertical? Você sabe que $\theta = 45°$ e que a velocidade da bola é $v_i = 50,0$m/s. O componente vertical dessa velocidade é:

$$v_{yi} = v_i \operatorname{sen}\theta$$

E, inserindo os números, terá:

$$v_{yi} = (50,0 \text{ m/s}) \operatorname{sen}45°$$
$$\approx 35,4 \text{ m/s}$$

Ótimo! Agora relembrando que $t_{1/2} = v_{yi}/g$ e que $g = 9,8$m/s^2, você tem o seguinte:

$$t_{1/2} = \frac{35,4 \text{ m/s}}{9,8 \text{ m/s}^2}$$
$$t_{1/2} \approx 3,6 \text{ s}$$

Como $t_{1/2}$ é o tempo de metade do voo, o tempo total, t, deve ser o dobro disso:

$$t = 2t_{1/2} = 2(3,6 \text{ s}) = 7,2 \text{ s}$$

Então até onde a bola vai antes de atingir o chão? A distância horizontal é:

$$x = v_x t$$

em que v_x é a velocidade da bola na direção x (que não muda durante todo o voo). Pegando o componente horizontal do vetor de velocidade da bola, você tem

$$v_x = v_i \cos\theta$$
$$= (50,0 \text{ m/s})\cos 45°$$
$$\approx 35,4 \text{ m/s}$$

Como $x = v_x t$, insira os números e descubra o quanto a bola viaja pelo campo:

$$x = v_x t = (35,4 \text{ m/s})(7,2 \text{ s}) \approx 255 \text{ m}$$

Nossa — 255 metros. É um grande chute! Você não só conseguiu entrar para o time, mas quase certamente quebrou um recorde mundial pela distância no processo!

Capítulo 4 **Seguindo Direções: Movimento em Duas Dimensões** 83

84   Física I Para Leigos

2 Que as Forças da Física Estejam com Você

NESTA PARTE...

A Parte 2 dá as informações sobre leis famosas relacionadas a forças, como "Para cada ação, existe uma reação oposta e de igual intensidade". É na questão das forças que Isaac Newton se destaca. Suas leis do movimento e as equações nesta parte o permitirão prever o que acontece quando você aplica uma força a um objeto ou até a fluidos. Massa, aceleração, atrito — todos esses assuntos-chave que têm a ver com forças estão aqui.

NESTE CAPÍTULO

» **Descobrindo os três empregos da força de Newton**

» **Utilizando vetores de força com as leis de Newton**

Capítulo 5

Quando o Empuxo Vem Empurrar: Força

Não se pode fugir das forças no cotidiano; você usa a força para abrir portas, digitar em um teclado, dirigir um carro, passar com uma escavadeira pela parede, subir as escadas da Igreja da Penha (não todas, necessariamente), tirar sua carteira do bolso — até para respirar ou falar. Sem saber, leva em conta a força quando atravessa pontes, anda sobre o gelo, leva um cachorro-quente até sua boca, abre a tampa de um pote ou pisca para seu amor. A força está associada integralmente a fazer os objetos se moverem, e a física tem um grande interesse em compreender como ela funciona.

A força é divertida. Como outros tópicos da física, você pode achar que é difícil, mas apenas antes de conhecê-la. Como seus velhos amigos deslocamento, rapidez e aceleração (veja os Capítulos 3 e 4), a força é um vetor, significando que tem uma grandeza e uma direção (diferente, digamos, da rapidez, que tem apenas grandeza).

É neste capítulo que encontrará as famosas três leis do movimento de Newton. Você já ouviu falar delas antes de vários jeitos, como "Para toda ação, há uma reação oposta e de igual intensidade". Isso não é exatamente correto; é mais para "Para toda força, há uma reação oposta e de igual intensidade", e este capítulo está aqui para colocar os pingos nos is. Neste capítulo, utilizo as leis de Newton como um veículo para focar a força e como ela afeta o mundo.

NEWTON, EINSTEIN E AS LEIS DA FÍSICA

PAPO DE ESPECIALISTA

No século XII, Sir Isaac Newton foi o primeiro a colocar em forma de equação o relacionamento entre força, massa e aceleração. (Ele também é famoso por observar maçãs caindo de árvores e desenvolver uma consequente expressão matemática sobre a gravidade.)

Como em outros avanços da física, Newton primeiro fez observações, modelou-as mentalmente e, então, expressou esses modelos em termos matemáticos. Ele expressou seu modelo usando três afirmações, que ficaram conhecidas como as leis de Newton. Mas não se esqueça de que a física só modela o mundo e, como tal, está sujeita a revisões posteriores.

As leis de Newton foram muito revisadas por colegas como Albert Einstein e sua teoria da relatividade. As leis de Newton são baseadas em ideias de espaço, tempo e massa que fazem sentido para a maioria das pessoas em termos cotidianos: todos concordam que, quando dois eventos são simultâneos, a massa é uma constante que não depende da velocidade e assim por diante. Mas a teoria da relatividade de Einstein usa a velocidade da luz como uma constante para todos os observadores, independente de como se movem, e isso leva a algumas ideias bem diferentes de tempo e espaço, que por sua vez fazem surgir leis muito diferentes de movimento. No entanto, a teoria de Einstein só é importante para o movimento próximo da velocidade da luz. A velocidades que vemos normalmente, as leis do movimento de Newton são extremamente precisas e, portanto, ainda muito importantes de se compreender.

A Primeira Lei de Newton: Resistindo com a Inércia

As leis de Newton explicam o que acontece com as forças e o movimento, e sua primeira lei afirma: "Um objeto continuará em estado de repouso ou em estado de movimento com velocidade constante em uma linha reta, a menos que seja levado a mudar esse estado por uma força resultante." Qual é a tradução? Se você não aplicar uma força a um objeto em repouso ou em movimento, ele permanecerá em repouso ou nesse mesmo movimento em linha reta. Para sempre.

Por exemplo, ao marcar um gol no hóquei, o disco de hóquei desliza em direção ao gol em linha reta, porque o gelo sobre o qual ele desliza quase não tem atrito. Se tiver sorte, o disco não entrará em contato com o taco do goleiro adversário, que faria com que seu movimento fosse mudado.

A primeira lei de Newton não parece muito intuitiva, pois a maioria das coisas não continua em movimento em linhas retas para sempre. Se não mexermos nelas, a maioria das coisas que se move um dia para. A ideia de que a tendência natural de um objeto em movimento é parar foi de Aristóteles, e foi um conhecimento aceito por 2.000 anos. O discernimento de Newton foi necessário para ver que o estado natural do movimento é, na verdade, continuar em uma linha reta em velocidade constante. Apenas quando sofre a ação de uma força é que o movimento muda.

Na vida cotidiana, os objetos não se movem deslizando por aí com velocidade constante em linha reta. Isso porque a maioria dos objetos à sua volta está sujeita às forças do atrito. Então, por exemplo, quando você desliza uma caneca de café pela mesa, ela desacelera até parar (ou vira e derrama). Isso não quer dizer que a primeira lei de Newton seja inválida, apenas que o atrito fornece uma força para mudar o movimento da caneca até pará-la.

Dizer que se você não aplicar uma força em um objeto em movimento ele ficará em movimento com velocidade constante para sempre parece muito com uma *máquina de movimento perpétuo*, uma máquina teórica que funcionaria indefinidamente sem fornecimento algum de energia. Curiosamente, tal máquina é perfeitamente possível de acordo com as leis de Newton. Na prática, você simplesmente não consegue fugir das forças que afetarão um objeto em movimento. Mesmo nos locais mais distantes do espaço, o repouso da massa no Universo puxa você, nem que seja muito levemente. E isso significa que seu movimento é afetado. Lá se vai o movimento perpétuo!

O que a primeira lei de Newton realmente diz é que o único modo de fazer algo mudar seu movimento é usar a força. Também diz que um objeto em movimento tende a permanecer em movimento, o que introduz a ideia de inércia.

Resistindo à mudança: Inércia e massa

A *inércia* é a tendência natural de um objeto de resistir a qualquer mudança em seu movimento, o que significa que o objeto tende a permanecer em repouso ou em movimento constante em linha reta. A inércia é uma qualidade da massa e a massa de um objeto é, na verdade, apenas uma medida de sua inércia. Para fazer um objeto parado se mover — isto é, mudar seu estado atual de movimento — você tem que aplicar uma força para superar sua inércia.

Tenha cuidado ao distinguir massa e peso. O *peso* de um objeto é a força da gravidade sobre ele, então o peso depende de onde a massa está. Por exemplo, um objeto de 1kg teria um peso diferente na Lua do que tem na Terra, mas a massa seria a mesma. Mesmo no espaço, com campo gravitacional insignificante, e portanto sem peso, a massa ainda seria de 1kg. Se tentasse empurrar esse objeto no espaço, sentiria uma resistência à aceleração, que é a inércia. Quanto maior a massa do objeto, mais resistência você sentiria.

Digamos, por exemplo, que você esteja de férias em sua casa de verão, observando os dois barcos na doca: um barco inflável e um navio petroleiro. Se aplicar a mesma força em cada um com seu pé, as embarcações responderão de modos diferentes. O barco inflável se afastará e deslizará pela água. O petroleiro se moverá mais lentamente (que perna forte você tem!). Isso porque ambos têm massas diferentes e, portanto, quantidades diferentes de inércia. Ao responder à mesma força, um objeto com pouca massa — e uma pequena quantidade de inércia — terá maior aceleração do que um objeto com grande massa, que tem uma quantidade grande de inércia.

Às vezes, a inércia, a tendência da massa de preservar seu estado atual de movimento, pode ser um problema. Os caminhões frigoríficos, por exemplo, têm grandes quantidades de carne congelada penduradas no teto, e quando os motoristas dos caminhões começam a fazer curvas as carnes criam um movimento de pêndulo que não é possível parar do banco do motorista. Os caminhões com motoristas inexperientes podem acabar tombando por causa da inércia da carga congelada que balança na traseira.

Como os objetos têm inércia, eles resistem em mudar seu movimento e é por isso que há a necessidade de aplicar forças para mudar a velocidade e, assim, a aceleração. A massa liga a força e a aceleração.

Medindo a massa

As unidades de massa (e, portanto, inércia) dependem de seu sistema de medição. No sistema metro-quilograma-segundo (MKS) ou no Sistema Internacional de Unidades (SI), a massa é medida em quilogramas (sob a influência da gravidade, um quilograma de massa pesa cerca de 2,205 libras). Qual é a unidade de massa no sistema pé-libra-segundo (FPS)? Prepare-se: é o *slug*. Sob a influência da gravidade da Terra, um slug tem um peso de mais ou menos 32 libras. Se você precisar converter entre slug e quilogramas, ficará feliz em saber que um slug é cerca de 14,59 quilogramas.

Massa não é o mesmo que peso. Massa é uma medida da inércia; quando você coloca essa massa em um campo gravitacional, obtém o peso. Então, por exemplo, um slug é uma determinada quantidade de massa. Quando sujeitamos esse slug a uma tração gravitacional na superfície da Terra, ele tem um peso. E esse peso é cerca de 32 libras. Se levássemos a mesma massa de slug para a Lua, que não tem tanta tração gravitacional quanto a Terra, ele pesaria cerca de apenas 5,3 libras, que é mais ou menos 1/6 de seu peso na Terra.

A Segunda Lei de Newton: Relacionando Força, Massa e Aceleração

A primeira lei de Newton diz que um corpo permanece em movimento uniforme a não ser que uma força aja sobre ele. Quando uma força é aplicada, o objeto acelera. A segunda lei de Newton detalha o relacionamento entre força, massa e aceleração:

» **A aceleração de um objeto é em direção à força.** Se você empurrar ou puxar um objeto em uma direção específica, ele acelera nessa direção.

» **A aceleração tem uma grandeza proporcional à grandeza da força.** Se empurrar duas vezes mais forte (e não houver nenhuma outra força presente), a aceleração é duas vezes maior.

» **A grandeza da aceleração é inversamente proporcional à massa do objeto.** Isto é, quanto maior a massa, menor a aceleração para a força dada (que é exatamente o esperado da inércia).

LEMBRE-SE

Todas essas características da relação entre força (ΣF), aceleração (a) e massa (m) estão contidas na equação a seguir:

$$\Sigma F = ma$$

Note que usamos o termo ΣF para descrever a força porque a letra grega sigma, Σ, representa "soma"; portanto, ΣF significa a soma de todas as forças separadas que agem sobre o objeto. Se não for igual a zero, então há uma força.

Relacionando a fórmula ao mundo real

Você pode ver que a equação $\Sigma F = ma$ é consistente com a primeira lei do movimento de Newton (que lida com a inércia), pois, se não há uma força (ΣF) agindo sobre uma massa m, o lado esquerdo da equação é zero; portanto, a aceleração também deve ser zero — assim como você esperaria da primeira lei.

Se você reorganizar a equação da força pra encontrar a aceleração, pode ver que se o tamanho da força dobrar, o tamanho da aceleração também dobra (se você empurrar com o dobro de força, o objeto acelera duas vezes mais), e, se a massa dobra, a aceleração diminui pela metade (se a massa for duas vezes maior, ele acelera com metade da velocidade — inércia):

$$a = \frac{\Sigma F}{m}$$

Dê uma olhada no disco de hóquei da Figura 5-1 e imagine que esteja lá, parado na frente do gol. O disco e o gol deveriam se encontrar.

Em um movimento totalmente consciente, você decide aplicar seu conhecimento de física. Então descobre que, se aplicar a força do seu taco no disco por um décimo de segundo, poderá acelerá-lo na direção adequada. Você experimenta, e, como era de se esperar, o disco voa para a rede. Gol! A Figura 5-1 mostra como o gol foi feito.

Você aplicou uma força no disco, que tem certa massa, e ele partiu — acelerando na direção em que foi empurrado.

FIGURA 5-1: Acelerando um disco de hóquei.

Qual é a aceleração? Isso depende da força aplicada (juntamente a qualquer outra força que possa estar agindo no disco), pois $\Sigma F = ma$.

Nomeando as unidades de força

Então, quais são as unidades da força? Bem, $\Sigma F = ma$, então, no sistema MKS ou SI, a força deve ter estas unidades:

quilogramas-metro/segundo^2

Essa é uma derivada, pois chegamos nela usando uma fórmula. Como a maioria das pessoas acha que essa unidade é um pouco estranha, as unidades MKS recebem um nome especial: newtons (adivinha em homenagem a quem). Newtons são muitas vezes abreviados apenas como N. A Tabela 5-1 mostra nomes de unidades para força nos sistemas de medição MKS e pé-libra-segundo.

TABELA 5-1 Unidades de Força

Sistema de Medição	Unidade Derivada	Nome da Unidade Especial
Metro-quilograma-segundo (MKS) ou SI	quilogramas-metro/segundo^2 (kg·m/s^2)	newton (N)
Pé-libra-segundo	slug-pé/segundo^2 (slug·ft/s^2)	libra (lb)

E como essas unidades se relacionam entre si? Bem, 1,0 libra é cerca de 4,448 newtons.

Adição de vetores: Reunindo as forças

LEMBRE-SE

A maioria dos livros abrevia ΣF = ma apenas como F = ma, que é o que faço também, mas devo observar que F representa a *força resultante*. Um objeto ao qual você aplica uma força responde à força resultante — isto é, a soma vetorial de todas as forças que atuam sobre ele.

Veja, por exemplo, todas as forças (representadas por flechas) que agem na bola da Figura 5-2. Para qual lado a bola de golfe acabará acelerando?

Como a segunda lei de Newton fala sobre a força resultante, o problema fica mais fácil. Tudo o que precisa fazer é somar as várias forças como vetores para obter vetor de força resultante, ΣF, como mostrado na Figura 5-3. Quando quer saber como a bola vai acelerar, pode aplicar a equação ΣF = ma.

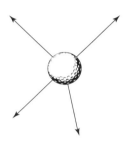

FIGURA 5-2:
Uma bola voando pode enfrentar muitas forças que agem sobre ela.

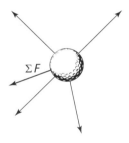

FIGURA 5-3:
O vetor de força resultante leva em consideração todas as forças para determinar a aceleração da bola.

Calculando o deslocamento a partir do tempo e da aceleração

Suponha que você esteja em sua tradicional expedição semanal de coleta de dados de física e dê de cara com uma partida de futebol americano. Muito interessante, pensa. Em certa situação, você observa que a bola de futebol, embora comece em repouso, tem três jogadores aplicando forças sobre ela, como vê na Figura 5-4. Esta figura mostra um diagrama de corpo livre.

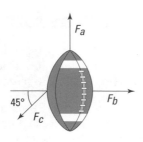

FIGURA 5-4: Um diagrama de corpo livre de todas as forças agindo sobre a bola em um dado tempo.

LEMBRE-SE

Um *diagrama de corpo livre* mostra todas as forças que atuam em um objeto, facilitando determinar seus componentes e encontrar a força resultante.

Intrometendo-se intrepidamente na massa dos jogadores em movimento, arriscando se machucar em nome da ciência, você mede a grandeza dessas forças e as marca em sua prancheta:

$F_a = 15,0N$

$F_b = 12,5N$

$F_c = 16,5N$

Você mede a massa da bola de futebol como tendo exatamente 0,40 quilograma (sem incluir a força da gravidade). Agora, imagina onde a bola estará daqui a 1,0 segundo, supondo que as forças mostradas ajam continuamente sobre a bola durante esse segundo. Siga estes passos para calcular o deslocamento de um objeto em determinado tempo, com determinada aceleração constante:

1. **Encontre a força resultante, ΣF, usando a soma de vetores para reunir todas as forças que atuam no objeto (veja o Capítulo 4 para saber mais sobre a soma de vetores).**

2. **Use Σ*F* = *ma* para determinar o vetor de aceleração.**

3. **Use *s* = *v*$_i$*t* + (1/2)*at*² para obter a distância percorrida no tempo especificado.**

   Recorra ao Capítulo 3 para encontrar a equação original.

PASSO 1: ENCONTRANDO A FORÇA RESULTANTE

É hora de pegar sua calculadora. Como você deseja relacionar força, massa e aceleração, a primeira coisa a fazer é encontrar a força resultante na massa. Para isso, precisa dividir os vetores de força vistos na Figura 5-4 em seus componentes e, depois, somar esses componentes para obter a força resultante (veja o Capítulo 4 para obter mais informações sobre como dividir os vetores em seus componentes).

Determinar F_a e F_b é fácil porque F_a é diretamente para cima — no eixo y positivo — e F_b é para a direita — no eixo x positivo. Isso significa que:

$F_a = (0N, 15,0N)$

$F_b = (12,5N, 0N)$

Encontrar os componentes de F_c é um pouco complicado. Você precisa dos componentes x e y dessa força assim:

$F_c = (F_{cx}, F_{cy})$

F_c está em um ângulo de 45° em relação ao eixo x negativo, como visto na Figura 5-4. Se você medir tudo a partir do eixo x positivo, obterá um ângulo de 180° + 45° = 225°. É assim que se divide F_c:

$F_c = (F_{cx}, F_{cy}) = (F_c \cos\theta, F_c \sin\theta)$

Inserindo os números você obtém

$F_c = (16{,}5\,N \cos 225°,\ 16{,}5\,N \sin 225°)$
$\approx (-11{,}7\,N,\ -11{,}7\,N)$

Veja os sinais aqui — os dois componentes de F_c são negativos. Você não pode seguir isso para o ângulo de F_c sendo 180° + 45° = 225° sem uma consideração extra, mas sempre pode fazer uma verificação rápida dos sinais de seus componentes vetoriais. F_c aponta para baixo e para a esquerda, nos eixos x e y negativos. Isso significa que os dois componentes desse vetor, F_{cx} e F_{cy}, têm que ser negativos. Vi muitas pessoas ficarem com sinais errados nos componentes vetoriais porque não pensaram em assegurar que seus números coincidissem com a realidade.

DICA

Sempre compare os sinais de seus componentes vetoriais com suas direções reais nos eixos. É uma verificação rápida e evita muitos problemas mais tarde.

Agora você conhece os componentes das três forças da bola:

$F_a = (0N, 15,0N)$

$F_b = (12,5N, 0N)$

$F_c = (-11,7N, -11,7N)$

Você está pronto para a soma de vetores:

$$\begin{aligned} F_a &= (0, 15{,}0\,N) \\ +F_b &= (12{,}5\,N, 0) \\ +F_c &= (-11{,}7\,N, -11{,}7\,N) \\ \hline \Sigma F &= (0{,}8\,N, 3{,}3\,N) \end{aligned}$$

Você calcula que a força resultante, ΣF, é (0,8N, 3,3N). Isso também fornece a direção na qual a bola de futebol se moverá, supondo que estava em repouso quando mediu as forças

PASSO 2: ENCONTRANDO A ACELERAÇÃO

O próximo passo é descobrir a aceleração da bola. De newton, você sabe que ΣF = (0,8N, 3,3N) = *ma,* o que significa que:

$$a = \frac{\Sigma F}{m}$$
$$= \frac{(0,8\ N, 3,3\ N)}{m}$$

Como a massa da bola é 0,40 quilogramas, o problema se resolve assim:

$$a = \frac{\Sigma F}{m}$$
$$= \frac{(0,8\ N, 3,3\ N)}{0,40\ kg}$$
$$\approx (2,0\ m/s^2, 8,3\ m/s^2)$$

Você está fazendo um bom progresso; agora conhece a aceleração da bola.

PASSO 3: ENCONTRANDO O DESLOCAMENTO

Para descobrir onde a bola estará em 1,0 segundo, aplique a equação a seguir (encontrada no Capítulo 3), em que *s* é a distância e supõe-se que a aceleração seja para um segundo inteiro devido às forças aplicadas continuamente:

$$s = v_i t + \frac{1}{2} at^2$$

Inserindo os números, terá o seguinte (note que a velocidade inicial da bola é 0 metros/segundo, então o primeiro termo cai):

$$s = v_i t + \frac{1}{2} at^2$$
$$= (0\ m/s)(1,0\ s) + \frac{1}{2}(2,0\ m/s^2, 8,3\ m/s^2)(1,0\ s)^2$$
$$\approx (1,0\ m, 4,2\ m)$$

Ora, ora, ora. No fim de 1,0 segundo, a bola estará 1,0 metro mais distante no eixo *x* positivo e 4,2 metros mais distante no eixo *y* positivo. Você pega o cronômetro no bolso do jaleco e mede 1,0 segundo. E, como era de se esperar, está certo. A bola se move 1,0 em direção à lateral e 4,2 metros em direção à linha do gol. Satisfeito, você coloca o cronômetro no bolso novamente e dá um visto na sua prancheta. Outro experimento de física completado com sucesso.

Calculando a força resultante a partir do tempo e da velocidade

Mas e se você quiser descobrir quanta força é necessária em um momento específico para produzir uma determinada velocidade? Digamos, por exemplo, que queira acelerar seu carro de 0 a 60,0 milhas por hora em 10,0 segundos; quanta força é necessária? Comece convertendo 60,0 milhas/hora em pés/segundo. Primeiramente, converta em milhas/segundo:

$$\frac{60,0 \text{ milhas}}{1 \text{ hora}} \times \frac{1 \text{ hora}}{60 \text{ minutos}} \times \frac{1 \text{ minuto}}{60 \text{ segundos}} \approx 1,67 \times 10^{-2} \text{ milhas/segundo}$$

Note que as *horas* e os *minutos* se cancelam, deixando-o com *milhas* e *segundos* para as unidades. Em seguida, encontre o resultado para pés/segundo:

$$\frac{1,67 \times 10^{-2} \text{ milhas}}{1 \text{ segundo}} \times \frac{5.280 \text{ pés}}{1 \text{ milha}} \approx 88 \text{ pés/segundo}$$

Você deseja chegar a 88 pés/segundo em 10,0 segundos. Se o carro pesar 3.000 libras, quanta força será necessária? Primeiramente, encontre a aceleração com a seguinte equação do Capítulo 3:

$$a = \frac{\Delta v}{\Delta t}$$

Inserindo os números, obtém:

$$a = \frac{v}{t} = \frac{88 \text{ ft/s}}{10,0 \text{ s}}$$
$$= 8,8 \text{ ft/s}^2$$

Você calcula que 8,8 pés/segundo^2 é a aceleração necessária.

A partir da segunda lei de Newton, sabemos que $\Sigma F = ma$ e que o peso do carro é de 3.000 libras. Qual é a massa do carro no sistema de unidades pé-libra-segundo, ou slugs? Nesse sistema de unidades, você pode descobrir a massa de um objeto dado o seu peso, dividindo pela aceleração devido à gravidade — 32 pés/segundo^2 (convertidos de 9,8 metros/segundo^2) — o número fornecido na maioria dos problemas de física):

$$m = \frac{3.000 \text{ libras}}{32 \text{ pés/segundo}^2} \times \frac{1 \text{ slug} - \text{pé/segundo}^2}{1 \text{ libra}} \approx 94 \text{ slugs}$$

Você tem tudo o que precisa saber. Precisa acelerar 94 slugs de massa por 8,8 pés por segundo^2; portanto, de quanta força você precisa? Só multiplique para obter sua resposta:

$$\Sigma F = ma = (94 \text{ slugs})(8,8 \text{ ft/s}^2) \approx 830 \text{ libras}$$

É necessária uma força de cerca de 830 libras no carro nesses 10,0 segundos para acelerar na velocidade desejada: 60,0 milhas por hora.

Note que esta solução ignora pequenas questões irritantes como atrito e subidas na estrada; veja essas questões no Capítulo 6. Mesmo em uma superfície plana, o atrito seria grande neste exemplo, portanto você talvez precise dobrar a grandeza da força na vida real.

A Terceira Lei de Newton: Observando Forças Iguais e Opostas

A terceira lei de Newton é famosa, especialmente nos círculos de luta e aula para motoristas, mas você pode não a reconhecer em toda sua glória da física: "Sempre que um corpo exerce uma força em um segundo corpo, o segundo corpo exerce uma força diretamente oposta, de igual grandeza no primeiro corpo."

A versão mais popular disso, que tenho certeza que você já ouviu muitas vezes, é: "Para toda ação, há uma reação oposta e de igual intensidade." Mas, para a física, é melhor expressar a versão originalmente pretendida e em termos de forças e não ações (que, pelo que vi, pode significar praticamente tudo, de tendências de votos até previsões de temperatura!).

Vendo a terceira lei de Newton em ação

Este é um exemplo real para mostrar como a terceira lei do movimento de Newton funciona. Digamos que você esteja em seu carro, aumentando a velocidade com uma aceleração constante. Para fazer isso, seu carro precisa exercer uma força contra a estrada; do contrário, ele não aceleraria. E a estrada precisa exercer a mesma força em seu carro. Veja como isso funciona, em relação ao pneu, na Figura 5-5.

As duas forças na Figura 5-5 são iguais em grandeza, mas opostas em direção. Contudo, elas não se cancelam porque ambas estão agindo em corpos diferentes — uma no carro e a outra na estrada. A força que o carro exerce na estrada é igual e oposta à força que a estrada exerce no carro. A força no carro o acelera.

FIGURA 5-5: Forças iguais agindo no pneu de um carro e na estrada durante a aceleração.

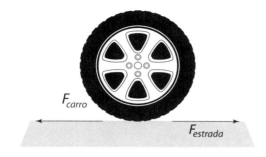

Então, por que a estrada não acelera? O carro acelera, então a estrada não deveria acelerar na direção oposta? Acredite se quiser, ela faz isso; a lei de Newton está com efeito total. Seu carro empurra a Terra, afetando o movimento dela em uma quantidade ínfima. Contudo, dado o fato de que a Terra tem mais ou menos 6.000.000.000.000.000.000.000 vezes a massa de seu carro, qualquer efeito não é muito notado.

De maneira similar, quando um jogador de hóquei bate em um disco, o disco acelera a partir do ponto de contato, assim como o jogador de hóquei. Se o disco de hóquei pesasse 1.000 libras — com uma massa de cerca de 31 slugs, ou 450kg —, você notaria muito mais esse efeito; na verdade, o disco não se moveria muito, mas o jogador seria movido na direção oposta depois de atingi-lo. (Mais sobre o que acontece nesse caso na Parte 3 deste livro.)

Puxando com força suficiente para superar o atrito

Por causa da terceira lei de Newton, sempre que você aplica uma força a um objeto, digamos, ao puxá-lo, o objeto aplica uma força igual e oposta em você. Veja um exemplo que o permite descobrir a quanta força você é sujeitado quando arrasta alguma coisa. Para propósitos físicos de fantasia, digamos que um jogo de hóquei acabe e você tenha o trabalho de arrastar um disco de hóquei de 31 slugs para fora do rinque. Você usa uma corda para conseguir fazer isso, como mostrado na Figura 5-6.

LEMBRE-SE

Os problemas de física gostam muito de usar cordas, inclusive cordas com roldanas, pois, com cordas, a força aplicada em uma extremidade é igual à força que a corda exerce sobre o que foi amarrado na outra extremidade.

Neste caso, o disco de hóquei enorme terá um pouco de atrito que se opõe a você — não uma quantidade absurda, dado que ele desliza sobre o gelo, mas, mesmo assim, um pouco. Portanto, a força resultante no disco é:

$\Sigma F = F_{corda} - F_{atrito}$

FIGURA 5-6:
Puxando um disco pesado com uma corda para exercer força igual em ambos os lados.

Como F_{corda} é maior que F_{atrito}, o disco vai acelerar e começar a se mover. Na verdade, se você puxar a corda com uma força constante, o disco vai acelerar a uma taxa constante, que obedece à equação

$$\Sigma F = F_{corda} - F_{atrito} = ma$$

Como parte da força exercida no disco vai para a aceleração e parte é usada para superar a força do atrito, a força exercida no disco é igual à força exercida em você (mas na direção oposta), como prevê a terceira lei de Newton:

$$F_{corda} = F_{atrito} + ma$$

Roldanas: Suportando o dobro da força

LEMBRE-SE

Nenhuma força pode ser exercida sem uma força igual e oposta (mesmo se essa parte oposta venha de fazer o objeto acelerar). Uma corda e uma roldana podem agir juntas para mudar a direção da força aplicada, mas não de graça. Para mudar a direção da sua força de $-F$ (isto é, para baixo) para $+F$ (para cima na massa), o suporte da roldana precisa responder com uma força de $2F$.

Funciona assim: quando você puxa uma corda em um sistema de roldana para levantar um objeto parado, levanta a massa se exercer força suficiente para superar seu peso, mg, em que g é a aceleração devido à gravidade na superfície da Terra, 9,8 metros/segundo². Dê uma olhada na Figura 5-7, em que uma corda passa por uma roldana e desce para uma massa m.

A corda e a roldana juntas funcionam não só para transmitir a força, F, exercida, mas também para mudar a direção dessa força, como é visto na figura. A força que você exerce para baixo é exercida na massa para cima, pois a corda, passando sobre roldana, muda a direção da força. Neste caso, se F for maior que mg, você poderá levantar a massa. Se não aplicar força alguma no objeto, a única força agindo sobre ela é a gravidade, $F_{gravidade}$, então o objeto acelera a uma taxa de $-mg$ (o sinal negativo indica que a aceleração é para baixo), porque:

$$F_{gravidade} = -mg$$

100 PARTE 2 **Que as Forças da Física Estejam com Você**

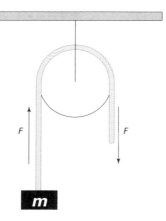

FIGURA 5-7: Usando uma roldana para exercer força.

Se você aplicar uma força na corda de grandeza F, ela é transmitida pela corda e pela roldana ao objeto como uma força direcionada para cima de mesma grandeza. Portanto, a força total sobre o objeto é dada pela soma dessas duas forças, $F_{gravidade} + F$. A força F, agindo sozinha sem gravidade, aceleraria o objeto para cima a uma taxa que podemos chamar a:

$$F = ma$$

Quando duas forças agem juntas, você obtém a soma a seguir:

$$F_{gravidade} + F = -mg + ma$$
$$= m(a - g)$$

Veja que se F é maior que mg, então, a é maior que g, e o objeto acelera para cima.

Mas esse uso da corda e da roldana para mudar a força tem um custo, pois não pode enganar a terceira lei de Newton. Suponha que você eleve a massa e ela fique pendurada. Nesse caso, F deve ser igual a mg para manter a massa imóvel. A direção de sua força está sendo mudada de baixo para cima. Como isso acontece?

Para descobrir, considere a força que o apoio da roldana exerce sobre o teto. Que força é essa? Como a roldana não está acelerando em nenhuma direção, você sabe que $\Sigma F = 0$ na roldana. Isso significa que todas as forças na roldana, quando somadas, darão 0.

Do ponto de vista da roldana, duas forças puxam para baixo: a força F com a qual você puxa e a força mg que a massa exerce sobre você (porque nada está se movendo no momento). São $2F$ para baixo. Para equilibrar todas as forças e obter um total de 0, o apoio da roldana deve exercer uma força de $2F$ para cima.

Analisando os ângulos e a força na terceira lei de Newton

Para levar em conta os ângulos ao medir a força, você precisa fazer um pouco de soma vetorial. Veja a Figura 5-8. Nela, a massa m não está se movendo, e você está aplicando uma força F para mantê-la imóvel. A pergunta é: qual é a força exercida pelo apoio da roldana e em qual direção, para manter a roldana onde ela está?

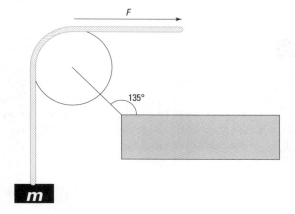

FIGURA 5-8: Usando uma roldana em um ângulo para manter a massa imóvel.

Você tem uma vantagem aqui. Como a roldana não está movendo, sabe-se que $\Sigma F = 0$ na roldana. Então quais são as forças na roldana? Você pode considerar a força devido ao peso da massa, que tem grandeza mg e é diretamente para baixo. Colocando isso em termos de componentes vetoriais (veja o Capítulo 4), fica assim (lembre-se de que o componente y de F_{massa} precisa ser negativo, pois aponta para baixo, estando no eixo y negativo):

$$F_{massa} = (0, -mg)$$

Também é necessário considerar a força da corda na roldana, que, como você está mantendo a massa imóvel e a corda transmite a força que está aplicando, deve ser de grandeza mg e direcionada para a direita — no eixo x positivo. Essa força fica assim:

$$F_{corda} = (mg, 0)$$

Encontre a força exercida na roldana pela corda e a massa somando os vetores F_{massa} e F_{corda}:

$$\begin{aligned}F_{massa+corda} &= F_{massa} + F_{corda} \\ &= (0, -mg) + (mg, 0) \\ &= (mg, -mg)\end{aligned}$$

A força exercida pela massa e pela corda, $F_{\text{massa + corda}}$, é $(mg, -mg)$. Você sabe que a força total na roldana é zero (porque ela não está acelerando): $\Sigma F = 0$. As duas forças agem sobre a roldana, $F_{\text{massa + corda}}$ e F_{suporte}, então a soma delas deve dar zero:

$$F_{massa+corda} + F_{suporte} = 0$$

Isso significa que:

$$F_{suporte} = -F_{massa+corda}$$

Portanto, F_{suporte} deve ser igual a:

$$F_{suporte} = -F_{massa+corda}$$
$$= -(mg, -mg)$$
$$= (-mg, mg)$$

Como pode ver na Figura 5-8, as direções desse vetor fazem sentido — o apoio da roldana deve exercer uma força para a esquerda ($-mg$) e para cima ($+mg$) para manter a roldana onde ela está.

Você também pode converter F_{suporte} em forma de grandeza e direção (veja o Capítulo 4), fornecendo uma grandeza total da força. A grandeza é igual a:

$$F_{suporte} = \sqrt{\left(-mg\right)^2 + \left(mg\right)^2} \approx mg\sqrt{2}$$

Note que essa grandeza é maior do que a força que você exerce ou que a massa exerce na roldana, pois o suporte da roldana tem que mudar a direção dessas forças.

Agora encontre a direção da força F_{suporte}. É possível descobrir o ângulo que ela faz com o eixo horizontal, θ, usando os componentes da força. Por causa da geometria básica, você sabe que os componentes podem ser expressos em termos de θ, assim:

$$F_{suporte,x} = F_{suporte}\cos\theta$$
$$F_{suporte,y} = F_{suporte}\operatorname{sen}\theta$$

em que F_{suporte} indica a grandeza da força nessas equações. Isso relaciona os componentes do vetor à sua magnitude e direção; você pode usar isso para isolar a direção em termos de seus componentes da seguinte forma: se dividir o componente y pelo componente x na forma anterior, encontrará a tangente do ângulo:

$$\tan\theta = \frac{F_{suporte,y}}{F_{suporte,x}}$$
$$= \frac{mg}{-mg}$$
$$= 1$$

Agora, se tirar a tangente inversa, obterá uma resposta para θ:

$\tan^{-1}(1) = 45°$

No entanto, essa resposta não pode estar certa, porque este ângulo significaria que a força aponta para a direita e para cima. Mas você deve se lembrar de que os ângulos que diferem por um múltiplo de 180° dão a mesma tangente, então pode subtrair a resposta anterior de 180° e obter:

$\theta = 135°$

Essa direção é para a esquerda e para baixo e tem a tangente correta, então essa é a direção da força. Veja o Capítulo 4 para mais informações de trigonometria.

DICA

Se você se confundir com os sinais ao fazer esse tipo de trabalho, compare suas respostas com as direções que sabe que os vetores de força realmente seguem. Uma imagem vale mais do que mil palavras, mesmo na física!

Encontrando o equilíbrio

Na física, um objeto está em equilíbrio quando tem zero aceleração — quando a força resultante atuando sobre ele é zero. O objeto realmente não precisa estar em repouso — ele pode estar viajando a 1.000 milhas por hora, desde que a força resultante sobre ele seja zero e ele não esteja acelerando. As forças podem estar atuando no objeto, mas, como vetores, sua soma resulta em zero.

Por exemplo, veja a Figura 5-9, em que você abriu sua própria mercearia e comprou um cabo de 15N para pendurar o letreiro.

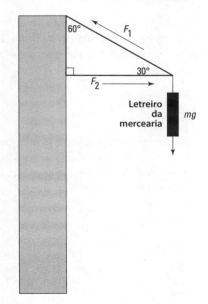

FIGURA 5-9: Pendurar um letreiro exige equilíbrio das forças envolvidas.

O letreiro pesa apenas 8,0N, portanto pendurá-lo não deve ser um problema, certo? Obviamente, você consegue perceber que tem um problema aqui por causa do que estou dizendo. Calmamente, você pega sua calculadora para descobrir qual força o cabo, F_1 no diagrama, tem que exercer sobre o letreiro para suportá-lo. Você quer que o letreiro fique equilibrado, significando que a força resultante sobre ele é zero. Portanto, o peso inteiro do letreiro, mg, precisa estar equilibrado pela força para cima exercida sobre ele.

Nesse caso, a única força para cima atuando no letreiro é o componente y de F_1, em que F_1 é a tensão no cabo, como pode ver na Figura 5-9. A força exercida pelo suporte horizontal, F_2, é apenas horizontal, portanto não pode fazer nada por você na direção vertical. Usando seu conhecimento de trigonometria (veja o Capítulo 4), é possível determinar, a partir da figura, que o componente y de F_1 é:

$$F_{1y} = F_1 \operatorname{sen} 30°$$

Para pendurar o letreiro, F_{1y} deve equivaler ao peso do letreiro, mg:

$$F_{1y} = F_1 \operatorname{sen} 30° = mg$$

Isso nos diz que a tensão no cabo, F_1, deve ser:

$$F_1 = \frac{mg}{\operatorname{sen} 30°}$$

Você sabe que o peso do letreiro é de 8,0N, então:

$$F_1 = \frac{8,0 \text{ N}}{\operatorname{sen} 30°} = 16 \text{ N}$$

Ops. Parece que o cabo terá que ser capaz de suportar uma força de 16N, não apenas os 15N de sua classificação. Você precisa de um cabo mais forte.

Suponha que consiga esse cabo mais forte. Agora você pode se preocupar com o suporte que fornece a força horizontal, F_2, vista no diagrama da Figura 5-9. Que força esse suporte precisa ser capaz de fornecer? Bem, você sabe que a figura tem apenas duas forças horizontais: F_{suporte} e o componente x de F_1. E já sabe que $F_1 = 16$N. Você já tem tudo o que precisa para descobrir F_{suporte}. Para começar, precisa determinar qual é o componente x de F_1. Observando a Figura 5-9 e usando um pouco de trigonometria, verá que:

$$F_{1x} = F_1 \cos 30°$$

Essa é a força cuja grandeza deve ser igual a F_{suporte}:

$$F_{\text{suporte}} = F_1 \cos 30°$$

Isso diz que:

$$F_{suporte} = (16 \text{ N})\cos 30° \approx 14 \text{ N}$$

O suporte usado precisa ser capaz de exercer uma força de cerca de 14N.

Para suportar um letreiro de apenas 8N, você precisará de um cabo que aguente pelo menos 16N e um suporte que possa fornecer uma força de 14N. Veja a configuração aqui — o componente y da tensão no cabo tem que suportar todo o peso do letreiro e, como o fio está em um ângulo muito pequeno, você precisa de muita tensão para obter a força necessária. E para ser capaz de lidar com essa tensão, precisará de um suporte muito forte.

NESTE CAPÍTULO

» Pulando para a gravidade

» Examinando ângulos em um plano inclinado

» Ajustando as forças do atrito

» Medindo rotas de voo

Capítulo **6**

Indo ao que Interessa com Gravidade, Planos Inclinados e Atrito

A gravidade, uma das forças fundamentais do Universo, é uma parte principal de nossas vidas cotidianas. Qualquer objeto que tenha massa exerce uma força de atração sobre qualquer outro objeto que também tenha massa. Todos os objetos na superfície da Terra estão sujeitos a forças gravitacionais significativas, e a gravidade tem um papel importante em todo o Universo. Por isso, entendê-la é uma parte crucial da física.

Neste capítulo, descubra como lidar com a gravidade em rampas e como trabalhar o atrito em seus cálculos. Veja também como a gravidade afeta a trajetória de objetos que voam.

Essa discussão fica bem próxima do chão, quero dizer, da Terra, onde a aceleração devido à gravidade é constante. Mas o Capítulo 7 sai da órbita, observando a gravidade do ponto de vista da Lua. Quanto mais longe da Terra ficamos, menos a gravidade nos afeta.

Aceleração Devido à Gravidade: Uma das Pequenas Constantes da Vida

LEMBRE-SE

Quando você está na superfície da Terra ou próximo a ela, a tração da gravidade é constante. É uma força constante direcionada para baixo com grandeza igual a mg, em que m é a massa do objeto sendo puxado pela gravidade e g é a grandeza da aceleração devido à gravidade:

$g = 9{,}8$ metros/segundo^2 = $32{,}2$ pés/segundo^2

A aceleração é um vetor, o que significa que tem uma direção e uma grandeza (veja o Capítulo 4), portanto esta equação realmente se reduz a g, uma aceleração diretamente para baixo em direção ao centro da Terra. O fato de que $\mathbf{F}_{gravidade} = m\mathbf{g}$ é importante, pois diz que a aceleração de um corpo em queda não depende de sua massa:

$\mathbf{F}_{gravidade} = m\mathbf{a} = m\mathbf{g}$

Ou seja, $m\mathbf{a} = m\mathbf{g}$.

LEMBRE-SE

Como $\mathbf{a} = \mathbf{g}$, um objeto pesado não cai mais rapidamente do que um mais leve. A gravidade fornece a qualquer corpo em queda livre a mesma aceleração para baixo (g perto da superfície da Terra), supondo que não haja a presença de nenhuma outra força, como a resistência do ar.

Descobrindo um Novo Ângulo da Gravidade com Planos Inclinados

LEMBRE-SE

Vários problemas baseados em gravidade na física introdutória envolvem planos inclinados, ou rampas. A gravidade acelera objetos por rampas — mas não a força total da gravidade; apenas um componente agindo pela rampa acelera o objeto. É por isso que um objeto rolando por uma rampa inclinada cai rapidamente: a rampa inclina acentuadamente para baixo, próxima da direção da gravidade, então a maior parte da força da gravidade pode agir por ela.

Para descobrir quanto da força da gravidade acelera um objeto por uma rampa, você precisa separar o vetor da gravidade em seus componentes junto e perpendicular à rampa.

Confira a Figura 6-1. Nela, um carrinho está prestes a descer uma rampa. O carrinho viaja não só verticalmente, como também horizontalmente na rampa, que está inclinada a um ângulo θ. Digamos que θ = 30° e que o comprimento da rampa é 5,0 metros. Com que rapidez o carrinho chegará ao fim da rampa?

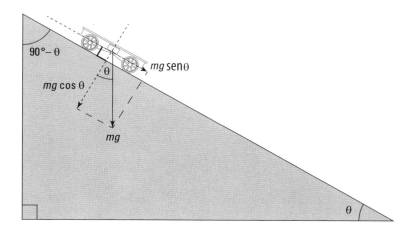

FIGURA 6-1: Um carrinho descendo uma rampa.

Você conhece o comprimento da rampa (o deslocamento do carrinho) e a massa do carrinho, então, se puder descobrir sua aceleração pela rampa, conseguirá calcular a velocidade final do carrinho.

Descobrindo a força da gravidade por uma rampa

Você pode separar o peso do carrinho em seus componentes que são paralelos e perpendiculares à rampa. O componente perpendicular pressiona o carrinho na superfície da rampa. O componente do peso que age ao longo da rampa o acelera rampa abaixo. Nesta seção, encontre o componente da gravidade que age ao longo da rampa quando a força vertical devido à gravidade é F_g.

Descobrindo o ângulo

Para descobrir os componentes do peso paralelos e perpendiculares à rampa, você precisa conhecer o relacionamento entre a direção do peso total e a direção da rampa. O modo mais simples de fazer isso é descobrindo o ângulo entre o peso e a linha perpendicular à rampa. Esse ângulo aparece na Figura 6-1 como θ, que é igual ao ângulo da rampa.

CAPÍTULO 6 **Indo ao que Interessa com Gravidade, Planos Inclinados e Atrito**   109

Há várias formas de usar a geometria para mostrar que θ é igual ao ângulo da rampa. Por exemplo, note que o ângulo entre o peso e a linha perpendicular à rampa deve ser complementar ao ângulo no topo da rampa, que é 90° − θ (dois ângulos são *complementares* se somarem 90°).

Veja a Figura 6-2. O ângulo da rampa é dado pelo ângulo ABC. O ângulo no topo da rampa é seu complemento, pois os ângulos de um triângulo somam 180°, então o ângulo BDE = 90°− θ. O ângulo BCA deve ser igual ao BDE porque os triângulos EBD e ABC são similares, então você pode dizer que o ângulo BCA = 90°− θ. Finalmente, o ângulo BCA deve ser complementar ao ACF, porque eles claramente somam 90° (junto com o ângulo reto FCD, eles formam uma linha reta), então você tem sua resposta: ACF= θ.

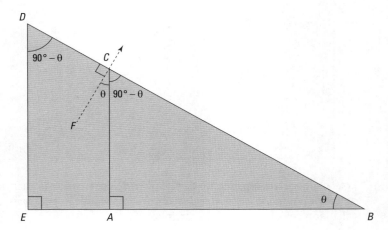

FIGURA 6-2:
O ângulo da direção perpendicular à superfície da rampa do ângulo da rampa.

Descobrindo o componente do peso ao longo de uma rampa

LEMBRE-SE

Se você usar a trigonometria para projetar o vetor peso sobre as linhas perpendicular e paralela à rampa (veja a Figura 6-1 e gire este livro em 30° se isso o ajudar a ver o que está acontecendo), obterá a expressão para o componente do peso perpendicular à rampa como:

$-mg \cos\theta$

LEMBRE-SE

E o componente do peso no decorrer da rampa é:

$mg \,\text{sen}\,\theta$

Como você conhece a força, pode usar a segunda lei de Newton para descobrir a aceleração:

$$a = \frac{mg\,\text{sen}\,\theta}{m} = g\,\text{sen}\,\theta$$

A essa altura, você sabe que a aceleração do carrinho ao longo da rampa é dada por $a = g\,\text{sen}\,\theta$. Essa equação serve para qualquer objeto acelerado pela gravidade por uma rampa, contanto que o atrito não esteja presente.

Descobrindo a velocidade por uma rampa

Todos os fãs da velocidade podem estar imaginando: "Qual é a velocidade do carrinho no final da rampa?" Isso parece um trabalho para a seguinte equação (apresentada no Capítulo 3):

$$v_f^2 - v_i^2 = 2as$$

A velocidade inicial na rampa, v_i, é 0 metros/segundo; o deslocamento do carrinho pela rampa, s, é 5,0 metros; e a aceleração ao longo da rampa é $g\,\text{sen}\,\theta$, então você tem o seguinte:

$v_f^2 = 2as$
$v_f^2 = 2(9{,}8\ \text{m/s}^2\,\text{sen}\,30°)(5{,}0\ \text{m})$
$v_f^2 = 49\ \text{m}^2/\text{s}^2$
$v_f = 7{,}0\ \text{m/s}$

Isso resulta em $v_f = 7{,}0$ metros/segundo, ou pouco menos de 16 milhas/hora. Isso não parece muito rápido até você tentar parar um automóvel de 800kg com essa velocidade — não tente isso em casa! (Na verdade, esse exemplo está simplificado, pois parte do movimento vai para a velocidade angular das rodas e coisas do tipo. Mais sobre isso no Capítulo 11.)

Responda rápido: com que velocidade um cubo de gelo chegaria ao final da rampa das Figuras 6-1 e 6-2 se o atrito não fosse um problema? Resposta: com a mesma velocidade que você acabou de descobrir, 7,0 metros/segundo. A aceleração de um objeto por uma rampa em um ângulo θ em relação ao chão é $g\,\text{sen}\,\theta$. A massa do objeto não é importante — isso só leva em consideração o componente da aceleração devido à gravidade que age ao longo da rampa. E depois que você conhece a aceleração ao longo da superfície da rampa, que tem um comprimento igual a s, pode usar esta equação:

$$v_f^2 = 2as$$

A massa não entra nela.

Grudando com o Atrito

Você sabe tudo sobre atrito. É a força que detém o movimento — ou é o que parece. Na verdade, o atrito é essencial para a vida diária. Imagine um mundo sem atrito: não dá para dirigir um carro na estrada, não dá para andar na calçada, não tem como pegar aquele sanduíche gostoso. O atrito pode parecer um inimigo para o seguidor entusiasmado da física, mas também é seu amigo.

Ele vem da interação das irregularidades da superfície. Se você friccionar duas superfícies que têm muitas depressões e projeções microscópicas, produzirá um atrito. E, quanto mais pressionar essas duas superfícies uma contra a outra, mais atrito criará quando as irregularidades se entrelaçarem cada vez mais.

A física tem muito a dizer sobre como funciona o atrito. Por exemplo, imagine que você decida colocar toda a sua riqueza em um lingote de ouro enorme (uma barra de ouro), e que alguém roube sua fortuna. O ladrão aplica uma força no lingote para acelerá-lo, pois a polícia está atrás dele. Felizmente, a força do atrito chega para salvar você, pois o ladrão não consegue acelerar tão rapidamente quanto pensou — e o ouro arrasta-se pesadamente pelo chão. Veja a Figura 6-3, que mostra as forças sobre o lingote de ouro.

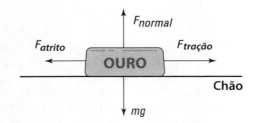

FIGURA 6-3: As forças agindo sobre uma barra de ouro.

Portanto, se você quisesse ser quantitativo aqui, o que faria? Diria que a força de tração, $F_{tração}$, menos a força devido ao atrito, F_{atrito}, é igual à força resultante na direção do eixo x, que fornece a aceleração nessa direção:

$$F_{tração} - F_{atrito} = ma$$

Isso parece bem direto. Mas como se calcula F_{atrito}? Comece calculando a força normal.

Calculando o atrito e a força normal

LEMBRE-SE

A força do atrito, F_{atrito}, sempre age em oposição à força aplicada quando você tenta mover um objeto. O atrito é proporcional à força com a qual um objeto é empurrado contra a superfície sobre a qual está tentando deslizar.

112   PARTE 2 Que as Forças da Física Estejam com Você

Como pode ver na Figura 6-3, a força com a qual o lingote de ouro é pressionado contra o solo é apenas seu peso, ou mg. O solo pressiona de volta com a mesma força de acordo com a terceira lei de Newton. A força que empurra para cima contra o lingote, perpendicular à superfície, é chamada de *força normal* e seu símbolo é N. A força normal não é necessariamente igual à força devido à gravidade; é a força perpendicular à superfície sobre a qual um objeto desliza. Em outras palavras, a força normal é a força que empurra as duas superfícies uma contra a outra, e, quanto maior for a força normal, mais forte é a força devido ao atrito.

No caso da Figura 6-3, como o lingote desliza horizontalmente pelo chão, a força normal tem a mesma grandeza do peso do lingote, portanto $F_{normal} = mg$. Você tem a força normal, que é a força que pressiona o lingote contra o solo. Mas e agora, o que você faz? Encontra a força do atrito.

Conquistando o coeficiente de atrito

A força do atrito vem das características da superfície dos materiais que entram em contato. Como os físicos podem prever essas características teoricamente? Não podem. O conhecimento detalhado de superfícies que entram em contato é algo que as pessoas têm que medir sozinhas (ou podem conferir uma tabela de informações depois que outra pessoa faz todo o trabalho).

O que você mede é como a força normal (uma força perpendicular à superfície em que um objeto desliza) se relaciona com a força de atrito. Acaba que, com um bom grau de precisão, as duas forças são proporcionais, e você pode usar uma constante, μ, para relacioná-las:

$$F_{atrito} = \mu F_{normal}$$

Normalmente, você vê essa equação escrita assim:

$$F_F = \mu F_N$$

Essa equação informa que quando você tem a força normal, F_N, tudo o que precisa fazer é multiplicá-la por uma constante para obter a força de atrito, F_F. Essa constante, μ, é chamada de *coeficiente de atrito*, que é algo medido para o contato entre duas superfícies específicas. (**Nota:** coeficientes são apenas números; eles não têm unidades.)

LEMBRE-SE

Algumas coisas para lembrar sempre:

» **A equação $F_F = \mu F_N$ relaciona a grandeza da força do atrito à grandeza da força normal.** A força normal é sempre perpendicularmente direcionada à superfície, e a força do atrito é sempre paralelamente direcionada à superfície. F_F e F_N são perpendiculares entre si.

» **A força devido ao atrito, de modo geral, é independente da área de contato entre duas superfícies.** Isso significa que mesmo que, você tenha um lingote duas vezes mais longo e com metade da altura, você ainda tem a mesma força de atrito ao arrastá-lo pelo chão. Isso faz sentido, porque, se a área de contato dobra, você pode pensar que deveria ter duas vezes mais atrito. Mas, como espalhou o ouro em um lingote mais comprido, diminuiu pela metade a força em cada centímetro quadrado, porque há menos peso em cima para empurrá-lo para baixo.

Em movimento: Entendendo o atrito estático e cinético

LEMBRE-SE

Certo, você está pronto para pegar seu jaleco e começar a calcular as forças devido ao atrito? Não se precipite — é necessário saber se os objetos em contato um com o outro estão em movimento. Você tem dois coeficientes diferentes de atrito para cada par de superfícies, pois há dois processos físicos diferentes envolvidos:

» **Estático:** Quando duas superfícies não se movem, mas pressionam uma contra a outra, elas têm a chance de se entrelaçarem no nível microscópico. Isso é o atrito estático e seu coeficiente é μ_s.

» **Cinético:** Quando as superfícies estão deslizando, as irregularidades microscópicas não têm a mesma chance de se conectar e você obtém o atrito cinético. Ele é mais fraco do que o estático; no entanto, para a maioria das superfícies mais duras e lisas, esses dois coeficientes são bem similares. O coeficiente do atrito cinético é μ_k.

Portanto, leve em conta dois coeficientes diferentes de atrito para cada par de superfícies: um estático, μ_s, e um cinético, μ_k.

Podemos notar que o atrito estático é mais forte do que o cinético. Imagine que uma caixa descarregada em uma rampa comece a deslizar. Para fazê-la parar, é preciso colocar o pé na frente, e, depois de pará-la, a caixa tem mais propensão de ficar no lugar e não voltar a deslizar. Isso porque o atrito estático, que acontece quando a caixa está em repouso, é maior do que o cinético, que acontece quando ela está deslizando.

Começando o movimento com o atrito estático

Você experimenta o atrito estático quando empurra algo que está em repouso. Este é o atrito que precisa ser superado para que algo deslize.

Por exemplo, digamos que o coeficiente de atrito estático entre o lingote da Figura 6-3 e o solo seja de 0,30, e que o lingote tenha uma massa de 1.000kg (uma bela fortuna em ouro). Qual é força horizontal que um ladrão tem que exercer para mover o lingote? Sabemos que a grandeza da força de atrito está relacionada à grandeza da força normal por:

$$F_F = \mu_s F_N$$

E como a superfície é plana, a força normal — a força que pressiona as duas superfícies uma contra a outra — está na direção oposta do peso do lingote e tem a mesma grandeza. Isso significa que:

$$F_F = \mu_s mg$$

em que m é a massa do lingote e g é a aceleração devido à gravidade na superfície da Terra. Inserindo os números você obtém:

$$F_F = \mu_s mg$$
$$= (0,30)(1.000 \text{ kg})(9,8 \text{ m/s}^2)$$
$$\approx 2.900 \text{ N}$$

O ladrão precisa de cerca de 2.900N de força apenas para o lingote iniciar o movimento. Há 4,448N em uma libra, portanto isso é convertido em cerca de 650 libras de força. Uma força considerável para qualquer ladrão. O que acontece depois do ladrão robusto colocar o lingote em movimento? Quanta força ele precisa para que continue se movendo? Ele precisa calcular o atrito cinético.

Sustentando o movimento com o atrito cinético

A força devido ao atrito cinético, que ocorre quando duas superfícies já estão deslizando, não é tão forte quanto o atrito estático, mas isso não significa que você pode prever qual será o coeficiente de atrito cinético, mesmo que conheça o coeficiente de atrito estático — alguém precisa medir as duas forças.

Digamos que o lingote da Figura 6-3, que tem uma massa de 1.000kg, tenha um coeficiente de atrito cinético, μ_k, de 0,18. Quanta força o ladrão precisa para empurrar o lingote em velocidade constante durante seu roubo? Você tem tudo o que precisa — a grandeza do coeficiente de atrito cinético está relacionada à grandeza da força normal por:

$$F_F = \mu_k F_N = \mu_k mg$$

Inserindo os números, você tem:

$$F_F = \mu_k mg$$
$$= (0,18)(1.000 \text{ kg})(9,8 \text{ m/s}^2)$$
$$\approx 1.800 \text{ N}$$

O ladrão precisa de aproximadamente 1.800N de força para manter seu lingote de ouro deslizando enquanto foge da polícia. Isso se converte em cerca de 400 libras de força (4,448N em uma libra) — não é exatamente o tipo de força que você pode manter enquanto tenta correr a toda velocidade, a menos que tenha alguns amigos o ajudando. Que sortudo! A física explica que a polícia é capaz de recuperar seu lingote de ouro. Os policiais sabem tudo sobre atrito — dando uma olhada na recompensa, eles dizem: "Conseguimos recuperá-lo. Você pode arrastá-lo para casa."

Um declive não tão escorregadio: Lidando com o atrito na subida e na descida

As forças de atrito dependem da ação da força normal. No entanto, quando as forças de atrito agem em uma rampa, o ângulo da rampa inclina a força normal em certo ângulo. Ao trabalhar com forças de atrito, você precisa levar isso em consideração.

E se tiver que arrastar um objeto pesado subindo pela rampa? Digamos, por exemplo, que tenha que mover uma geladeira. Você quer ir acampar e, como espera pegar muitos peixes, decide levar sua geladeira de 100kg também. O único problema é colocá-la em seu carro (veja a Figura 6-4). A geladeira tem que subir em uma rampa de 30° que tem um coeficiente de atrito estático com a geladeira de 0,20 e um coeficiente de atrito cinético de 0,15 (veja a seção anterior "Em movimento: Entendendo o atrito estático e cinético"). A boa notícia é que você tem dois amigos para ajudá-lo a mover a geladeira. A má notícia é que vocês só conseguem fornecer 350N de força cada um, então seus amigos entram em pânico.

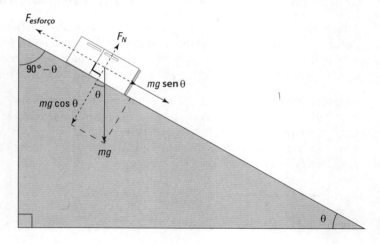

FIGURA 6-4: Você deve lutar contra os diferentes tipos de força e atrito para empurrar um objeto rampa acima.

A força mínima necessária para empurrar essa geladeira rampa acima tem uma grandeza $F_{esforço}$, e tem que contar com o componente do peso da geladeira atuando na rampa e com a força devido ao atrito. Abordo esses componentes, um de cada vez, nas próximas seções.

Descobrindo os componentes do peso paralelo e perpendicular à rampa

O primeiro passo neste problema é separar o peso da geladeira em componentes paralelo e perpendicular à rampa. Dê uma olhada na Figura 6-4, que mostra a geladeira e as forças agindo sobre ela. Mostro como separar os componentes do vetor peso em uma rampa na seção anterior "Descobrindo o componente do peso ao longo de uma rampa". O componente do peso de uma geladeira ao longo de uma rampa é mg sen θ, e o componente do peso da geladeira perpendicular à rampa é $-mg$ cos θ.

Quando o componente do peso ao longo da rampa é conhecido, podemos descobrir a força mínima requerida para empurrar a geladeira rampa acima. A força mínima precisa superar a força estática do atrito agindo rampa abaixo e o componente do peso da geladeira agindo rampa abaixo, então a força mínima é:

$$F_{esforço} = mg \sin \theta + F_F$$

Determinando a força do atrito

A próxima pergunta é: qual é a força do atrito, F_F? Você deve usar o coeficiente de atrito estático ou o coeficiente de atrito cinético? Como o coeficiente de atrito estático é maior que o cinético, o estático é a melhor opção. Depois que você e seus amigos começarem a mover a geladeira, poderão mantê-la em movimento com menos força. Como usará o coeficiente de atrito estático, poderá obter F_F assim:

$$F_F = \mu_s F_N$$

Você também precisa da força normal, F_N, para continuar (veja a seção "Calculando o atrito e a força normal", anteriormente neste capítulo). F_N é igual e oposto ao componente do peso da geladeira agindo perpendicularmente na rampa, que é $-mg$ cos θ (veja a seção anterior), então você pode dizer que a força normal agindo sobre a geladeira é:

$$F_N = mg \cos \theta$$

Podemos verificar isso permitindo que θ chegue a zero, o que significa que F_N se transforma em mg, como deveria.

CAPÍTULO 6 **Indo ao que Interessa com Gravidade, Planos Inclinados e Atrito** 117

A força estática de atrito, F_F, é dada por $F_F = \mu_s\, mg \cos \theta$. Então, a força mínima exigida para superar o componente do peso agindo ao longo da rampa e a força estática de atrito são dadas por:

$$F_{tração} = mg \operatorname{sen} \theta + \mu_s mg \cos \theta$$

Agora só insira os números:

$$\begin{aligned}F_{tração} &= mg \operatorname{sen}\theta + \mu_s mg \cos\theta \\ &= (100 \text{ kg})(9{,}8 \text{ m/s}^2)(\operatorname{sen} 30°) + (0{,}20)(100 \text{ kg})(9{,}8 \text{ m/s}^2)(\cos 30°) \\ &\approx 490 \text{ N} + 170 \text{ N} \\ &= 660 \text{ N}\end{aligned}$$

Você precisa de 660N para empurrar a geladeira rampa acima. Ou seja, seus dois amigos, que podem exercer 350N cada, são suficientes para o serviço. "Comecem", você diz, apontando com confiança para a geladeira. Infelizmente, assim que chegam no topo da rampa, um deles tropeça. A geladeira começa a deslizar pela rampa, e eles pulam para fora, abandonando-a à sua sorte.

Objeto solto: Calculando a que distância ele deslizará

Supondo que a rampa e o solo têm o mesmo coeficiente de atrito cinético e que a geladeira começa a deslizar do topo da rampa, a que distância deslizará a geladeira que seus amigos soltaram (na seção anterior)? Veja a Figura 6-5, que mostra a geladeira quando ela desliza pela rampa de 3,0 metros. Enquanto você observa com desânimo, ela ganha velocidade. Há um carro parado atrás da rampa, a apenas 7,2 metros de distância. A geladeira desgovernada vai se chocar contra ele?

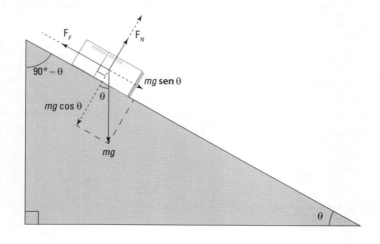

FIGURA 6-5: Todas as forças agindo sobre um objeto que desliza por uma rampa.

DESCOBRINDO A ACELERAÇÃO E A VELOCIDADE FINAL NO FIM DA RAMPA

Quando um objeto desce, as forças que atuam sobre ele mudam (veja a Figura 6-5). Com a geladeira, não há mais nenhuma força $F_{tração}$ para empurrá-la rampa acima. Pelo contrário, o componente de seu peso que atua na rampa empurra a geladeira para baixo. E enquanto ela desce, a gravidade se opõe a essa força. Então, qual força acelera a geladeira para baixo? O peso que atua na rampa é mg sen θ e a força normal é mg cos θ, o que significa que a força cinética de atrito é:

$$F_F = \mu_k F_N = \mu_k mg \cos \theta$$

A força resultante acelerando a geladeira rampa abaixo, $F_{aceleração}$, é a diferença entre o componente do peso da geladeira junto à rampa e a força de atrito que se opõe a ela:

$$F_{aceleração} = mg \operatorname{sen} \theta - F_F$$
$$= mg \operatorname{sen}\theta - \mu_k \, mg \cos \theta$$

Note que você subtrai F_F, a força devido ao atrito, pois essa força sempre atua em oposição à força que faz o objeto se mover. Inserindo os números terá:

$$F_{aceleração} = \left(100 \text{ kg}\right)\left(9,8 \text{ m/s}^2\right)\operatorname{sen}30° - \left(0,15\right)\left(100 \text{ kg}\right)\left(9,8 \text{ m/s}^2\right)\cos 30°$$
$$\approx 360 \text{ N}$$

A força que empurra a geladeira rampa abaixo é de 360N. Como a geladeira tem 100kg, você tem uma aceleração de 360N/100kg = 3,6m/s², que atua por toda a rampa de 3,0 metros. Calcule a velocidade final da geladeira no fim da rampa assim:

$$v_f^2 = 2as$$

Inserindo os números você obtém:

$$v_f^2 = 2\left(3,6 \text{ m/s}^2\right)\left(3,0 \text{ m}\right)$$
$$v_f^2 = 21,6 \text{ m}^2/\text{s}^2$$
$$v_f \approx 4,6 \text{ m/s}$$

A velocidade final da geladeira ao começar a deslizar pela rua em direção ao carro estacionado é de aproximadamente 4,6 metros por segundo.

DESCOBRINDO A DISTÂNCIA PERCORRIDA

Com seus cálculos da seção anterior, você sabe qual distância a geladeira percorrerá depois que seus amigos a soltaram na rampa?

Você tem uma geladeira descendo a rua a 4,6 metros por segundo e precisa calcular até onde ela vai. Como ela está deslizando na calçada agora, é necessário levar em consideração a força devido ao atrito. A gravidade não vai mais acelerar o objeto, pois a rua é plana. Mais cedo ou mais tarde, ela vai parar. Mas a que distância ficará do carro que está estacionado a 7,2 metros? Como sempre, seu primeiro cálculo é a força que atua no objeto. Neste caso, você descobre a grandeza da força devido ao atrito:

$$F_F = \mu_k F_N$$

Como a geladeira está se movendo em uma superfície horizontal, a força normal, F_N, é simplesmente o peso da geladeira, mg, o que significa que a força do atrito é:

$$F_F = \mu_k F_N = \mu_k mg$$

Inserindo os dados, você obtém:

$$F_F = \mu_k mg = (0,15)(100 \text{ kg})(9,8 \text{ m/s}^2) \approx 150 \text{ N}$$

Uma força 150N atua a fim de parar a geladeira deslizante que está aterrorizando a vizinhança. Portanto, qual distância ela percorrerá antes de parar? Se levar em conta que ela desliza horizontalmente na direção positiva, então, devido à força agindo na direção contrária, seu componente horizontal é negativo. Por causa da segunda lei de Newton, a aceleração também é negativa e é dada por:

$$a = \frac{F_F}{m} = \frac{-150 \text{ N}}{100 \text{ kg}} = -1,5 \text{ m/s}^2$$

Você pode descobrir a distância com a equação $v_f^2 - v_i^2 = 2as$. A distância que a geladeira desliza é:

$$s = \frac{v_f^2 - v_i^2}{2a}$$

Neste caso, você deseja que a velocidade final, v_f, seja zero, pois precisa saber aonde a geladeira vai parar. Portanto, essa equação resulta em:

$$s = \frac{v_{fi}^2 - v^2}{2a} = \frac{0^2 - (4,6 \text{ m/s})^2}{2(-1,5 \text{ m/s}^2)} \approx 7,1 \text{ metros}$$

Ufa! A geladeira desliza apenas 7,1 metros e o carro está a 7,2 metros de distância. Mais calmo, você observa o show enquanto seus amigos, em pânico, correm atrás da geladeira, apenas para vê-la parar antes de atingir o carro — exatamente como você esperava.

Vamos Nos Animar! Enviando Objetos pelo Ar

Esta seção fala do velho ditado de que tudo o que sobe tem que descer — o comportamento dos objetos sob a influência da atração gravitacional constante. Com a segunda lei de Newton, podemos relacionar a aceleração de um corpo à força resultante que age sobre ele. Você sabe que a gravidade exerce uma força sobre uma massa, chamada de *peso*, que tem uma grandeza mg. Então é possível descobrir a constante g, a aceleração de uma massa sob a influência única da gravidade. Quando conhecer como a aceleração constante se relaciona com a velocidade e o deslocamento, pode descobrir o movimento de um projétil.

Nesta seção, lançaremos projéteis por aí e deixaremos a gravidade fazer seu trabalho de moldar suas trajetórias. Você verá que como a força da gravidade só age para baixo — isto é, na direção vertical — é possível tratar os componentes vertical e horizontal separadamente. Eu começo apenas com o movimento vertical antes de observar as trajetórias com ambos os componentes. Armado com essas informações, calcule coisas como o tempo para um projétil atingir o chão ou alcançar o auge de sua trajetória e a distância que ele percorrerá.

Lançando um objeto para cima

Começando devagar, descubra a distância que um projeto pode viajar no ar diretamente para cima. Digamos, por exemplo, que no seu aniversário, seus amigos lhe dão o que você sempre quis: um canhão. Ele tem uma velocidade de saída de 860 metros/segundo e atira bolas de canhão de 10kg. Ansiosos para mostrar como funciona, seus amigos disparam o canhão. O único problema é: ele está apontando para cima. Quanto tempo vocês têm para sair de baixo?

CAPÍTULO 6 **Indo ao que Interessa com Gravidade, Planos Inclinados e Atrito** 121

Subindo: Altura máxima

Uau, você pensa olhando a bala de canhão. Fica imaginando até que altura ela vai, então todos começam a dar palpites. Como você sabe física, poderá descobrir isso com precisão.

Você conhece a velocidade vertical inicial, v_i, da bala de canhão e sabe que a gravidade vai acelerá-la para baixo. Como determinar a que altura ela chegará? Em sua altura máxima, sua velocidade será zero e, então, ela descerá para a Terra de novo. Portanto, use a seguinte equação em seu ponto mais alto, quando sua velocidade será zero:

$$v_f^2 - v_i^2 = 2as$$

Você quer saber o deslocamento da bala de canhão a partir de sua posição inicial para descobrir s. Isso dará:

$$s = \frac{v_f^2 - v_i^2}{2a}$$

Inserindo o que é conhecido — v_f é 0 metros/segundo, v_i é 860 metros/segundo e a aceleração é g para baixo (g sendo 9,8 metros/segundo², a aceleração devido à gravidade na superfície da Terra), ou $-g$. Você obtém:

$$s = \frac{v_f^2 - v_i^2}{2a} = \frac{\left(0 \text{ m/s}\right)^2 - \left(860 \text{ m/s}\right)^2}{2\left(-9,8 \text{ m/s}^2\right)} \approx 3,8 \times 10^4 \text{ metros}$$

Nossa! A bola subirá 38km, ou quase 24 milhas. Nada mal para um presente de aniversário.

Flutuando no ar: Hora da suspensão

Quanto tempo levaria para que a bala de canhão atirada 24 milhas para cima (veja a seção anterior) alcançasse sua altura máxima?

Você sabe que a velocidade vertical da bala de canhão em sua altura máxima é 0 metros/segundo, então pode usar a seguinte equação para descobrir o tempo que ela levará para alcançar sua altura máxima:

$$v_f = v_i + at$$

Como $v_f = 0$ metros/segundo e $a = -g = -9,8$ metros/segundo², ela fica assim:

$$0 = v_i - gt$$

Resolvendo você obtém o seguinte:

$$t = \frac{v_i}{g}$$

Insira os números em sua calculadora da seguinte forma:

$$t = \frac{v_i}{g} = \frac{860 \text{ m/s}}{9,8 \text{ m/s}^2} \approx 88 \text{ s}$$

A bala de canhão leva cerca de 88 segundos para alcançar sua altura máxima.

Nota: Essa equação é um dos modos de encontrar a solução, mas há vários jeitos de resolver um problema como esse. Há um problema similar no Capítulo 4, em que uma bola de golfe cai de um penhasco; lá, usamos a equação $s = \frac{1}{2}at^2$ para determinar quanto tempo a bola fica no ar, dada a altura do penhasco.

Descendo: Descobrindo o tempo total

Quanto tempo levaria para uma bala de canhão, atirada 24 milhas no ar, completar sua viagem inteira — para cima e, depois, para baixo, da boca do canhão até a grama — sendo que metade disso leva 88 segundos (para atingir sua altura máxima)? Voos como esse da bala de canhão são simétricos; a viagem para cima é um espelho da viagem para baixo. A velocidade em qualquer ponto para cima tem exatamente a mesma grandeza da viagem para baixo, mas, para baixo, a velocidade está na direção oposta. Ignorando a resistência do ar, isso significa que o tempo de voo total é o dobro do tempo que leva para a bala atingir seu ponto mais alto, ou:

$$t_{total} = 2\left(88 \text{ s} \right) = 176 \text{ s}$$

Você tem 176 segundos, ou 2 minutos e 56 segundos, até que a bala de canhão atinja o solo.

Movimento do projétil: Atirando um objeto em ângulo

Atirar projéteis em ângulo introduz um componente horizontal ao movimento. Contudo, a força da gravidade age apenas na direção vertical, então o componente horizontal da trajetória é uniforme. Lide com esse tipo de problema separando os componentes horizontal e vertical do movimento.

Veja um exemplo: imagine que um de seus amigos perturbados decida atirar a bala em um ângulo, como mostrado na Figura 6-6. As próximas seções cobrem o movimento da bala de canhão quando você atira em um ângulo.

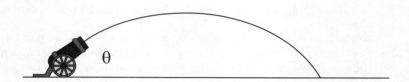

FIGURA 6-6: Atirando um canhão em um ângulo específico em relação ao chão.

Dividindo um movimento de bala de canhão em seus componentes

LEMBRE-SE

Como lidar com o movimento de um objeto atirado em ângulo? Como você sempre pode dividir o movimento em duas dimensões em seus componentes x e y, e, como a gravidade atua somente no componente y, seu trabalho é fácil. Tudo o que precisa fazer é dividir a velocidade inicial nos componentes x e y (veja o Capítulo 4 para obter os fundamentos desta tarefa):

$$v_x = v_i \cos \theta$$
$$v_y = v_i \operatorname{sen} \theta$$

Esses componentes da velocidade são independentes e a gravidade atua apenas na direção de y, o que significa que v_x é constante; apenas v_y muda com o tempo, como a seguir:

$$v_y = v_i \operatorname{sen} \theta - gt$$

Se você quer saber as posições x e y da bala de canhão em qualquer tempo determinado, pode encontrá-las facilmente. Você sabe que x é simplesmente:

$$x = v_x t = (v_i \cos \theta)t$$

E, como a gravidade acelera a bala de canhão verticalmente, y fica assim (o t^2 aqui é o que dá a forma de parábola para a trajetória da bala de canhão na Figura 6-6):

$$y = v_y t - \frac{1}{2} g t^2$$

Você descobriu nas seções anteriores o tempo que leva para a bala de canhão atingir o solo quando atirada para cima: $t = 2v_y / g$. Saber isso também lhe permite descobrir o alcance do canhão na direção x:

$$s = v_x t = \frac{2 v_x v_y}{g} = \frac{2 v_i^2 \, \text{sen}\, \theta \cos \theta}{g}$$

Então é isso — agora você pode descobrir o alcance do canhão dada a velocidade da bala e o ângulo em que foi atirado.

Descobrindo o alcance máximo do canhão

Qual é o alcance de seu novo canhão se você mirá-lo a 45°, o que dará seu alcance máximo? Se a bala de canhão tem uma velocidade inicial de 860 metros/segundo, a equação que você usa fica assim:

$$s = v_x t = \frac{2 v_i^2 \, \text{sen}\, \theta \cos \theta}{g} = \frac{2 \left(860 \text{ m/s} \right)^2 \text{sen}\, 45° \cos 45°}{9{,}8 \text{ m/s}^2} \approx 75.000 \text{ m}$$

Seu alcance é de 75km, ou quase 47 milhas. Nada mal.

126   Física I Para Leigos

NESTE CAPÍTULO

» Trabalhando com aceleração centrípeta

» Sentindo a tração da força centrípeta

» Incorporando deslocamento angular, velocidade e aceleração

» Orbitando com as leis de Newton e a gravidade

» Ficando no circuito com o movimento circular vertical

Capítulo **7**

Circulando em Torno do Movimento Rotacional e das Órbitas

O movimento circular pode incluir foguetes se movendo em volta de planetas, carros de corrida zunindo por uma pista ou abelhas zumbindo em torno de uma colmeia. Neste capítulo você verá a velocidade e a aceleração de objetos se movendo em círculos. Essa discussão leva a formas mais gerais de movimento rotacional, em que é útil falar sobre movimento em relação aos ângulos.

Existem equivalentes angulares para deslocamento, velocidade e aceleração. Em vez de lidar com o deslocamento linear como uma distância, tratamos o deslocamento angular como um ângulo. A velocidade angular indica que ângulo você cobre em certa quantidade de segundos, e a aceleração angular fornece a taxa de mudança na velocidade angular. Tudo o que você precisa fazer é pegar as equações lineares e substituir os equivalentes angulares: deslocamento angular no lugar do deslocamento, velocidade angular na velocidade e aceleração angular na aceleração.

Aceleração Centrípeta: Mudando a Direção para se Mover em Círculos

LEMBRE-SE

Para que um objeto se mantenha em movimento circular, sua velocidade muda constantemente de direção. Como a velocidade muda, há aceleração. Mais especificamente, há *aceleração centrípeta* — a aceleração necessária para manter um objeto em movimento circular. Em qualquer ponto, a velocidade do objeto é perpendicular ao raio do círculo.

Se o fio que mantém a bola na Figura 7-1 se rompesse no momento superior, inferior, esquerdo ou direito visto na ilustração, a bola seguiria em qual direção? Se a velocidade apontasse para a esquerda, a bola voaria para a esquerda. Se a velocidade apontasse para a direita, a bola voaria para a direita. E assim por diante. Isso não é claro para muitas pessoas, mas é o tipo de questão de física que pode surgir em cursos introdutórios.

LEMBRE-SE

A velocidade de um objeto em movimento circular está sempre em ângulos retos em relação ao raio do círculo. A qualquer momento a velocidade aponta ao longo da pequena seção da circunferência em que o objeto está, portanto a velocidade é tangencial ao círculo.

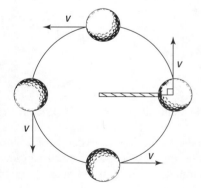

FIGURA 7-1: A velocidade muda constantemente de direção quando um objeto está em movimento circular.

Mantendo uma velocidade constante com o movimento circular uniforme

Um objeto com *movimento circular uniforme* viaja em círculos com uma rapidez constante. Exemplos práticos podem ser difíceis de encontrar, a menos que você veja um piloto de corridas em uma pista perfeitamente circular com seu acelerador travado, um relógio com ponteiro dos segundos que se move em movimento constante, ou a Lua orbitando a Terra.

Veja a Figura 7-2, em que uma bola de golfe amarrada a um fio gira em círculos. A bola de golfe está viajando com uma rapidez uniforme enquanto se move em círculos, portanto pode-se dizer que ela está viajando em movimento circular uniforme.

LEMBRE-SE

Um objeto em movimento circular uniforme não viaja com velocidade uniforme, pois sua direção muda o tempo todo.

Descrevendo o período

Qualquer objeto que viaja em movimento circular uniforme sempre leva a mesma quantidade de tempo para se mover completamente em torno do círculo. Esse tempo é chamado de *período*, designado por T.

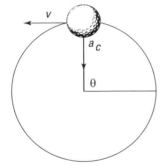

FIGURA 7-2: Uma bola de golfe em um fio viajando com rapidez constante.

Se você estiver girando uma bola de golfe em um fio com rapidez constante, pode facilmente relacionar a rapidez da bola ao seu período. Sabe-se que a distância que a bola deve percorrer sempre que gira no círculo é igual à circunferência do círculo, que é $2\pi r$ (em que r é o raio do círculo), então você pode obter a equação para encontrar o período de um objeto ao descobrir sua rapidez:

$$v = \frac{\text{circunferência}}{\text{período}} = \frac{2\pi r}{T}$$

LEMBRE-SE

Para resolver T, você obtém a equação para o período:

$$T = \frac{2\pi r}{v}$$

Digamos que você esteja girando uma bola de golfe em um círculo no fim de um fio de 1,0 metro a cada meio segundo. Com que rapidez a bola gira? Hora de inserir os números:

$$v = \frac{2\pi r}{T}$$
$$= \frac{2\pi (1,0 \text{ m})}{0,50 \text{ s}} \approx 12,6 \text{ m/s}$$

A bola se move com a velocidade de 12,6 metros/segundo. Assegure-se de que seu fio seja forte!

Acelerando em direção ao centro

Quando um objeto viaja em movimento circular uniforme, sua rapidez é constante, o que significa que a grandeza da velocidade do objeto não muda. Portanto, a aceleração não pode ter um componente na mesma direção da velocidade; se tivesse, a grandeza da velocidade mudaria.

Porém a direção da velocidade muda constantemente — ela sempre se curva para que o objeto mantenha o movimento em um círculo constante. Para que isso aconteça, a aceleração centrípeta do objeto está sempre concentrada no centro do círculo, perpendicular à velocidade do objeto a qualquer momento. Ela muda a direção da velocidade do objeto enquanto mantém constante a grandeza da velocidade.

No caso da bola (veja as Figuras 7-1 e 7-2), o fio exerce uma força na bola para mantê-la em círculos — uma força que fornece a aceleração centrípeta da bola. Para fornecer essa força, você tem que puxar constantemente a bola em direção ao centro do círculo. (Imagine como seria, em relação à força, girar um objeto em um fio.) Você pode ver o vetor da aceleração centrípeta, a_c, na Figura 7-2.

Se você acelera a bola em direção ao centro do círculo para fornecer a aceleração centrípeta, por que ela não atinge sua mão? A resposta é que a bola já está se movendo em alta velocidade. A força, e portanto a aceleração, que você fornece sempre age em ângulos retos em relação à velocidade.

Encontrando a grandeza da aceleração centrípeta

LEMBRE-SE

É sempre necessário acelerar o objeto em direção ao centro do círculo para mantê-lo em movimento circular. Então, você consegue encontrar a grandeza da aceleração criada? Sem dúvida. Se um objeto estiver se movendo em movimento circular uniforme com velocidade v e raio r, encontre a aceleração centrípeta com a equação a seguir:

$$a_c = \frac{v^2}{r}$$

Como exemplo prático, imagine que você esteja fazendo curvas em alta velocidade. Para qualquer velocidade constante, você pode ver a partir da equação $a_c = v^2/r$, em que a aceleração centrípeta é inversamente proporcional ao raio da curva. Ou seja, em curvas mais fechadas (à medida que o raio diminui), seu carro precisa fornecer uma aceleração centrípeta maior (a aceleração aumenta).

Buscando o Centro: Força Centrípeta

Quando você dirige um carro em uma curva, cria uma aceleração centrípeta pelo atrito dos pneus na estrada. Como saber qual a força necessária para virar o carro em uma determinada velocidade e raio da curva? Isso depende da *força centrípeta* — a força para dentro, que busca o centro, necessária para manter um objeto em movimento circular uniforme.

Nesta seção, descubra como a força centrípeta mantém o objeto em movimento circular e como os detalhes desse movimento, como o raio e a velocidade, dependem da força centrípeta.

Observando a força necessária

LEMBRE-SE

A força centrípeta não é uma força nova que aparece do nada quando um objeto viaja em círculos; é a força que o objeto *precisa* para continuar viajando naquele círculo.

Como você sabe da primeira lei de Newton (veja o Capítulo 5), se não houver força resultante sobre um objeto em movimento, ele continuará a se mover uniformemente em linha reta. Se uma força (ou um componente de uma força) age na mesma direção que a velocidade do objeto, então ele começará a acelerar; e, se a força age na direção oposta à velocidade, ele desacelera. No entanto, se a força sempre agir perpendicularmente à velocidade enquanto permanece com grandeza constante, então a grandeza da velocidade (a rapidez) não muda; apenas sua direção muda — o objeto se move em círculos. Nesse caso, a força é chamada de *força centrípeta*.

CAPÍTULO 7 Circulando em Torno do Movimento Rotacional e das Órbitas 131

A FORÇA CENTRÍPETA FICTÍCIA

Você provavelmente já ouviu falar da força centrípeta e já deve tê-la sentido quando estava em um carro fazendo uma curva. Contudo, a força centrípeta não é realmente uma força como define as leis de Newton. Ela só *parece* ser uma força. Quando estamos em um carro fazendo uma curva, nosso corpo tem inércia e é naturalmente inclinado para se mover em velocidade uniforme em uma linha reta. Mas, como o carro está virando, parece que nosso corpo é arremessado em direção à porta do carro.

Se você girar uma bola em uma corda, a força centrípeta vem da tensão na corda. Quando a Lua orbita a Terra, a força centrípeta vem da gravidade. Quando você dirige um carro em círculos, ela vem do atrito dos pneus contra a estrada. A origem da força não é importante, apenas que ela permaneça com grandeza constante e sempre aja perpendicularmente à velocidade, em direção ao centro do círculo.

Vendo como a massa, a velocidade e o raio afetam a força centrípeta

LEMBRE-SE

Como a força é igual à massa vezes a aceleração, **F** = m**a**, e como a aceleração centrípeta é igual a v^2/r (veja a seção anterior "Encontrando a grandeza da aceleração centrípeta"), é possível determinar a grandeza da força centrípeta necessária para manter um objeto em movimento circular uniforme com a equação a seguir:

$$F_c = \frac{mv^2}{r}$$

Essa equação informa a grandeza da força necessária para mover um objeto de determinada massa, *m*, em círculo com certo raio, *r*, e velocidade, *v*. (Lembre-se: a direção da força é sempre em direção ao centro do círculo.)

Pense em como a força é afetada se uma das outras variáveis for alterada. A equação mostra que se você aumentar a massa ou a velocidade, precisará de mais força; se diminuir o raio, dividirá por um número menor, então também precisará de mais força. Veja como essas ideias se desenrolam no mundo real:

» **Aumentando a massa:** Você pode ter facilidade ao girar uma bola de golfe em um barbante, mas, se substituí-la por uma bala de canhão, tome cuidado. Você pode precisar girar 10kg no fim de um barbante de 1,0 metro a cada meio segundo. Como pode ver, é muito mais força do que antes.

» **Aumentando a rapidez:** Não tem interesse em girar balas de canhão? Então imagine dirigir seu carro em círculos. Se for bem devagar, seus pneus não terão problema em gerar o atrito necessário para mantê-lo em círculos. Mas se for rápido demais, então, seus pneus podem não conseguir gerar a força de atrito que age em direção ao centro do círculo e você começará a derrapar.

» **Diminuindo o raio:** É possível ver o efeito do raio em seu carro dirigindo em círculos. Se dirigir o carro em uma velocidade fixa em círculos de raio cada vez menor, acabará que seus pneus não serão capazes de fornecer força centrípeta suficiente do atrito e você sairá do caminho circular derrapando.

Tente inserir alguns números na fórmula. A bola da Figura 7-2 está se movendo a 12,6 metros/segundo em um fio de 1,0 metro. Quanta força você precisa para fazer uma bala de canhão de 10,0kg se mover no mesmo círculo com a mesma velocidade? Veja como fica esta equação:

$$F_c = \frac{mv^2}{r}$$

$$= \frac{(10,0 \text{ kg})(12,6 \text{ m/s})^2}{1,0 \text{ m}} \approx 1.590 \text{ N}$$

Você precisa de cerca de 1.590N, ou mais ou menos 357 libras de força (há 4,448N em uma libra; veja o Capítulo 5). Bem difícil, na minha opinião; eu espero que seus braços aguentem.

Negociando curvas planas e inclinadas

Imagine que esteja dirigindo um carro e chega a uma curva. Em uma estrada plana, a força centrípeta necessária para negociar a curva vem do atrito dos pneus contra o chão. Se a superfície estiver coberta por uma substância como gelo, há menos atrito e você não consegue fazer a curva com tanta segurança em alta velocidade.

Para fazer curvas com mais segurança, os engenheiros projetam estradas com curvas inclinadas. Com a estrada em ângulo, há um componente da força normal da estrada contra seu carro em direção ao centro do círculo. Isso significa que você não requer tanto atrito dos pneus ao fazer a curva.

Contando com o atrito para fazer a curva em uma estrada plana

Quando você dirige em uma estrada plana, o atrito fornece a força centrípeta — em direção ao centro do círculo — que possibilita fazer a curva.

Digamos que esteja sentado no banco do passageiro do carro que se aproxima de uma curva com raio de 200,0 metros (em uma estrada nivelada sem inclinação). Sabe-se que o coeficiente de atrito estático é 0,8 nessa estrada (você usa esse coeficiente porque os pneus não estão deslizando na superfície da estrada) e que o carro tem uma massa de aproximadamente 1.000kg. Qual é a velocidade máxima que o motorista pode chegar e ainda mantê-lo seguro? Você pega sua calculadora enquanto o motorista olha intrigado. A força de atrito precisa fornecer a força centrípeta, então você faz o seguinte:

$$F_c = \frac{mv^2}{r} = \mu_s mg$$

em que m é a massa do carro, v é a velocidade, r é o raio, μ_s é o coeficiente de atrito estático e g é a aceleração devido à gravidade, 9,8 metros/segundo². Para encontrar a velocidade em um lado da equação, você obtém:

$$v = \sqrt{\mu_s g r}$$

Isso parece bem simples — você só insere os números e obtém:

$$v = \sqrt{\mu_s g r}$$
$$= \sqrt{(0,8)(9,8 \text{ m/s}^2)(200,0 \text{ m})} \approx 40 \text{ m/s}$$

O resultado é 40 metros/segundo, ou cerca de 87 milhas/hora. Você olha no velocímetro e vê 70 milhas/hora. Dá pra fazer a curva com segurança na velocidade atual.

Dependendo da força normal para fazer uma curva inclinada

Se uma curva for inclinada, então um componente da força normal da estrada contra o carro contribui com a força centrípeta, e assim você pode fazer a curva com muito mais rapidez. Como não é preciso depender do atrito para fornecer a força centrípeta, a questão de ser ou não possível fazer a curva com segurança não depende mais das condições da estrada.

Dê uma olhada na Figura 7-3, que mostra um carro inclinando em uma curva. Os engenheiros podem tornar a experiência de direção agradável se inclinarem a curva, para que os motoristas reúnam a força centrípeta necessária para fazer a curva apenas com o componente da força normal na estrada contra o carro agindo em direção ao centro do círculo da curva. Esse componente é F_N sen θ (F_N é a força normal, a força para cima perpendicular à estrada; veja o Capítulo 6), então:

$$F_c = F_N \operatorname{sen}\theta = \frac{mv^2}{r}$$

Para encontrar a força centrípeta, você precisa da força normal, F_N. Se observar a Figura 7-3, pode ver que F_N vem de uma combinação da força centrípeta devido à inclinação do carro fazendo a curva e do peso do carro. O componente puramente vertical de F_N deve ser igual a mg, porque não há outras forças operando verticalmente, então:

$$F_N \cos\theta = mg$$

$$F_N = \frac{mg}{\cos\theta}$$

FIGURA 7-3: As forças agindo em um carro inclinando em uma curva.

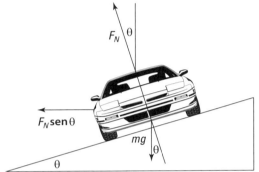

Inserindo esse resultado na equação da força centrípeta, você obtém:

$$F_c = F_N \operatorname{sen}\theta$$
$$\frac{mv^2}{r} = \left(\frac{mg}{\cos\theta}\right)\operatorname{sen}\theta$$

Como sen θ / cos θ = tan θ, isso também pode ser escrito assim:

$$\frac{mv^2}{r} = mg \tan\theta$$
$$\frac{mv^2}{mgr} = \tan\theta$$

Resolva θ para encontrar o ângulo da estrada. A equação finalmente se resume a:

$$\theta = \tan^{-1}\left(\frac{v^2}{gr}\right)$$

DICA

Não é necessário memorizar o resultado, se estiver em pânico — esse é o tipo de equação usada por engenheiros rodoviários quando precisam inclinar curvas (note que a massa do carro se cancela, significando que se mantém para qualquer

CAPÍTULO 7 **Circulando em Torno do Movimento Rotacional e das Órbitas** 135

veículo, independentemente do peso). Você sempre pode derivar essa equação a partir de seu conhecimento das leis de Newton e do movimento circular.

Qual deve ser o ângulo θ se os motoristas fizerem uma curva com 200 metros de raio a 60 milhas/hora? Insira os números; 60 milhas/hora é cerca de 27 metros/segundo e o raio da curva é 200 metros, então:

$$\theta = \tan^{-1}\left(\frac{v^2}{gr}\right)$$
$$= \tan^{-1}\frac{(27 \text{ m/s})^2}{(9,8 \text{ m/s}^2)(200 \text{ m})} \approx 20°$$

Os engenheiros devem inclinar a curva em cerca de 20° para dar aos motoristas uma experiência suave. Mas lembre-se de que esse cálculo foi feito de modo que toda a força centrípeta venha da força normal da estrada contra o carro. Você poderia fazer a curva com mais rapidez do que isso se tivesse atrito nos pneus — mas não tão rápido, ou sairá derrapando para o acostamento!

Ficando Angular com Deslocamento, Velocidade e Aceleração

Para objetos que se movem em círculos, você pode trabalhar com a aceleração e a velocidade usando os componentes horizontal e vertical, assim como nos capítulos anteriores sobre movimento. Mas, quando os objetos passam por movimento rotacional, faz sentido usar variáveis angulares. Com elas, em vez de especificar os componentes horizontal e vertical, especificamos o raio e o ângulo da rotação.

Nesta seção, descubra os equivalentes angulares do deslocamento, da velocidade e da aceleração. É possível aplicar essas variáveis a objetos girando e objetos que se movem em círculos.

Medindo ângulos em radianos

LEMBRE-SE

A unidade natural de medida de ângulos é o radiano, não o grau. Um círculo completo é formado por 2π radianos, que também é 360°, então 360° = 2π radianos. Se você percorre um círculo completo, viaja 360°, ou 2π radianos. (Se um objeto gira uma revolução, então o ângulo tem grandeza de 2π radianos. Portanto, às vezes, em vez de *radianos por segundo*, vemos *revoluções por segundo*.) Meio círculo é π radianos, e um quarto de círculo é π/2 radianos.

O radiano é uma medida natural de um ângulo porque um arco circular com comprimento de um raio se estende por um ângulo de 1 radiano (veja a Figura

7-4). Então, se você conhece o raio e o ângulo pelos quais um objeto se moveu em radianos, pode encontrar facilmente a distância que esse objeto percorreu em proporção ao raio. Se o objeto se move θ radianos em um círculo de raio r, então ele percorre uma distância de θr ao longo do círculo.

Essa ideia é útil para relacionar a velocidade angular à rapidez com que um objeto se move em um círculo. Além disso, podemos ver por que um círculo completo tem um ângulo de 2π radianos: sabemos que a circunferência de um círculo é $2\pi r$ e que para dar a volta completa de 360° em um círculo é preciso percorrer 2π vezes o raio. Portanto, há 2π radianos em 360°.

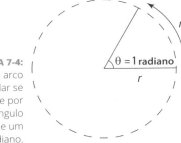

FIGURA 7-4: Um arco circular se estende por um ângulo de um radiano.

DICA

Como converter de graus para radianos e vice-versa? Como 360° = 2π radianos (ou 2 multiplicado por 3,14, a versão arredondada de pi), temos um cálculo fácil. Se você tem 45° e quer saber quantos radianos seriam, é só usar este fator de conversão:

$$45° \left(\frac{2\pi \text{ radianos}}{360°} \right) = \frac{\pi}{4} \text{ radianos}$$

Você descobre que 45° = $\pi/4$ radianos. Se tem, digamos, $\pi/2$ radianos e quer saber quantos graus seriam, faça esta conversão:

$$\left(\frac{\pi \text{ radianos}}{2} \right) \left(\frac{360°}{2\pi \text{ radianos}} \right) = 90°$$

O cálculo diz que $\pi/2$ radianos = 90°.

Relacionando movimento linear e angular

DICA

O fato de que você pode considerar o ângulo, θ, no movimento rotacional como considera o deslocamento, s, no movimento linear é ótimo, pois significa que tem um correspondente angular para muitas das equações de movimento linear (veja o Capítulo 3). Estas são as substituições de variáveis possíveis para obter fórmulas de movimento angular:

» **Deslocamento:** Em vez de s, usado na viagem linear, use θ, o deslocamento angular; θ é medido em radianos.

» **Velocidade:** Em vez da velocidade, v, use a velocidade angular, ω; que é o número de radianos percorridos por segundo.

» **Aceleração:** Em vez da aceleração, a, use a *aceleração angular*, α; sua unidade é radianos por segundo².

A Tabela 7-1 compara as fórmulas do movimento linear e do angular.

TABELA 7-1   Fórmulas de Movimento Linear e Angular

Tipo de Fórmula	Linear	Angular
Velocidade	$v = \frac{\Delta s}{\Delta t}$	$\omega = \frac{\Delta \theta}{\Delta t}$
Aceleração	$a = \frac{\Delta v}{\Delta t}$	$\alpha = \frac{\Delta \omega}{\Delta t}$
Deslocamento	$s = v_i t + \frac{1}{2} a t^2$	$\theta = \omega_i t + \frac{1}{2} \alpha t^2$
Movimento sem o tempo	$v_f^2 - v_i^2 = 2as$	$\omega_f^2 - \omega_i^2 = 2\alpha\theta$

Digamos, por exemplo, que você tenha uma bola amarrada a um fio. Qual será a velocidade angular da bola se você a fizer girar? Ela completa um círculo, 2π radianos, em 0,5 segundo, então sua velocidade angular é:

$$\omega = \frac{\Delta \theta}{\Delta t} = \frac{2\pi \text{ rad}}{0,5 \text{ s}} = 4\pi \text{ rad/s}$$

DICA

Outra demonstração da utilidade dos radianos para medir ângulos é que a velocidade linear pode ser facilmente relacionada à velocidade angular. Se usar a equação:

$$\omega = \frac{\Delta \theta}{\Delta t}$$

e multiplicar ambos os lados pelo raio, r, terá:

$$r\omega = \frac{r\Delta \theta}{\Delta t}$$

O termo rΔθ é simplesmente a distância percorrida por um objeto que se move em um círculo de raio r, então a equação fica assim:

$$r\omega = \frac{\Delta s}{\Delta t}$$

Você pode reconhecer o lado direito dessa equação como a equação da velocidade. Então pode ver que as velocidades linear e angular são relacionadas por $r\omega = v$.

Se a bola acelerar de 4π radianos por segundo para 8π radianos por segundo em 2 segundos, qual seria sua aceleração angular média? Descubra inserindo os números:

$$\alpha = \frac{\Delta\omega}{\Delta t} = \frac{8\pi \text{ rad} - 4\pi \text{ rad}}{2 \text{ s}} = \frac{4\pi \text{ rad}}{2 \text{ s}} = 2\pi \text{ rad/s}$$

Para descobrir mais sobre deslocamento angular, velocidade angular e aceleração angular, veja a discussão sobre quantidade de movimento angular e torque no Capítulo 11. Mas lembre-se de que, na verdade, essas variáveis angulares são, como seus equivalentes lineares, quantidades vetoriais. O que foi visto até agora são simplesmente componentes de vetores em uma dimensão. Como eles só têm um componente, seu sinal dá a direção na dimensão única (por exemplo, positivo indica movimento para a direita e negativo, para a esquerda). No Capítulo 11 você verá mais sobre a natureza da direção e do vetor dessas variáveis.

Deixando a Gravidade Fornecer Força Centrípeta

Você não precisa amarrar objetos a fios para observá-los em movimento circular; corpos maiores, como planetas, também se movem em movimento circular. A gravidade fornece a força centrípeta necessária.

Nesta seção, descubra a visão de Newton sobre a força gravitacional entre dois objetos e como essa teoria se relaciona a 9,8 metros/segundo², o valor identificado como a aceleração devido à gravidade próxima da superfície da Terra. Depois utilize a fórmula de Newton ao observar órbitas e satélites.

Usando a lei da gravitação universal de Newton

LEMBRE-SE

Sir Isaac Newton propôs uma das leis de peso da física para nós: a *lei da gravitação universal*. Essa lei diz que toda massa exerce uma força de atração em outra massa. Se as duas massas forem m_1 e m_2 e a distância entre elas for r, a grandeza da força será:

$$F = \frac{Gm_1m_2}{r^2}$$

em que G é uma constante igual a $6{,}67 \times 10^{-11}$ N·m²/kg².

Essa equação possibilita descobrir a força gravitacional entre duas massas. Por exemplo, qual é a atração entre o Sol e a Terra? O Sol tem uma massa de aproximadamente $1{,}99 \times 10^{30}$ quilogramas e a Terra tem uma massa de aproximadamente $5{,}98 \times 10^{24}$ quilogramas. Uma distância aproximada de $1{,}50 \times 10^{11}$ metros separa os dois corpos. Inserir os números na equação de Newton fornecerá:

$$F = \frac{Gm_1m_2}{r^2}$$
$$= \frac{\left(6{,}67 \times 10^{-11} \text{N} \cdot \text{m}^2/\text{kg}^2\right)\left(1{,}99 \times 10^{30}\text{kg}\right)\left(5{,}98 \times 10^{24}\text{kg}\right)}{\left(1{,}50 \times 10^{11}\text{m}\right)^2}$$
$$\approx 3{,}52 \times 10^{22}\text{N}$$

Sua resposta de $3{,}52 \times 10^{22}$N é convertida para cerca de $8{,}0 \times 10^{20}$ libras de força (há $4{,}448$N em uma libra).

Na extremidade terrena do espectro, digamos que você tenha saído para suas observações diárias de física quando nota duas pessoas se olhando e sorrindo em um banco de parque. Com o passar do tempo, observa que elas parecem estar cada vez mais próximas uma da outra sempre que você olha. Na verdade, depois de um tempo, elas estão sentadas do lado uma da outra. O que poderia estar causando essa atração? Se os dois apaixonados têm uma massa de cerca de 75kg cada, qual é a força da gravidade que os atrai, supondo que eles começaram com uma distância de 0,50 metro? Seu cálculo fica assim:

$$F = \frac{Gm_1m_2}{r^2}$$
$$= \frac{\left(6{,}67 \times 10^{-11} \text{ N} \cdot \text{m}^2/\text{kg}^2\right)\left(75 \text{ kg}\right)\left(75 \text{ kg}\right)}{\left(0{,}50 \text{ m}\right)^2}$$
$$\approx 1{,}5 \times 10^{-6}\text{N}$$

A força de atração é, mais ou menos, cinco milionésimos de uma onça. Talvez não o bastante para sacudir a superfície da Terra, mas tudo bem. A superfície da Terra tem que lidar com suas próprias forças.

Derivando a força da gravidade na superfície da Terra

A equação para a força da gravidade — $F = (Gm_1m_2)/r^2$ — é verdadeira, não importando a distância das duas massas. Mas você também se depara com um caso gravitacional especial (sobre o qual a maioria do trabalho sobre gravidade neste livro trata): a força da gravidade próxima da superfície da Terra.

A força gravitacional entre uma massa e a Terra é o *peso* do objeto. A massa é considerada uma medida da inércia de um objeto e seu peso é a força exercida sobre ele em um campo gravitacional. Na superfície da Terra, as duas forças estão relacionadas pela aceleração devido à gravidade: $F_g = mg$. Quilogramas e slugs são unidades de massa; newtons e libras são unidades de peso.

Você pode usar a lei da gravitação de Newton para obter a aceleração devido à gravidade, g, na superfície da Terra conhecendo apenas a constante gravitacional G, o raio e a massa da Terra. A força de um objeto de massa m_1 próximo da superfície da Terra é:

$$F = m_1 g$$

Essa força é fornecida pela gravidade entre o objeto e a Terra de acordo com a fórmula da gravidade de Newton, então você pode escrever:

$$m_1 g = \frac{Gm_1m_2}{r_e^2}$$

O raio da Terra, r_e, é aproximadamente $6{,}38 \times 10^6$ metros, e a massa da Terra é $5{,}98 \times 10^{24}$ quilogramas. Inserindo os números você tem:

$$m_1 g = \frac{\left(6{,}67 \times 10^{-11}\ \text{N} \cdot \text{m}^2/\text{kg}^2\right) m_1 \left(5{,}98 \times 10^{24}\ \text{kg}\right)}{\left(6{,}38 \times 10^6\ \text{m}\right)^2}$$

Dividindo ambos os lados por m_1 você obtém a aceleração devido à gravidade:

$$g = \frac{\left(6{,}67 \times 10^{-11}\ \text{N} \cdot \text{m}^2/\text{kg}^2\right)\left(5{,}98 \times 10^{24}\ \text{kg}\right)}{\left(6{,}38 \times 10^6\ \text{m}\right)^2}$$

$$\approx 9{,}8\ \text{m/s}^2$$

A lei da gravitação de Newton fornece a aceleração devido à gravidade próxima da superfície na Terra: 9,8 metros/segundo^2.

É claro que você pode medir g cronometrando o tempo que uma maçã leva para cair, mas qual seria a graça se pode calcular isso de um jeito indireto que exija que primeiro meça a massa da Terra?

Usando a lei da gravitação para examinar órbitas circulares

No espaço, os corpos orbitam outros corpos constantemente devido à gravidade. Os satélites (incluindo a Lua) orbitam a Terra; a Terra orbita o Sol; o Sol orbita o centro da Via Láctea; a Via Láctea orbita em torno do centro de seu grupo local de galáxias. Isso é muito importante. No caso do movimento orbital, a gravidade fornece a força centrípeta que impulsiona as órbitas.

A força da gravidade entre corpos orbitantes é bem diferente do movimento orbital pequeno — como quando você tem uma bola em um fio — porque, dada determinada distância e duas massas, a força gravitacional sempre será a mesma. Você não pode aumentá-la para aumentar a velocidade de um planeta em órbita como pode com uma bola. As próximas seções examinam a rapidez e o período de tempo dos corpos em órbita no espaço.

Calculando a velocidade de um satélite

Um determinado satélite pode ter apenas uma velocidade quando está em órbita em volta de um determinado corpo a certa distância, pois a força da gravidade não muda. E que velocidade é essa? É possível calculá-la com as equações para a força centrípeta e a força gravitacional. Sabe-se que para um satélite de determinada massa, m_1, orbitar, precisamos de uma força centrípeta correspondente (veja a seção anterior "Buscando o Centro: Força Centrípeta"):

$$F_c = \frac{m_1 v^2}{r}$$

Essa força centrípeta tem que vir da força da gravidade, então:

$$\frac{Gm_1 m_2}{r^2} = \frac{m_1 v^2}{r}$$

Você pode reorganizar essa equação para obter a velocidade:

$$v = \sqrt{\frac{Gm_2}{r}}$$

Essa equação representa a rapidez que um satélite em determinado raio deve ter para orbitar se a órbita for devido à gravidade. A velocidade não pode variar, desde que o satélite tenha um raio orbital constante — isto é, contanto que se mova em círculos. Essa equação é verdadeira para qualquer objeto em órbita em que a atração é a força da gravidade, seja um satélite feito pelo homem orbitando a Terra, seja a Terra orbitando o Sol. Se quiser encontrar a velocidade de satélites que orbitam a Terra, por exemplo, use a massa da Terra na equação:

$$v = \sqrt{\frac{Gm_E}{r}}$$

LEMBRE-SE

Estes são alguns detalhes que você deve observar ao revisar a equação de velocidade de órbita:

» **Você precisa usar a distância do *centro* da Terra como raio, não a distância acima da superfície da Terra.** Portanto, a distância usada na equação é a distância entre os dois corpos orbitantes. Neste caso, você soma a distância do centro da Terra à da superfície da Terra, $6,38 \times 10^6$ metros, à altura que o satélite está acima da Terra.

» **A equação supõe que o satélite está longe o suficiente do chão para orbitar fora da atmosfera.** Essa suposição não é realmente verdadeira para satélites artificiais; mesmo a 400 milhas acima da superfície da Terra, os satélites sentem o atrito do ar. Pouco a pouco, o atrito os traz cada vez mais para baixo e, quando alcançam a atmosfera, pegam fogo. Quando um satélite está a menos de 100 milhas acima da superfície, sua órbita diminui consideravelmente a cada vez que circula a Terra. (Cuidado com a cabeça!)

» **A equação é independente da massa.** Se, em vez do satélite, a Lua orbitasse a 400 milhas e você pudesse ignorar o atrito do ar e as colisões com a Terra, ela precisaria ter a mesma velocidade do satélite para preservar sua órbita próxima (o que contribuiria com alguns nasceres bem espetaculares da Lua).

Satélites construídos pelo homem orbitam a distâncias de 400 milhas da superfície da Terra (cerca de 640km, ou $6,4 \times 10^5$ metros). Qual é a velocidade de tal satélite? Tudo o que você precisa fazer é inserir os números:

$$v = \sqrt{\frac{Gm_E}{r}} = \sqrt{\frac{\left(6,67 \times 10^{-11} \text{ N} \cdot \text{m}^2/\text{kg}^2\right)\left(5,98 \times 10^{24} \text{kg}\right)}{\left(6,38 \times 10^6 \text{ m}\right) + \left(6,40 \times 10^5 \text{ m}\right)}} \approx 7,54 \times 10^3 \text{ m/s}$$

Isso é convertido para aproximadamente 16.800 milhas por hora.

PAPO DE
ESPECIALISTA

Você pode considerar que um satélite em movimento ao redor da Terra está sempre caindo. A única coisa que o impede de cair e atingir a Terra é que sua velocidade aponta para o horizonte. O satélite *está* caindo, mas sua velocidade o leva para além do horizonte — isto é, para além da curva do mundo enquanto cai — para que não se aproxime mais da Terra. (O mesmo é verdade para os astronautas dentro dele. Eles só têm a impressão de não ter peso, mas também estão em queda constante.)

CAPÍTULO 7 **Circulando em Torno do Movimento Rotacional e das Órbitas**   143

Calculando o período de um satélite

Algumas vezes, é mais importante conhecer o período de uma órbita do que sua velocidade, como quando você está aguardando um satélite chegar no horizonte antes que a comunicação possa ocorrer. O *período* de um satélite é o tempo que leva para fazer uma órbita completa em torno de um objeto. O período da Terra enquanto viaja ao redor do Sol é de um ano.

Se souber a velocidade do satélite e o raio no qual ele orbita (veja a seção anterior), poderá descobrir seu período. O satélite percorre toda a circunferência do círculo — que é $2\pi r$ se r for o raio da órbita — no período, T. Isso significa que a velocidade orbital deve ser $2\pi r/T$, considerando:

$$\sqrt{\frac{Gm_E}{r}} = \frac{2\pi r}{T}$$

Se você organizar isso para o período do satélite, terá:

$$T = 2\pi \sqrt{\frac{r^3}{Gm_E}}$$

Você, físico intuitivo, pode estar imaginando: e se quiser examinar um satélite que simplesmente fica parado sobre o mesmo lugar da Terra o tempo todo? Em outras palavras, um satélite cujo período é igual ao de 24 horas da Terra? É possível? Tais satélites existem. Eles são muito populares nas comunicações, pois estão sempre orbitando no mesmo ponto em relação à Terra; eles não desaparecem no horizonte e, então, reaparecem depois. Eles também possibilitam o funcionamento de sistemas de posicionamento global baseados em satélites, ou GPS.

Nos casos dos satélites estacionários, o período, T, é de 24 horas ou cerca de 86.400 segundos. Você consegue encontrar o raio que um satélite estacionário precisa ter? Usando a equação para períodos de tempo, vemos que:

$$r^3 = \frac{T^2 Gm_E}{4\pi^2}$$

Inserindo os números, você obtém:

$$r^3 = \frac{T^2 Gm_E}{4\pi^2}$$
$$= \frac{\left(8{,}64\times10^4\,\text{s}\right)^2 \left(6{,}67\times10^{-11}\,\text{N}\cdot\text{m}^2/\text{kg}^2\right)\left(5{,}98\times10^{24}\,\text{kg}\right)}{4\pi^2}$$
$$\approx 7{,}542\times10^{22}\,\text{m}^3$$

Se tirar a raiz cúbica disso, terá um raio de $4,23 \times 10^7$ metros. Subtraindo o raio da Terra de $6,38 \times 10^6$ metros, você fica com $3,59 \times 10^7$ metros, que se convertem a mais ou menos 22.300 milhas. Essa é a distância da Terra que os satélites geossíncronos precisam orbitar. A essa distância, eles orbitam a Terra com a mesma rapidez que ela gira, o que significa que ficam sobre o mesmo espaço o tempo todo.

PAPO DE ESPECIALISTA

Na prática, é muito difícil conseguir a velocidade certa, sendo por isso que os satélites geossíncronos têm propulsores a gás que podem ser usados para ajuste ou bobinas magnéticas que permitem seu movimento, fazendo força contra o campo magnético da Terra.

ENTENDENDO AS LEIS DE KEPLER PARA CORPOS EM ÓRBITA

Johannes Kepler (1571–1630), um alemão nascido no Sacro Império Romano, propôs três leis que ajudaram a explicar muito as órbitas antes de Newton propor sua lei de gravitação universal. Veja as leis de Kepler:

- **Lei 1:** Planetas orbitam em elipses. Uma elipse é como um círculo achatado, e o grau de achatamento é chamado de *excentricidade* da elipse. As órbitas possíveis podem ter qualquer grau de excentricidade. Quando a excentricidade é zero, a órbita é circular.

- **Lei 2:** Planetas se movem de modo que uma linha entre o Sol e o planeta percorre a mesma área ao mesmo tempo, independente de onde eles estão em suas órbitas. Isso significa que, quando o planeta está na parte de sua órbita próxima do Sol, precisa viajar mais rápido do que quando está mais distante para percorrer a mesma área.

- **Lei 3:** O quadrado do período orbital de um planeta (o tempo que ele leva para completar uma órbita) é proporcional à sua distância média do Sol elevada ao cubo.

É possível ver como a terceira lei pode ter sido derivada das leis de Newton na seção "Calculando o período de um satélite". Ela assume a forma da equação:
$r^3 = (T^2 G m_E)/4\pi^2$.

Embora a terceira lei de Kepler diga que T^2 é proporcional a r^3, você pode obter a constante exata em relação a essas quantidades usando a lei gravitacional de Newton.

CAPÍTULO 7 **Circulando em Torno do Movimento Rotacional e das Órbitas** 145

Dando uma Volta Completa: Movimento Circular Vertical

Talvez você tenha assistido a esportes radicais na televisão e imaginado como os ciclistas ou skatistas podem dar uma volta completa no loop de uma pista e ficar de cabeça para baixo sem cair no chão. A gravidade não deveria fazê-los cair? Que velocidade eles devem ter? As respostas para essas perguntas de movimento circular vertical estão na força centrípeta e na força da gravidade.

Veja a Figura 7-5, em que uma bola circula por uma pista. Uma pergunta que você pode encontrar nas aulas de física introdutória é: "Qual é a velocidade necessária para que a bola faça uma volta completa com segurança?" O ponto crucial está no topo da pista — se a bola sair de sua pista circular, ela cairá do topo. Para responder a essa pergunta crucial, você deve saber a qual critério a bola deve atender para ficar firme. Pergunte-se: "Qual é o limite a que a bola deve atender?"

Para fazer um loop, um objeto deve ter uma força resultante atuando sobre ele que se iguale à força centrípeta necessária para continuar girando em um círculo de certo raio e a uma dada velocidade. No topo de seu caminho, como pode ver na Figura 7-5, a bola mal fica em contato com a pista. Outros pontos na pista fornecem a força normal (veja o Capítulo 6) por causa da rapidez e pelo fato de a pista ser curva. Se quiser descobrir qual a velocidade mínima necessária para um objeto se manter no loop, precisará ver onde está o ponto em que o objeto mal toca a pista — ou seja, prestes a cair de seu caminho circular.

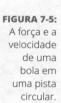

FIGURA 7-5:
A força e a velocidade de uma bola em uma pista circular.

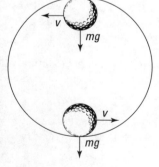

A força normal que a pista aplica em um objeto no topo é praticamente zero. A única força que mantém o objeto em sua pista circular é a força da gravidade, que significa que, no seu ápice, a velocidade do objeto deve ser tal que a força centrípeta seja igual ao peso do objeto para mantê-lo em um círculo cujo raio é igual ao raio do loop. Isso significa que, se esta for a força necessária:

$$F_c = \frac{mv^2}{r}$$

então a força da gravidade no topo do loop é:

$$F_g = mg$$

E como F_g deve ser igual a F_c, você pode escrever:

$$\frac{mv^2}{r} = mg$$

Simplifique essa equação na seguinte forma:

$$v = \sqrt{rg}$$

A massa de qualquer objeto que percorre uma pista circular, como uma motocicleta ou um carro de corrida, é desconsiderada.

A raiz quadrada de r vezes g é a velocidade mínima que um objeto precisa ter no topo do loop para continuar girando. Qualquer objeto com uma velocidade menor sairá da pista no topo do loop (poderá voltar para o loop, mas não seguirá a pista circular naquele ponto). Para um exemplo prático, se o loop da Figura 7-5 tiver um raio de 20,0 metros, qual velocidade a bola precisa ter no topo do loop para manter o contato com a pista? Insira os números:

$$v = \sqrt{rg} = \sqrt{\left(20,0 \text{ m}\right)\left(9,8 \text{ m/s}^2\right)} \approx 14,0 \text{ m/s}$$

A bola de golfe terá que viajar a 14,0 metros por segundo no topo da pista, o que é cerca de 31 milhas por hora.

E se quiser fazer o mesmo truque em um loop em chamas com uma motocicleta para impressionar seus colegas? Aplica-se a mesma velocidade — você precisa estar a aproximadamente 31 milhas por hora, no mínimo, no topo da pista, que tem um raio de 20 metros. Se quiser tentar isso em casa, não se esqueça de que essa é a velocidade necessária no topo da pista — é necessário ir mais rápido na parte inferior da pista para viajar a 31 milhas por hora no topo, simplesmente porque você está duas vezes mais alto do que o raio, ou 40 metros — como se tivesse ido para o topo de uma montanha de 40 metros.

Portanto, qual a velocidade necessária na parte inferior da pista? Que tal $\sqrt{5}$ vezes mais rápido? Confira o Capítulo 9, em que a energia cinética (o tipo de energia que motocicletas em movimento têm) é transformada em energia potencial (o tipo de energia que motocicletas têm quando estão suspensas no ar contra a força da gravidade).

148   Física I Para Leigos

NESTE CAPÍTULO

» **Examinando a densidade da massa**

» **Entendendo a pressão em líquidos e gases**

» **Flutuando com o princípio de Arquimedes**

» **Observando fluidos em movimento**

Capítulo **8**

Siga o Fluxo: Observando a Pressão em Fluidos

E m um dia quente de verão, não há nada melhor do que dar um mergulho na piscina do vizinho. Ao executar o salto perfeito e mergulhar graciosa-mente para as profundezas, você nota uma sensação curiosa: a pressão da água. Ela aumenta a cada metro para baixo da superfície. Você nota o aumento rápido dessa pressão ao ir cada vez mais fundo e se pergunta como será que é ficar a quilômetros abaixo da superfície do oceano. "Hmm", pensa. "Como exatamente a pressão da água aumenta com a profundidade?"

Este capítulo é todo sobre pressão em fluidos, e eu trato muito mais do que libras por polegada quadrada. Encontre também informações sobre o princípio de Arquimedes (que é todo sobre flutuação), máquinas hidráulicas, fluidos se movendo em canos, linhas de corrente e muito mais. Com tudo isso pela frente, é hora de molhar os pés na física dos fluidos.

LEMBRE-SE

Tanto líquido quanto gases são considerados fluidos. Um *fluido* é definido como qualquer distribuição contínua de matéria que não suporta uma tensão de corte sem se mover. Se, por outro lado, você *cortar* uma peça sólida de material aplicando forças diferentes a partes diferentes dele, então o sólido se deforma em algum grau, mas acaba encontrando um equilíbrio. Por exemplo, se você segurar um pedaço de borracha em uma mão e empurrar o topo com a outra, ela se dobra, suportando a tensão de corte aplicada a ela.

Densidade da Massa: Obtendo Informações Internas

Densidade é a proporção da massa pelo volume. Qualquer objeto sólido menos denso do que a água flutua. A densidade é uma propriedade importante de um fluido, pois a massa é continuamente distribuída por um fluido; as forças estáticas e os movimentos dentro de um fluido dependem da concentração de massa (densidade), e não da massa geral do fluido.

Calculando a densidade

LEMBRE-SE

A densidade (ρ) é a massa (m) dividida pelo volume (V), então esta é a fórmula da densidade:

$$\rho = \frac{m}{V}$$

No sistema MKS, as unidades são quilogramas por metro cúbico, ou kg/m^3.

Digamos que você tenha um diamante enorme com um volume de 0,0500 metros cúbicos (um cubo com mais ou menos 1 pé de cada lado, um diamante realmente enorme). Sua massa é medida como 176,0 quilogramas. Qual é a sua densidade?

Inserindo os números e fazendo os cálculos, sua resposta é:

$$\rho = \frac{m}{V}$$
$$= \frac{176,0 \text{ kg}}{0,0500 \text{ m}^3}$$
$$= 3.520 \text{ kg/m}^3$$

Então a densidade do diamante é 3.520 kg/m^3. Isso é muita densidade.

Você pode ver uma amostra das densidades de materiais comuns na Tabela 8-1. Note que o gelo é menos denso do que a água, por isso ele flutua. Geralmente, os sólidos e os gases expandem com a temperatura, portanto ficam menos densos (você pode descobrir mais sobre a expansão de sólidos no Capítulo 14 e a de gases no Capítulo 16). Esta tabela inclui a densidade da água a 4°C como um ponto de referência, pois a densidade da água varia com a temperatura. As densidades dos gases geralmente têm uma dependência mais forte da temperatura do que a dos sólidos.

TABELA 8-1 Densidades de Materiais Comuns

Substância	Densidade (kg/m³)
Ouro (temperatura próxima da ambiente)	19.300
Mercúrio (temperatura próxima da ambiente)	13.600
Prata (temperatura próxima da ambiente)	10.500
Cobre (temperatura próxima da ambiente)	8.890
Diamante (temperatura próxima da ambiente)	3.520
Alumínio (temperatura próxima da ambiente)	2.700
Sangue (temperatura próxima da corporal)	1.060
Água (4°C)	1.000
Gelo (0°C)	917
Oxigênio (a 0°C, 101,325 kPa)	1,43
Hélio (a 0°C, 101,325 kPa)	0,179

Comparando densidades com gravidade específica

A *gravidade específica* de uma substância é a proporção de sua densidade pela densidade da água a 4°C. Como a densidade da água a 4°C é 1.000kg/m³, essa proporção é fácil de encontrar. Por exemplo, a densidade do ouro é 19.300 kg/m³, então sua gravidade específica é a seguinte:

$$\text{gravidade específica}_{ouro} = \frac{19.300 \text{ kg/m}^3}{1.000 \text{ kg/m}^3} = 19,3$$

A gravidade específica não tem unidade, pois é uma proporção da densidade dividida pela densidade, então todas as unidades se cancelam. Portanto, a gravidade específica do ouro é simplesmente 19,3.

DICA

Qualquer coisa com gravidade específica maior que 1.000 afunda na água pura a 4°C, e qualquer coisa com gravidade específica menor que 1.000 flutua. Como é de se esperar, o ouro, com gravidade específica de 19.300, afunda. O gelo, por outro lado, com uma gravidade específica de 917, flutua. Então como pode um navio, que é feito de metal com uma gravidade específica muito maior do que a água, flutuar? O navio flutua por causa do formato do seu casco. Ele é quase

CAPÍTULO 8 Siga o Fluxo: Observando a Pressão em Fluidos   151 inteiramente oco e desloca a água, que pesa mais do que o navio. Em média, o navio é menos denso do que a água, então a gravidade específica efetiva do navio é menor do que a da água.

Aplicando Pressão

Qualquer um que já tenha falado sobre pneus de carro ou de bicicleta ou já tenha enchido balões conhece a pressão do ar. E, se você já nadou debaixo d'água, conhece a pressão da água. Quando empurra alguma coisa, as pessoas dizem que você exerceu pressão nessa coisa.

Em termos físicos, *pressão* é a força por área — um fato que você pode conhecer se já encheu um pneu até certo número de libras-força por polegada quadrada. A equação da pressão, P, é a seguinte:

$$P = \frac{F}{A}$$

em que F é a força e A é a área. Note que a pressão não é um vetor — é um escalar (isto é, apenas um número sem uma direção).

Nesta seção, veja as unidades da pressão, como ela muda com a profundidade ou altitude e descubra como funciona uma máquina hidráulica.

Observando unidades de pressão

Como a pressão é a força dividida pela área, suas unidades MKS são newtons por metro quadrado, ou N/m². No sistema pé-libra-segundos (FPS), as unidades são libra-força por polegada quadrada, ou psi.

A unidade *newtons por metro quadrado* é tão comum na física que tem seu próprio nome: *pascal*, que é igual a 1 newton por metro quadrado. Pascal é abreviado como Pa.

Não é necessário estar debaixo d'água para experimentar a pressão de um fluido. O ar também exerce pressão devido ao peso do ar sobre você. Veja quanta pressão o ar exerce sobre você ao nível do mar:

pressão do ar$_{nível\ do\ mar}$ = 1,013 × 10⁵ Pa

A pressão do ar ao nível do mar é uma pressão-padrão referida como 1 *atmosfera* (abreviada como atm):

pressão do ar$_{nível\ do\ mar}$ = 1,013 × 10⁵ Pa = 1 atm

Se você converter uma atmosfera para libra-força por polegada quadrada daria cerca de 14,7 psi. Isso significa que 14,7 libras de força pressionam cada polegada quadrada do seu corpo ao nível do mar.

Seu corpo faz pressão de volta com 14,7 psi, então você não sente pressão nenhuma sobre o corpo. Mas se repentinamente fosse transportado para o espaço sideral, a pressão interna do ar sobre você desapareceria, e tudo o que restaria seriam 14,7 libras-força por polegada quadrada que seu corpo exerce para fora. Você não explodiria, mas seus pulmões poderiam estourar se tentasse prender a respiração. A mudança da pressão também poderia fazer com que o nitrogênio em seu sangue formasse bolhas e causando aeroembolismo.

Veja um exemplo de problema usando a pressão da água. Digamos que você esteja na piscina do seu vizinho, bem no fundo, esperando que seu vizinho desista de procurá-lo e volte para dentro de casa. Próximo ao fundo da piscina e usando um dispositivo útil de medição de pressão que sempre carrega, você mede a pressão nas costas da mão como $1,2 \times 10^5$ pascal. Que força a água exerce nas costas da sua mão? A área das costas da sua mão é de aproximadamente $8,4 \times 10^{-3}$ metros quadrados. Pela lógica de que $P = F/A$, então o seguinte é verdadeiro:

$$F = PA$$

Inserindo os números e resolvendo a equação, você obtém a resposta:

$$
\begin{aligned}
F &= PA \\
&= \left(1,2 \times 10^5 \,\text{Pa}\right)\left(8,4 \times 10^{-3} \,\text{m}^2\right) \\
&= \left(1,2 \times 10^5 \,\text{N/m}^2\right)\left(8,4 \times 10^{-3} \,\text{m}^2\right) \\
&\approx 1,0 \times 10^3 \,\text{N}
\end{aligned}
$$

Nossa! Mil newtons! Você pega sua calculadora à prova d'água e descobre que isso é cerca de 230 libras. As forças se acumulam rapidamente quando você está debaixo d'água, pois a água é um líquido pesado. A força que sente é o peso da água sobre você.

Conectando a pressão a mudanças na profundidade

Sabe-se que a pressão aumenta quanto mais fundo você vai, mas quanto? Como físico, você pode inserir alguns números e obter resultados numéricos. Mas qual pressão você esperaria para uma dada profundidade?

Digamos que esteja debaixo d'água e considere o cubo imaginário de água visto na Figura 8-1. No topo do cubo, a pressão da água é P_1. No fundo do cubo, é P_2. O cubo tem faces horizontais de área A e uma altura h. Primeiro descubra as forças no topo e no fundo do cubo.

CAPÍTULO 8 **Siga o Fluxo: Observando a Pressão em Fluidos** 153

A soma das forças é a diferença entre a força na face inferior do cubo, F_2, e a força na face superior do cubo, F_1:

$$\Sigma F = F_2 - F_1$$

FIGURA 8-1: Um cubo de água tem pressões diferentes nas faces superior e inferior.

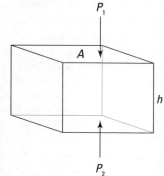

É possível dizer que a força empurrando a face superior para baixo é $F_1 = P_1 A$ e que a força empurrando a face inferior é $F_2 = P_2 A$. Portanto, em termos de pressão, a soma das forças é a seguinte:

$$\Sigma F = P_2 A - P_1 A$$

Então qual é a força resultante para cima no cubo de água? Ela deve ser igual ao peso da água, mg, em que m é a massa de água e g é a constante gravitacional (9,8 metros/segundo²). Então você tem a seguinte equação:

$$P_2 A - P_1 A = mg$$

Hmm. Você não conhece m, a massa de água. Consegue obter o peso da água em termos de A, a área das faces superior e inferior do cubo? A massa da água é sua densidade, ρ, multiplicada pelo volume do cubo, que é Ah. Então, substitua m por ρAh, que dá a equação a seguir:

$$P_2 A - P_1 A = \rho g A h$$

Agora sim. Dividindo tudo por A você obtém a diferença nas pressões:

$$P_2 - P_1 = \rho g h$$

LEMBRE-SE

Se quiser a diferença nas pressões ΔP, obterá a equação a seguir:

$$\Delta P = \rho g h$$

A equação anterior é um resultado geral importante verdadeiro para qualquer fluido: água, ar, gasolina, e assim por diante. Essa equação diz que a diferença na pressão entre dois pontos em um fluido é igual à densidade desse fluido multiplicado por *g* (a aceleração devido à gravidade) multiplicado pela diferença de altura entre os dois pontos.

As próximas seções fornecem alguns exemplos de problemas para que você possa ver como é a fórmula da pressão na prática.

Mergulhando

Para cada metro que você se aprofunda na água, quanto de aumento há na pressão? Sabemos que $\Delta P = \rho g h$, então insira os números e faça as contas:

$$\Delta P = \rho g h = (1.000 \text{kg/m}^3)(9,8 \text{m/s}^2)(1,0 \text{ m}) = 9.800 \text{Pa}$$

Isso daria cerca de 1,4 libras-força por polegada quadrada de pressão a mais a cada metro.

DICA

Se estava se perguntando como funcionam as unidades, reorganize-as a partir da primeira equação:

$$\left(\frac{\text{kg}}{\text{m}^3}\right)\left(\frac{\text{m}}{\text{s}^2}\right)(\text{m}) = \left(\frac{\text{kg} \cdot \text{m}}{\text{s}^2}\right)\left(\frac{1}{\text{m}^2}\right)$$

Um $\text{kg} \cdot \text{m/s}^2$ é apenas um newton, e um N/m^2 é um pascal, então as unidades se resumem em pascal:

$$\left(\frac{\text{kg} \cdot \text{m}}{\text{s}^2}\right)\left(\frac{1}{\text{m}^2}\right) = \frac{\text{N}}{\text{m}^2}$$
$$= \text{Pa}$$

Isso é uma boa quantidade de pressão a mais. Mas e se você decidisse dar um mergulho em uma piscina de mercúrio (não tente isso em casa)? O mercúrio tem uma densidade de 13.600kg/m^3, enquanto a água tem uma densidade de 1.000kg/m^3. Nesse caso, a pressão a mais para cada metro seria de:

$$\Delta P = \rho g h = (13.600 \text{kg/m}^3)(9,8 \text{m/s}^2)(1,0 \text{m}) \approx 133.000 \text{Pa}$$

Um aumento de aproximadamente 19 libras-força por polegada quadrada a cada metro — isso é bastante pressão.

Então, isso significa que a pressão de 1 metro abaixo da superfície de uma piscina de mercúrio é cerca de 19 libras-força por polegada quadrada? Não, porque você precisa somar essa pressão à pressão do ar acima dela, então seria o seguinte:

$$P_t = P_m + P_a$$

em que P_t é a pressão total, P_m é a pressão devido ao mercúrio e P_a é a pressão devido ao ar.

LEMBRE-SE

Para descobrir a pressão total sobre algo submerso em um líquido, some a pressão devido ao líquido à pressão atmosférica, que é cerca de 14,7 libras-força por polegada quadrada, ou $1,013 \times 10^5$ pascal.

Variando a pressão sanguínea

Digamos que sua cabeça esteja 1,5 metros acima de seus pés. Qual é a diferença na pressão sanguínea entre sua cabeça e seus pés (ignorando a ação do coração) quando você está deitado e quando está em pé? Use a seguinte equação para resolver essas questões:

$$\Delta P = \rho g h$$

O cálculo para o caso em que você está deitado é simples, pois h, a distância vertical entre se coração e seus pés, é 0:

$$\Delta P = \rho g h = \rho g(0) = 0$$

Portanto, você não vê diferença na pressão entre seu coração e seus pés quando está deitado (ignorando a ação do coração). E quando está em pé? Neste caso, $h = 1,5$ m:

$$\Delta P = \rho g h = \rho g(1,5 \text{ m})$$

Como podemos ver na Tabela 8-1, a densidade, ρ, do sangue é 1.060kg/m³. Inserindo os números e fazendo os cálculos, você tem a seguinte diferença na pressão:

$$\Delta P = \rho g h = (1.060 \text{kg/m}^3)(9,8 \text{m/s}^2)(1,5 \text{m}) \approx 1,6 \times 10^4 \text{Pa}$$

Essa pressão acaba sendo levemente menor que 2,0 libras-força por polegada quadrada.

Bombeando água para cima

Suponha que um parque aquático tenha perfurado um poço para pegar água, que está 20 metros para baixo. Os donos do parque contratam você para descobrir a potência necessária que uma bomba deve ter para obter um fluxo de água satisfatório. Você pensa: "Hmm, um poço de 20 metros de profundidade com uma bomba de água em cima. Como isso funcionaria?"

Quanta pressão a bomba pode exercer na água no fundo do poço? Ela puxa ar pelo cano, criando um vácuo que a água seguirá. Mas a quantidade de sucção que pode ser criada com uma bomba é limitada. Você pode criar o máximo de pressão com um vácuo completo P = 0. A pressão atmosférica empurra a superfície da água para baixo e há um vácuo total no topo do cano, então a pressão máxima que uma bomba no topo do poço pode exercer sobre a água no fundo do poço é a pressão atmosférica, ou $1{,}01 \times 10^5$ pascal:

$$\Delta P = 1{,}01 \times 10^5 \text{Pa}$$

Até que altura do cano uma pressão de $1{,}01 \times 10^5$ pascal consegue puxar a água? Bem, você sabe que $\Delta P = \rho g h$, então quando puxar a água o máximo possível, o $\rho g h$ da coluna de água no cano é igual a $1{,}01 \times 10^5$ pascal:

$$\rho g h = 1{,}01 \times 10^5 \text{Pa}$$

Calculando h você tem a fórmula para a altura máxima que a água pode subir:

$$h = \frac{1{,}01 \times 10^5 \text{Pa}}{\rho g}$$

Inserindo os números (usando o valor da densidade da água que você conhece, 1.000kg/m³ a 4°C) você obtém a altura:

$$h = \frac{1{,}01 \times 10^5 \text{Pa}}{\left(1.000 \text{ kg/m}^3\right)\left(9{,}8 \text{ m/s}^2\right)} \approx 10{,}3 \text{ m}$$

Portanto, a altura máxima que você consegue bombear a água de um poço com a bomba no topo do poço é 10,3 metros. Mas, neste caso, o poço tem 20 metros de profundidade. Você se vira para os donos do parque aquático e diz: "Tenho más notícias."

Qual é a solução? Coloque a bomba no fundo do poço e bombeie a água para cima do cano em vez de tentar usar a pressão do ar para puxar a água pelo cano.

Máquinas hidráulicas: Passando a pressão com o princípio de Pascal

LEMBRE-SE

O *princípio de Pascal* diz que, dado um fluido em um sistema totalmente fechado, uma mudança na pressão em um ponto do fluido é transmitida a todos os outros pontos, bem como às paredes que o envolvem. Ou seja, se você tiver um fluido em um cano fechado (sem bolhas de ar) e houver uma mudança na pressão do fluido em uma extremidade do cano, ela muda por todo o cano.

O fato de que a pressão dentro de um sistema fechado é a mesma (ignorando diferenças gravitacionais) tem uma consequência interessante. Como $P = F/A$, você obtém a seguinte equação de força:

$F = PA$

Então, se a *pressão* é a mesma em todas as partes de um sistema fechado, mas as *áreas* consideradas são diferentes, você consegue forças diferentes?

Para esclarecer essa questão, veja a Figura 8-2, que mostra um sistema fechado de fluido com dois pistões hidráulicos, um com uma cabeça de pistão de área A_1 e outro com área A_2. Você aplica uma força F_1 no pistão menor. Qual é a força F_2 no outro pistão?

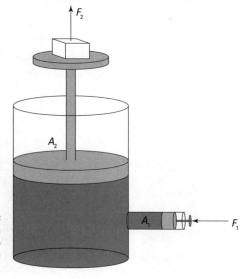

FIGURA 8-2: Um sistema hidráulico amplia a força.

A pressão em cada ponto é F/A. De acordo com o princípio de Pascal, a pressão é a mesma em todas as partes do fluido, então $F_1/A_1 = F_2/A_2$:

$$\frac{F_1}{A_1} = \frac{F_2}{A_2}$$

Resolvendo F_2 você obtém a força no Ponto 2:

$$F_2 = \frac{F_1 A_2}{A_1}$$

Legal. Isso significa que você pode desenvolver uma força enorme a partir de uma força pequena se a proporção dos tamanhos dos pistões for grande. Por exemplo, digamos que a área do Pistão 2 seja maior do que do Pistão 1 por um fator de 100. Isso significa que qualquer força aplicada ao Pistão 1 será multiplicada 100 vezes no Pistão 2?

Sim, com certeza — é assim que funcionam os equipamentos hidráulicos. Ao usar um pistão pequeno em uma extremidade e um grande na outra, você pode criar forças enormes. Escavadeiras e outras máquinas hidráulicas, como caminhões de lixo e elevadores hidráulicos, usam o princípio de Pascal para funcionar.

Qual é a pegadinha aqui? Se você empurrar o Pistão 1 e obter 100 vezes a força no Pistão 2, parece estar obtendo alguma coisa para nada. A pegadinha é que você precisa empurrar o pistão menor uma distância 100 vezes maior do que o segundo pistão se moverá.

Flutuação: Faça Seu Barco Flutuar com o Princípio de Arquimedes

LEMBRE-SE

O *princípio de Arquimedes* diz que qualquer fluido exerce uma força flutuante em um objeto totalmente ou parcialmente submerso nele, e que a grandeza dessa força é igual ao peso do fluido deslocado pelo objeto. Um objeto menos denso que a água flutua porque a água que desloca pesa mais do que o objeto. Portanto, enquanto o objeto empurra a água para baixo, ela o empurra para cima com mais força.

Se você já tentou empurrar uma bola de praia para baixo da água, sentiu esse princípio em ação. Ao empurrar a bola para baixo, ela o empurra de volta para cima. Realmente pode ser bem difícil manter uma bola de praia grande debaixo da água. Como um físico de roupa de banho, você pode pensar: "O que está acontecendo aqui?"

Qual é a força de flutuação, F_b, que a água exerce sobre a bola de praia? Para facilitar esse problema, você decide considerar a bola de praia como um cubo de altura h e área de face horizontal A. Então, a força de flutuação na bola de praia cúbica é igual à força na parte inferior da bola menos a força na parte superior:

$$F_{flutuação} = F_{inferior} - F_{superior}$$

E como $F = PA$, você pode trabalhar a pressão na equação com uma substituição simples:

$$F_{flutuação} = \left(P_{inferior} - P_{superior}\right) A$$

Também é possível escrever a mudança na pressão, $P_{inferior} - P_{superior}$, como ΔP:

$$F_{flutuação} = \Delta P A$$

A mudança na pressão é igual a $\rho g h$, então substitua ΔP:

$$F_{flutuação} = \rho g h A$$

Note que hA é o volume do cubo. Multiplicando o volume, V, pela densidade, ρ, você obtém a massa de água deslocada pelo cubo, m, então pode substituir ρhA por m:

$$F_{flutuação} = mg$$

Reconheça mg (massa vezes aceleração devido à gravidade) como a expressão do peso, então a força da flutuação é igual ao peso da água deslocada pelo objeto que é submerso:

$$F_{flutuação} = W_{água\ deslocada}$$

A equação acaba como o princípio de Arquimedes.

Veja um exemplo de como usar o princípio de Arquimedes. Suponha que os designers da Empresa de Balsas Acme tenham contratado você para lhes dizer quanto de sua nova balsa ficará submergida na água quando for lançada. Veja a nova balsa da Acme na Figura 8-3. A densidade da madeira usada em suas balsas é de 550kg/m³, e a balsa tem 20cm de altura.

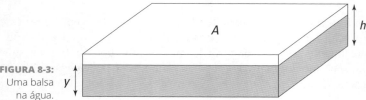

FIGURA 8-3: Uma balsa na água.

Você pega sua prancheta e percebe que, para fazer a balsa flutuar, o peso dela deve ser igual à força de flutuação que a água exerce sobre a balsa.

Digamos que a balsa tenha altura h e área horizontal A; isso seria igual ao seguinte:

$$W_{balsa} = \rho_{balsa} Ahg$$

Agora, qual é a força de flutuação que a água exerce sobre a balsa? Ela é igual ao peso da água deslocada pela parte submergida da balsa. Digamos que, quando a balsa flutua, seu fundo esteja a uma distância y de submersão. Então o volume submerso da balsa é Ay. Isso faz com que a massa de água deslocada pela balsa seja igual ao seguinte:

$$m_{água\ deslocada} = \rho_{água} Ay$$

O peso da água deslocada é apenas sua massa multiplicada por g, a aceleração devido à gravidade; então, multiplicando ambos os lados da equação por g você obtém o peso, $W_{água\ deslocada}$, do lado esquerdo da equação. O peso da água deslocada é igual a:

$$W_{água\ deslocada} = \rho_{água}\ Ayg$$

Para que a balsa flutue, o peso da água deslocada deve ser igual ao peso da balsa, então iguale o peso da balsa ao da água:

$$\rho_{balsa} Ahg = \rho_{água}\ Ayg$$

A e g aparecem dos dois lados da equação, então eles se cancelam. A equação é simplificada para:

$$\rho_{balsa} h = \rho_{água}\ y$$

Resolvendo y você obtém a equação para quanto da altura da balsa ficará debaixo da água:

$$y = \frac{\rho_{balsa} h}{\rho_{água}}$$

Inserindo as densidades, saberá o quanto a balsa ficará submergida em termos de sua altura:

$$y = \frac{550\ kg/m^3}{1.000\ kg/m^3} h = 0,550h$$

Isso significa que 55% da balsa ficará debaixo da água. Então, se a balsa tiver 20cm (ou 0,20m) de altura, quanto fica submerso quando ela estiver flutuando? Você pode inserir o valor da altura da balsa para descobrir a resposta:

$$y = 0,550(0,20m) = 0,11m$$

Então 11 centímetros da altura da balsa ficarão submersos.

Mecânica dos Fluidos: Movimentando-se com os Fluidos

Os fluidos se movem de acordo com leis simples e consistentes com as leis do movimento de Newton. Mas, mesmo que elas sejam simples, a gama de possíveis fluxos de fluidos é enorme! Como pode ver ao seu redor, os fluidos podem fazer todos os tipos de movimentos: podem girar como um furacão; ter fluxos contínuos, como quando a torneira está aberta; e podem rolar em padrões mais complicados, como o vapor saindo de uma chaleira fervendo. Todos esses tipos diferentes de fluxo podem ser caracterizados por certas propriedades, e esse é o assunto desta seção.

Caracterizando o tipo de fluxo

O fluxo de fluidos tem todos os tipos de aspectos — ele pode ser uniforme ou variado, compressível ou não, e muitos outros. Algumas dessas características refletem propriedades do próprio líquido ou gás, e outros focam o movimento do fluido. Esta seção observa as possibilidades.

Note que o fluxo do fluido pode realmente ficar muito complexo quando é turbulento. Os físicos não desenvolveram nenhuma equação elegante para descrever a turbulência, pois seu funcionamento depende do sistema individual — se a água está cascateando por um cano ou se o ar está saindo de um motor a jato. Geralmente você precisa recorrer a computadores para lidar com problemas que envolvam turbulência de fluidos.

Igualdade: Fluxo uniforme ou variado

O fluxo de fluidos pode ser uniforme ou variado, dependendo da velocidade do fluido:

» **Uniforme:** A velocidade do fluido é constante em qualquer ponto.
» **Variado:** A velocidade do fluido pode ser diferente em dois pontos quaisquer.

Por exemplo, suponha que esteja sentado ao lado de um riacho e note que o fluxo da água não é uniforme: você vê redemoinhos e sulcos e todos os tipos de espirais. Imagine vetores de velocidade para cem pontos na água e terá uma boa ideia de o que é um fluxo variado — os vetores de velocidade podem apontar para todos os lugares, embora geralmente sigam o fluxo médio geral do riacho. (Às vezes, em um fluxo complexo, os físicos dividem o fluxo em uma soma de um fluxo médio tranquilo e flutuações complicadas, mas não precisa fazer isso aqui.)

Compressibilidade: Fluxo compressível ou incompressível

O fluxo de fluidos pode ser *compressível* ou *incompressível,* dependendo da facilidade com que o líquido pode ser comprimido. Normalmente, líquidos são praticamente impossíveis de comprimir, enquanto os gases (também considerados fluidos) são muito compressíveis.

Um sistema hidráulico só funciona porque os líquidos são incompressíveis — isto é, ao aumentar a pressão em um local do sistema hidráulico, a pressão aumenta por todo o sistema (para detalhes, veja a seção anterior "Máquinas hidráulicas: Passando a pressão com o princípio de Pascal"). Por outro lado, os gases são muito compressíveis — mesmo quando o pneu da sua bicicleta está bem estufado, você ainda consegue colocar mais ar nele pressionando a bomba e comprimindo o ar. As leis de como os gases se comportam quando comprimidos e expandidos em diferentes situações podem ser encontradas no Capítulo 16.

Consistência: Fluxo viscoso ou invíscido

O fluxo do líquido pode ser *viscoso* ou *invíscido*. A *viscosidade* é uma medida da consistência de um fluido, e fluidos muito grudentos, como óleo de motor ou shampoo, são chamados de *fluidos viscosos*.

A viscosidade é, na verdade, uma medida do atrito no fluido. Quando um fluido flui, suas camadas se esfregam umas nas outras e, em fluidos muito viscosos, o atrito é tão grande que as camadas do fluxo se empurram, dificultando o fluxo.

A viscosidade geralmente varia com a temperatura, porque quando as moléculas de um fluido se movem rapidamente (quando o fluido está mais quente), as moléculas podem deslizar mais facilmente umas sobre as outras. Então, quando você despeja calda na panqueca, por exemplo, pode notar que ela é bem grossa no pote, mas fica mais líquida quando se espalha sobre as panquecas quentes e se aquece.

Girando: Fluxo rotacional e não rotacional

O fluxo do fluido pode ser rotacional ou não. Se, ao viajar em um círculo fechado, você somar todos os componentes dos vetores de velocidade dos fluidos ao seu caminho e resultado final, então o fluxo é *rotacional*.

Para testar se um fluxo tem um componente rotacional, coloque um objeto pequeno nele e deixe que seja carregado. Se o objeto girar, o fluxo é rotacional; se não, é não rotacional.

Por exemplo, observe a água de um riacho fluindo. Ela faz redemoinhos por pedras, encaracolando pelos obstáculos. Em tais locais, o fluxo da água tem um componente rotacional.

Você pode achar que alguns fluxos são rotacionais, mas na verdade não são. Por exemplo, longe do centro, um vórtex é um fluxo não rotacional! Isso pode ser observado quando a água é drenada de uma banheira. Ao colocar um pequeno objeto no fluxo, ele circula pelo ralo, mas não gira em torno de si mesmo; portanto o fluxo é não rotacional.

Por outro lado, fluxos sem rotação aparente podem, na verdade, ser rotacionais. Veja, por exemplo, um *fluxo de cizalhamento*, em que todo o fluido se move na mesma direção, mas um lado se move com mais rapidez do que o outro. Suponha que o fluido se mova mais rapidamente do lado esquerdo do que no direito. Ele não se move em círculos, mas se colocar um objeto pequeno nesse fluxo, ele começará a girar por causa do fluxo levemente mais rápido em seu lado esquerdo. O fluxo é, então, rotacional.

Imaginando o fluxo com linhas

Um modo útil de visualizar o fluxo de um fluido é por meio de linhas de fluxo. Desenhe a *linha de fluxo* de um fluido de modo que a tangente da linha de fluxo em qualquer ponto seja paralela à velocidade do fluido naquele ponto. Ou seja, uma linha de fluxo segue o fluxo do fluido.

Veja um exemplo na Figura 8-4, em que a linha de fluxo é mais escura no meio do fluxo do fluido.

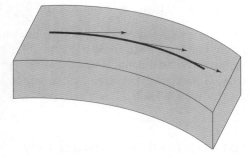

FIGURA 8-4: Uma linha de fluxo mostra as direções do fluxo.

Se você marcar linhas de fluxo para qualquer fluxo em um gráfico, obterá uma imagem imediata de como esse fluxo flui. É possível ter quantas linhas de fluxo forem necessárias para obter uma imagem precisa do fluxo do fluido.

Quando o fluxo de um fluido é turbulento, as linhas de fluxo se misturam. É por isso que é tão difícil lidar com fluxos turbulentos de um modo preciso e matemático.

PAPO DE ESPECIALISTA

Podemos ter várias linhas de fluxo que formam um *tubo de fluxo*. Isto é, as linhas de fluxo formam as paredes de um tubo. O curioso sobre tubos de fluxo é que o fluido não passa pelas paredes de tal tubo — ela é sempre conduzida dentro dele.

No Passo do Fluxo e da Pressão

Por mais complicado que um fluxo de fluido possa parecer, os fluidos obedecem algumas leis simples que podem ser expressas em equações. Esta seção apresenta a equação que descreve a continuidade do fluxo de um fluido (o resultado do fato de que a matéria não é nem criada nem destruída) e a relação entre velocidade e pressão. Você também pode dar uma olhada em algumas consequências dessas relações.

A equação de continuidade: Relacionando o tamanho do cano e as taxas de fluxo

Se um fluido estiver fluindo a certa velocidade e em determinado ponto em um sistema de canos, é possível prever sua velocidade em outro ponto usando a *equação de continuidade*. Como a massa do fluido não é nem criada, nem destruída, se a massa se move para longe de um lugar a uma certa velocidade, deve, portanto, mover-se para um local vizinho na mesma velocidade. Com essa ideia expressa como equação, é possível descobrir como a velocidade muda em um cano que vai se estreitando, por exemplo.

Conservando a massa com a equação de continuidade

A equação de continuidade vem da ideia de que nenhuma massa desaparece quando o fluido flui. Ou seja, o fluido obtido é igual ao que é inserido. Você pode encontrar a equação de continuidade misturando um pouco de geometria com as fórmulas físicas de massa (que permanece constante), densidade e velocidade.

Imagine um cubo de fluido que passa por um cano com o resto do fluido, como mostra a Figura 8-5. O cubo tem uma área *A* perpendicular ao fluxo do fluido e um comprimento *h* no decorrer do fluxo.

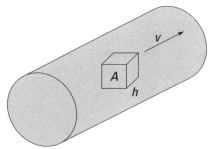

FIGURA 8-5: Um cubo de fluido passando por um cano.

Agora digamos que o cano se estreite a ponto de o cubo não conseguir mais passar por ele. O limite do cubo mudará de forma. O que você pode dizer que permanece constante entre o cubo original e o deformado? A massa do fluido dentro da forma de caixa permanece constante porque nenhum fluido vaza do limite. Portanto, podemos dizer que:

$$m_1 = m_2$$

em que m_1 é a massa do fluido no primeiro cubo e m_2 é a massa do fluido no cubo deformado mais à frente, quando o cano se estreita.

Se em vez disso olharmos a situação em termos de densidade, ρ, a massa do fluido no cubo é a densidade multiplicada pelo volume do cubo, que é Ah. Então podemos afirmar que a equação é:

$$\rho_1 A_1 h_1 = \rho_2 A_2 h_2$$

em que A_1 é a área da face frontal do cubo original, h_1 é o comprimento original do cubo e assim por diante.

Agora digamos que você esteja medindo a quantidade de massa que passa em um tempo t para obter a taxa do fluxo, então você divide a equação que acabou de descobrir por um intervalo de tempo, t:

$$\rho_1 A_1 \frac{h_1}{t} = \rho_2 A_2 \frac{h_2}{t}$$

O comprimento do cubo passando por você em um tempo, t, fornece a velocidade do fluido naquela localização, então h/t se transforma na velocidade do fluido naquele local. Substituindo h/t por v, a velocidade, temos a equação a seguir:

$$\rho_1 A_1 v_1 = \rho_2 A_2 v_2$$

E essa quantidade, ρAv, é chamada de *taxa de fluxo de massa* [ou vazão] — é a massa de fluido que passa por um certo ponto por segundo. As unidades MKS da taxa de fluxo de massa são quilogramas por segundo, ou kg/s.

LEMBRE-SE

A taxa de fluxo de massa tem o mesmo valor em todos os pontos em um fluido conduíte que tem um único ponto de entrada e um único ponto de saída. A taxa de fluxo de massa em quaisquer dois pontos no decorrer do conduíte pode ser relacionada da seguinte forma com a *equação de continuidade*:

$$\rho_1 A_1 v_1 = \rho_2 A_2 v_2$$

Líquidos incompressíveis: Mudando o tamanho do cano para mudar a taxa de fluxo

Como os líquidos são praticamente incompressíveis, a densidade não muda no decorrer do fluxo. Portanto, se chegarmos a um local em que a mesma quantidade de água deva sair por um espaço menor do que antes, sua velocidade terá que mudar — será mais rápida. Pense no que fazemos com uma mangueira para fazer com que a água saia mais rápido: colocamos o polegar tampando boa parte do final da mangueira, forçando a água a se espremer por uma área menor.

Podemos ver essa ideia matematicamente usando a equação da continuidade. Para líquidos incompressíveis, a densidade deve ser a mesma no Ponto 1 e no Ponto 2. Como $\rho_1 = \rho_2$, temos esta equação, em que ρ é a densidade compartilhada:

$$\rho A_1 v_1 = \rho A_2 v_2$$

Dividindo por ρ obtemos:

$$A_1 v_1 = A_2 v_2$$

em que Av é chamado de *taxa de fluxo volumétrico*, cujo símbolo é Q. Então, em dois pontos quaisquer do fluxo de um líquido incompressível, o seguinte é verdadeiro:

$$Q_1 = Q_2$$

Veja um exemplo com alguns números. Digamos que você esteja brincando com uma mangueira de incêndio e percebe que a água sai dela a 7,7 metros/segundo. A área transversal do bocal é de $4,0 \times 10^{-4}$ metros quadrados. Qual é a velocidade em que a água sai do hidrante e entra na mangueira, que tem uma área transversal de $1,0 \times 10^{-2}$ metro quadrado?

Essa é uma boa oportunidade para usar o fato de que a taxa de fluxo volumétrico de um líquido incompressível é a mesma em qualquer ponto de seu fluxo. Isso significa que o seguinte é verdadeiro:

$$A_1 v_1 = A_2 v_2$$

em que A_1 é a área transversal da mangueira, v_1 é a velocidade com que a água entra na mangueira, A_2 é a área transversal do bocal e v_2 é a velocidade com que a água sai da mangueira.

Para encontrar v_1, a velocidade da água ao entrar na mangueira, temos a seguinte equação:

$$v_1 = \frac{A_2 v_2}{A_1}$$

Inserindo os números, obtemos a resposta:

$$v_1 = \frac{A_2 v_2}{A_1} = \frac{(4,0 \times 10^{-4}\,\text{m}^2)(7,7\,\text{m/s})}{(1,0 \times 10^{-2}\,\text{m}^2)} \approx 0,31\,\text{m/s}$$

Então a água entra na mangueira com uma velocidade comparativamente lenta de 0,31 metros/segundo e sai do bocal mais rápido a 7,7 metros/segundo.

Equação de Bernoulli: Relacionando velocidade e pressão

Agora chegamos ao coração do fluxo de fluidos — a equação de Daniel Bernoulli, que permite relacionar pressão, velocidade do fluido e altura. Usando essa equação, podemos encontrar a diferença na pressão entre dois pontos do fluido se soubermos sua velocidade e altura nesses dois pontos.

LEMBRE-SE

A equação de Bernoulli relaciona a pressão, a densidade, a velocidade e a altura de um fluido em movimento do Ponto 1 ao Ponto 2 da seguinte forma:

$$P_1 + \frac{1}{2}\rho v_1^2 + \rho g y_1 = P_2 + \frac{1}{2}\rho v_2^2 + \rho g y_2$$

Este é o significado de cada variável nessa equação (em que os números subscritos indicam se estamos falando do Ponto 1 ou do Ponto 2):

- » *P* é a pressão do fluido.
- » ρ é a densidade do fluido.
- » *g* é a aceleração devido à gravidade.
- » *v* é a velocidade do fluido.
- » *y* é a altura do fluido.

A equação supõe que você está trabalhando com um fluxo uniforme de um fluido incompressível, não rotacional e invíscido (veja a seção anterior "Caracterizando o tipo de fluxo" para mais detalhes).

LEMBRE-SE

Uma coisa que pode ser aproveitada imediatamente a partir dessa equação se chama *princípio de Bernoulli*, que diz que aumentar a velocidade de um fluido pode levar a uma diminuição da pressão.

PEGANDO UMA CARONA

Você pode demonstrar facilmente o princípio de Bernoulli em casa. Tudo o que precisa são duas folhas de papel sulfite. Segure as duas folhas de papel na parte de cima, de modo que balancem livremente; depois coloque-as frente a frente com um pequeno espaço entre elas. A pressão do ar entre as duas folhas é a mesma que a pressão do outro lado, então elas ficam imóveis. Agora vem a parte legal. Se você soprar entre as duas folhas de papel, o que acha que vai acontecer? A maioria dos seus amigos provavelmente diria que elas se afastarão. Mas, se testar, descobrirá que elas se moverão juntas! Você sabe por que isso acontece pois conhece o princípio de Bernoulli.

Ao soprar entre as duas folhas de papel, o ar aumenta sua velocidade e reduz sua pressão simultaneamente. Como a pressão entre as folhas agora é menor que a de fora, elas se movem juntas.

E a diversão não acaba por aí: se você impressionar seus amigos com o truque das folhas de papel, pode surpreendê-los ainda mais usando o princípio para explicar como os aviões voam. A transversal de uma asa de avião tem um tipo de formato de domo estendido. Por causa desse formato específico, o ar que se move em direção à asa segue uma direção diferente no bordo de ataque. Parte do ar passa por cima da asa e parte por baixo dela antes de voltar a se juntar no bordo de fuga da asa. Mas, por causa do formato da transversal, o ar que passa por cima precisa percorrer uma distância maior do que o que passa por baixo da asa; portanto, precisa ter mais velocidade. E como você acabou de demonstrar com as duas folhas de papel (de acordo com o princípio de Bernoulli), o ar mais rápido tem menos pressão. Então a pressão do ar abaixo da asa é maior que a pressão do ar acima dela. Essa diferença na pressão fornece a força de ascensão necessária para que o avião voe.

Canos e pressão: Juntando tudo

Juntas, a equação da continuidade e a de Bernoulli possibilitam relacionar a pressão nos canos à suas mudanças de diâmetro. Geralmente usamos a equação da continuidade, que diz que um volume específico de líquido flui a uma velocidade constante, para encontrar as velocidades usadas na equação de Bernoulli, que relaciona a velocidade à pressão.

Veja um exemplo: a sala de operação está em silêncio enquanto você é conduzido para dentro dela. Na mesa de operação há uma pessoa muito importante com um aneurisma na aorta, a principal artéria que sai do coração. Um aneurisma é uma dilatação em um vaso sanguíneo que enfraquece suas paredes.

Os médicos dizem: "A área transversal do aneurisma é de 2,0A, em que A é a área transversal da aorta normal. Queremos operar, mas primeiro precisamos saber o quanto a pressão subiu no aneurisma antes de fazer o corte."

Hmm, você pensa. Acontece que você sabe que a velocidade normal do sangue de uma pessoa passando pela aorta é de 0,40 metros/segundo. E, conferindo rapidamente a Tabela 8-1, vê que a densidade do sangue é de 1.060kg/m³. Mas isso é informação suficiente?

Você gostaria de usar a equação de Bernoulli aqui, pois ela relaciona pressão e velocidade:

$$P_1 + \frac{1}{2}\rho v_1^2 + \rho g y_1 = P_2 + \frac{1}{2}\rho v_2^2 + \rho g y_2$$

Simplifique a equação, pois o paciente está deitado na mesa de operação, o que significa que $y_1 = y_2$, então a equação de Bernoulli fica assim:

$$P_1 + \frac{1}{2}\rho v_1^2 = P_2 + \frac{1}{2}\rho v_2^2$$

Você quer saber quanta pressão a mais há no aneurisma do que na aorta normal, então está procurando $P_2 - P_1$. Reorganize a equação:

$$P_2 - P_1 = \frac{1}{2}\rho v_1^2 - \frac{1}{2}\rho v_2^2$$

$$\Delta P = \frac{1}{2}\rho v_1^2 - \frac{1}{2}\rho v_2^2$$

Melhorou; você já conhece ρ (a densidade do sangue) e v_1 (a velocidade do sangue em uma aorta normal). Mas qual é v_2, a velocidade do sangue dentro do aneurisma? Você pensa bem — e tem uma ideia: a equação da continuidade pode ajudar porque relaciona as velocidades às áreas transversais:

$$\rho_1 A_1 v_1 = \rho_2 A_2 v_2$$

Como a densidade do sangue é a mesma no Ponto 1 e no Ponto 2, na aorta normal e dentro do aneurisma, você pode dividir a densidade para obter:

$$A_1 v_1 = A_2 v_2$$

Para encontrar v_2 você tem o seguinte:

$$v_2 = \frac{A_1 v_1}{A_2}$$

Agora insira os números. Como os médicos disseram que $A_2 = 2{,}0A_1$ e você sabe que $v_1 = 0{,}4$m/s, você terá:

$$v_2 = \frac{A_1\left(0{,}4 \text{ m/s}\right)}{2{,}0A_1} = 0{,}2 \text{ m/s}$$

Então agora você está pronto para trabalhar com a equação derivada:

$$\Delta P = \frac{1}{2}\rho v_1^2 - \frac{1}{2}\rho v_2^2$$

Fatorando ρ, a densidade, para o lado direito da equação:

$$\Delta P = \frac{1}{2}\rho\left(v_1^2 - v_2^2\right)$$

Inserindo os números você terá o seguinte:

$$\Delta P = \frac{1}{2}\left(1.060 \text{ kg/m}^3\right)\left[\left(0{,}4 \text{ m/s}\right)^2 - \left(0{,}2 \text{ m/s}\right)^2\right] \approx 64 \text{ Pa}$$

Você diz aos médicos que a pressão é 64 pascal mais alta no aneurisma do que na aorta normal.

"O quê?", perguntam os médicos. "Fale em unidades que consigamos entender."

"A pressão é cerca de 0,01 libras-força por polegada quadrada mais alta no aneurisma."

"Como é que é? Isso não é nada", dizem os médicos. "Vamos operar imediatamente — você acabou de salvar a vida de uma pessoa muito importante!"

E isso foi só um dia de trabalho na vida de um físico.

172   PARTE 2   Que as Forças da Física Estejam com Você

3

Manifestando a Energia para o Trabalho

NESTA PARTE...

Se você subir um morro com um carro e estacioná-lo, ele ainda terá energia — a energia potencial. Se o freio falhar e o carro rolar morro abaixo, ele tem um tipo diferente de energia quando chega lá embaixo — energia cinética. Esta parte diz o que é energia e como o trabalho que você realiza ao mover ou esticar objetos se transforma em energia. Pensar em termos de trabalho e energia nos permite resolver problemas que as leis do movimento de Newton não nos deixam nem tentar, ou poderiam apenas dificultar. Descubra também o movimento harmônico simples, que é útil para coisas como molas e pêndulos.

NESTE CAPÍTULO

» Analisando a força de trabalho

» Avaliando energia cinética e potencial

» Percorrendo o caminho de forças conservativas e não conservativas

» Considerando a energia mecânica e a potência no trabalho

Capítulo **9**

Obtendo Trabalho com a Física

Você sabe tudo sobre trabalho; é o que faz quando tem que resolver os problemas de física. Você senta com sua calculadora, sua um pouco e consegue. Pronto, fez seu trabalho! Infelizmente, isso não conta como trabalho em termos físicos.

Na física, o *trabalho* é feito quando uma força move um objeto por um deslocamento. Essa pode não ser a ideia de trabalho de seu chefe, mas realiza o trabalho na física. Junto com os fundamentos do trabalho, uso este capítulo para apresentar as energias cinética e potencial, observar as forças conservativas e não conservativas, e examinar a energia mecânica e a potência.

Procurando Trabalho

Segurar objetos pesados — como, digamos, um par de anilhas da academia — no ar parece exigir bastante trabalho. Contudo, em termos físicos, isso não é verdade. Mesmo que segurar os pesos possa exigir muito trabalho biológico, não há trabalho mecânico ocorrendo se os pesos não estiverem em movimento.

LEMBRE-SE

Na física, o *trabalho* mecânico é realizado sobre um objeto quando uma força o move por um deslocamento. Quando a força é constante e o ângulo entre a força e o deslocamento é θ, então o trabalho realizado é dado por $W = Fs \cos θ$. Em termos para leigos, se você empurrar um disco de hóquei de 1.000 libras por certa distância, a física dirá que o trabalho realizado é o componente da força aplicada na direção do percurso multiplicado pela distância percorrida.

Para ter uma ideia do espectro total de trabalho, você precisa ver os diferentes sistemas de medição. Depois de dominar as unidades de medida, verá exemplos práticos de trabalhos, como empurrar e arrastar. Também descobrirá o que significa trabalho negativo.

Trabalhando nos sistemas de medição

O trabalho é um escalar, não um vetor; portanto tem apenas uma grandeza, não uma direção (mais sobre escalares e vetores no Capítulo 4). Como o trabalho é a força vezes a distância, $Fs \cos θ$, tem a unidade newtons-metro (N·m) no sistema MKS (veja o Capítulo 2 para mais informações sobre sistemas de medição).

LEMBRE-SE

O trabalho mecânico realizado por uma força resultante é equivalente a uma transferência de energia (chamado de *teorema do trabalho-energia*), que tem unidades chamadas *joules*. Por causa disso, trabalho e energia têm as mesmas unidades. Para propósito de conversão, 1 newton de força aplicada por uma distância de 1 metro (em que a força é aplicada no decorrer da linha de deslocamento) é equivalente a 1 joule, ou 1J, de trabalho. (No sistema pé-libra-segundo, o trabalho tem a unidade *pé-libra*. Também é possível discutir energia e trabalho em termos de quilowatt-hora, que pode ser familiar para você por causa das contas de energia; 1 quilowatt-hora (kWh) = $3{,}6 \times 10^6$ joules.)

Empurrando seu peso: Aplicando a força na direção do movimento

O movimento é uma exigência do trabalho. Para que o trabalho seja realizado, uma força resultante precisa mover um objeto por um deslocamento. O trabalho é um produto da força e do deslocamento.

Veja um exemplo: digamos que você esteja empurrando um lingote de ouro enorme para casa, como mostrado na Figura 9-1. Quanto trabalho precisa realizar para levá-lo para casa? Para encontrar o trabalho, é necessário conhecer a força e o deslocamento. Primeiro, descubra quanta força é exigida para empurrar o lingote.

FIGURA 9-1: Para realizar trabalho sobre esse lingote de ouro, você precisa empurrar com força suficiente para superar o atrito e fazê-lo se mover.

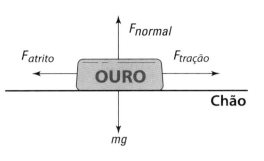

Suponha que o coeficiente cinético do atrito (veja o Capítulo 6), μ_k, entre o lingote e o solo seja de 0,250 e que o lingote tenha uma massa de 1.000kg. Qual é a força que você tem que exercer para manter o lingote em movimento sem acelerá-lo? Comece com esta equação para a força do atrito:

$$F_F = \mu_k F_N$$

Supondo que a estrada seja plana, a grandeza da força normal, F_N, é apenas mg (massa vezes a aceleração devido à gravidade). Isso significa que:

$$F_F = \mu_k mg$$

em que m é a massa do lingote e g é a aceleração devido à gravidade na superfície da Terra. Inserindo os números, você obtém o seguinte:

$$\begin{aligned} F_F &= \mu_k mg \\ &= (0{,}250)(1.000 \text{ kg})(9{,}8 \text{ m/s}^2) \\ &= 2.450 \text{ N} \end{aligned}$$

Você precisa aplicar uma força de 2.450N para manter o lingote em movimento sem acelerar.

A força é conhecida, então, para descobrir o trabalho, é necessário conhecer o deslocamento. Digamos que sua casa esteja a 3 quilômetros, ou 3.000 metros, de distância. Para levar o lingote para casa, você precisa realizar esta quantidade de trabalho:

$$W = Fs \cos \theta$$

Como está empurrando o lingote com uma força paralela ao chão, o ângulo entre F e s é 0°, e $\cos 0° = 1$, então, inserindo os números você tem o seguinte:

$$\begin{aligned} W &= Fs \cos \theta \\ &= (2.450 \text{ N})(3.000 \text{ m})(1) \\ &= 7{,}35 \times 10^6 \text{ J} \end{aligned}$$

CAPÍTULO 9 **Obtendo Trabalho com a Física**

PAPO DE ESPECIALISTA

Você precisa de 7,35 × 10^{6}J de trabalho para mover seu lingote para casa. Quer ter uma ideia? Bem, para levantar 1 quilograma 1 metro para cima, é necessário fornecer uma força de 9,8N (cerca de 2,2 libras) nessa distância, que requer 9,8J de trabalho. Para levar seu lingote para casa, precisará de 750.000 vezes isso. Vendo de outra maneira, 1 quilocaloria é igual a 4.186J. Uma quilocaloria é comumente chamada de Caloria (com C maiúsculo) na nutrição; portanto, para mover o lingote para casa, você precisa gastar cerca de 1.755 Calorias. Hora de lançar mão das barrinhas de proteína!

Usando um cabo para reboque: Aplicando força em ângulo

Você pode preferir arrastar os objetos em vez de empurrá-los — pode ser mais fácil arrastar objetos pesados, principalmente se puder usar um cabo para reboque, como mostrado na Figura 9-2.

LEMBRE-SE

Quando você puxa em um ângulo θ, não aplica uma força na mesma direção do movimento. Para encontrar o trabalho neste caso, tudo o que tem que fazer é encontrar o componente da força na direção do percurso. O trabalho propriamente definido é a força na direção do percurso multiplicada pela distância percorrida:

$$W = F_{tração} \, s \cos \theta$$

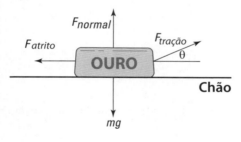

FIGURA 9-2: Mais força é exigida para realizar a mesma quantidade de trabalho se você puxar em um ângulo maior.

Puxando com mais força para realizar a mesma quantidade de trabalho

Se você aplicar força em ângulo em vez de paralela à direção do movimento, precisa fornecer mais força para realizar a mesma quantidade de trabalho.

Digamos que em vez de empurrar o lingote, você escolha arrastá-lo com uma corda que está em um ângulo de 10° em relação ao chão em vez de estar paralelo. Desta vez, θ = 10° em vez de zero. Se quer realizar a mesma quantidade de trabalho de quando empurrou o lingote (7,35 × 10^{6}J), então precisa que o componente da sua força que esteja na direção do deslocamento seja o mesmo que antes — isto é, 2.450N. Isso significa que:

$$F_{tração} \cos \theta = 2.450 \text{ N}$$

Resolvendo a grandeza da sua força, você tem:

$$F_{tração} = \frac{2.450 \text{ N}}{\cos 10°} \approx 2.490 \text{ N}$$

Se você puxar em um ângulo de 10°, precisa fornecer 40N a mais de força para realizar a mesma quantidade de trabalho. Mas, antes de se preparar para puxar com muita força, pense um pouco mais na situação — não é necessário fazer todo esse trabalho.

Reduzindo o trabalho ao diminuir o atrito

LEMBRE-SE

Se você puxar em ângulo, o componente da força aplicada direcionado ao longo do chão — na direção do deslocamento — realiza o trabalho. O componente da força que você aplica direcionado em ângulos retos a isso — diretamente para cima — não realiza trabalho, mas vai até certo ponto para levantar o lingote (ou qualquer coisa que esteja içando). A força não é grande o suficiente para levantar o lingote totalmente do chão, mas ela reduz a força normal com o chão, e você sabe o que isso significa: menos atrito.

Descubra quanta força de atrito você tem se precisar arrastar seu lingote com uma corda em um ângulo de 10°. O coeficiente de atrito é o mesmo de antes, mas agora a força normal com o chão é dada pelo peso do lingote menos o componente ascendente de força que você fornece. Portanto, a força do atrito é dada por:

$$F_{atrito} = \mu (mg - F_{tração} \text{sen} \theta)$$

Aqui, o componente de força vertical aplicado ao lingote é dado por $F_{tração}$ sen θ. A força do atrito deve ser menor do que antes porque a força normal é menor — já se pode ver que precisa realizar menos trabalho para mover o lingote.

Como você quer realizar a menor quantidade de trabalho, preferirá arrastar o lingote pelo chão com a menor força necessária para superar o atrito. Então iguale o componente horizontal da sua força à força do atrito:

$$F_{tração} \cos \theta = F_{atrito}$$

Agora insira a força do atrito, que fornece o seguinte:

$$F_{tração} \cos \theta = \mu (mg - F_{tração} \text{sen} \theta)$$

Se você reorganizar esta equação para resolver $F_{tração}$, poderá descobrir a grandeza da força que precisa aplicar:

$$F_{tração} = \frac{\mu mg}{\cos\theta + \mu\sin\theta}$$

$$= \frac{(0,25)(1.000 \text{ kg})(9,8 \text{ m/s}^2)}{\cos 10° + (0,25)\text{sen} 10°} \approx 2.380 \text{ N}$$

Isso é levemente menor do que a força que você teria que aplicar se empurrasse o lingote para frente. Se o cabo estiver em um ângulo de 10°, o trabalho que você realizaria para puxar o lingote a uma distância horizontal de 3.000 metros seria:

$$W = F_{tração} s \cos\theta$$
$$= (2.380 \text{ N})(3.000 \text{ m})(\cos 10°)$$
$$\approx 7,0 \times 10^6 \text{ J}$$

Viu? Você precisa realizar menos trabalho se puxar em ângulo, pois há menos força de atrito para superar.

Trabalho negativo: Aplicando força oposta à direção do movimento

LEMBRE-SE

Se a força que move o objeto tem um componente na mesma direção do movimento, o trabalho que ela realiza no objeto é positivo. Se a força que move o objeto tem um componente na direção oposta do movimento, o trabalho realizado por ela no objeto é negativo.

Considere este exemplo: você acabou de sair e comprou a maior televisão que cabe na sua casa. Finalmente, chega em casa com a TV e tem que subir os degraus da varanda. Ela é pesada — cerca de 100kg ou 220 libras — e quando você sobe os primeiros degraus, uma distância de mais ou menos 0,50 metro, pensa que deveria ter pedido ajuda por causa da quantidade de trabalho que está realizando. (**Nota:** F é igual à massa vezes a aceleração, ou 100kg vezes g, a aceleração devido à gravidade; θ é 0° porque a força e o deslocamento estão na mesma direção, a direção em que a TV está se movendo.)

$$W_1 = Fs \cos\theta$$
$$= mgs \cos 0°$$
$$= (100 \text{ kg})(9,8 \text{ m/s}^2)(0,50 \text{ m})(1,0) = 490 \text{ J}$$

Contudo, quando você chega com a TV no topo da escada, suas costas decidem que você está carregando peso demais e o aconselha a soltar. Lentamente, você abaixa a TV até sua posição original (sem aceleração para que a força aplicada seja igual e oposta ao peso da TV) e descansa. Quanto trabalho realizou na descida? Acredite se quiser, você realizou um trabalho negativo na TV, pois a força aplicada (ainda para cima) estava na direção oposta do percurso (para baixo). Neste caso, θ = 180° e cos 180° = −1. Veja o que você obtém ao resolver o trabalho:

$$W_2 = Fs \cos \theta$$
$$= mgs \cos 180°$$
$$= (100 \text{ kg})(9,8 \text{ m/s}^2)(0,50 \text{ m})(-1,0) = -490 \text{ J}$$

O trabalho resultante que você realizou foi $W = W_1 + W_2 = 0$ joules, ou zero trabalho. Isso faz sentido, pois a TV está de volta à posição inicial.

LEMBRE-SE

Como a força do atrito sempre age oposta ao movimento, o trabalho realizado pelas forças do atrito é sempre negativo.

Fazendo um Movimento: Energia Cinética

LEMBRE-SE

Quando você começa a empurrar ou puxar um objeto estacionário com uma força constante, ele começará a se mover se a força exercida for maior que as forças resultantes que resistem ao movimento, como o atrito e a gravidade. Se o objeto começar a se mover com alguma velocidade, ele vai adquirir energia cinética. A *energia cinética* é a energia que um objeto tem por causa de seu movimento. Energia é a capacidade de realizar um trabalho.

Você conhece as manhas da energia cinética. Mas como calculá-la?

O teorema do trabalho-energia: Transformando o trabalho em energia cinética

Uma força agindo sobre um objeto que passa por um deslocamento realiza trabalho sobre o objeto. Se essa força for uma *resultante* que acelera o objeto (de acordo com a segunda lei de Newton — veja o Capítulo 5), então a velocidade muda devido à aceleração (veja o Capítulo 3). A mudança na velocidade significa que houve uma mudança na energia cinética do objeto.

LEMBRE-SE

A mudança na energia cinética do objeto é igual ao trabalho realizado pela força resultante agindo sobre ele. Esse é um princípio muito importante chamado *teorema do trabalho-energia*.

Depois de saber como o trabalho se relaciona com a energia cinética, você está pronto para dar uma olhada em como a energia cinética se relaciona com a velocidade e a massa do objeto.

LEMBRE-SE

A equação para encontrar a energia cinética, EC, é a seguinte, em que m é a massa e v é a velocidade:

$$EC = \frac{1}{2}mv^2$$

Usando um pouco de matemática, podemos mostrar que o trabalho também é igual a $(1/2)mv^2$. Digamos, por exemplo, que você aplique uma força a um aeromodelo para fazê-lo voar e que ele esteja acelerando. Veja a equação para a força resultante:

$$F = ma$$

O trabalho realizado no aeromodelo, que se transforma em energia cinética, é igual ao seguinte:

$$W = Fs \cos \theta$$

A força resultante, F, é igual à massa vezes a aceleração. Suponha que você esteja empurrando na mesma direção em que o aeromodelo voa; neste caso, cos 0° = 1, então

$$W = Fs = mas$$

Você pode ligar essa equação à velocidade final e original do objeto. Use a equação $v_f^2 - v_i^2 = 2as$ (veja o Capítulo 3), em que v_f é igual à velocidade final e v_i é igual à velocidade inicial. Resolvendo a você obtém:

$$a = \frac{v_f^2 - v^2}{2s}$$

Ao inserir esse valor de a na equação de trabalho, W = mas, terá o seguinte:

$$W = \frac{1}{2}m\left(v_f^2 - v^2\right)$$

Se a velocidade inicial for zero, você obtém:

$$W = \frac{1}{2}mv_f^2$$

Esse é o trabalho realizado para acelerar o aeromodelo — isto é, coloca no movimento do objeto — e esse trabalho se transforma na energia cinética, EC, do aeromodelo:

$$EC = \frac{1}{2}mv_f^2$$

Esse é apenas o teorema do trabalho-energia em forma de equação.

Usando a equação da energia cinética

Geralmente usamos a equação da energia cinética para encontrar a energia cinética de um objeto quando conhecemos sua massa e velocidade. Digamos, por exemplo, que você esteja em uma área de tiros e que dispare uma bala de 10 gramas com uma velocidade de 600 metros por segundo em um alvo. Qual é a energia cinética da bala? A equação para encontrar a energia cinética é:

$$EC = \frac{1}{2} m v^2$$

Tudo o que precisa fazer é inserir os números, lembrando-se de converter de gramas para quilogramas antes para manter o sistema de unidades consistente na equação:

$$EC = \frac{1}{2} m v^2$$
$$= \frac{1}{2}(0,010 \text{ kg})(600 \text{ m/s})^2 = 1.800 \text{ J}$$

A bala tem 1.800J de energia, o que é muita energia em uma bala de 10 gramas.

Você também pode usar a equação da energia cinética se souber quanto trabalho entra na aceleração de um objeto e quiser descobrir sua velocidade final, por exemplo. Digamos que você esteja em uma estação espacial e tem um grande contrato com a NASA para colocar satélites em órbita. Você abre as portas da estação e pega seu primeiro satélite, que tem uma massa de 1.000kg. Com um esforço tremendo, coloca-o em órbita, usando uma força resultante de 2.000N aplicada na direção do movimento, por 1 metro. Qual velocidade o satélite atinge em relação à estação espacial? O trabalho que você faz é igual a:

$$W = Fs \cos \theta$$

Como θ = 0° aqui (você está empurrando o satélite em linha reta), $W = Fs$:

$$W = Fs = (2.000\text{N})(1,0\text{m}) = 2.000\text{J}$$

Seu trabalho entra na energia cinética do satélite, portanto:

$$W = \frac{1}{2} m v^2$$

Agora resolva v e insira alguns números. Você sabe que m é igual a 1.000kg e W é igual a 2.000J, então:

$$v = \sqrt{\frac{2W}{m}} = \sqrt{\frac{2(2.000\ J)}{1.000\ kg}} = 2\ m/s$$

O satélite acaba com uma velocidade de 2 metros/segundo em relação a você — o suficiente para tirá-lo da estação espacial e colocá-lo em sua própria órbita.

Lembre-se de que as forças também podem realizar trabalho negativo. Se quiser pegar um satélite e reduzir sua velocidade para 1 metro/segundo em relação a você, a força aplicada ao satélite estará na direção oposta de seu movimento. Isso significa que ele perde energia cinética, então você realiza trabalho negativo.

Calculando mudanças na energia cinética utilizando a força resultante

Na vida cotidiana, várias forças agem sobre um objeto, e você precisa levá-las em consideração. Se quiser descobrir a mudança na energia cinética de um objeto, precisará considerar apenas o trabalho realizado pela força resultante. Ou seja, converta em energia cinética apenas o trabalho realizado pela força resultante.

Por exemplo, quando você brinca de cabo de guerra contra amigos igualmente fortes, vocês puxam a corda e nada acontece. Como não há movimento, não há trabalho realizado e não há nenhum aumento resultante na energia cinética das duas forças.

Dê uma olhada na Figura 9-3. Talvez você queira determinar a velocidade da geladeira de 100kg na parte inferior da rampa, usando o fato de que o trabalho realizado nela entra em sua energia cinética. Como fazer isso? Comece determinando a força resultante na geladeira e, então, descobrindo quanto trabalho essa força realiza. Converter esse trabalho da força resultante em energia cinética permitirá o cálculo da velocidade da geladeira na parte inferior da rampa.

Qual é a força resultante atuando na geladeira? No Capítulo 6, você descobriu que o componente do peso da geladeira atuando na rampa é:

$$F_{g,\,rampa} = mg\,\mathrm{sen}\,\theta$$

em que m é a massa da geladeira e g é a aceleração devido à gravidade. A força normal é:

$$F_N = mg\cos\theta$$

FIGURA 9-3: Você descobre a força resultante que age sobre um objeto para descobrir sua velocidade na parte inferior da rampa.

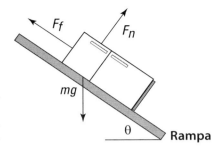

o que significa que a força cinética do atrito é:

$$F_F = \mu_k F_N = \mu_k mg \cos\theta$$

em que μ_k é o coeficiente do atrito cinético. Portanto, a força resultante acelerando a geladeira rampa abaixo, $F_{resultante}$, é:

$$F_{resultante} = F_{g,rampa} - F_F = mg\,\text{sen}\,\theta - \mu_k mg\cos\theta$$

Você está quase lá! Se a rampa estiver em um ângulo de 30o em relação ao solo, e existir um coeficiente de atrito cinético de 0,57, inserir os números nessa equação resultará no seguinte:

$$F_{resultante} = (100\text{ kg})(9,8\text{ m/s}^2)(\text{sen}\,30°) - (0,57)(100\text{ kg})(9,8\text{ m/s}^2)(\cos 30°) \approx 6,2\text{ N}$$

A força resultante atuando na geladeira é de aproximadamente 6,2N. Essa força resultante atua na rampa inteira de 3,0 metros, portanto, o trabalho realizado por essa força é:

$$W = F_{net}\,s$$
$$= (6,2\text{ N})(3,0\text{ m}) \approx 19\text{ J}$$

Você descobre que 19J de trabalho entram na energia cinética da geladeira. Isso significa que pode encontrar a energia cinética da geladeira assim:

$$W = \frac{1}{2}mv^2$$

Você quer a velocidade, então resolvendo v e inserindo os números terá:

$$v = \sqrt{\frac{2W}{m}} = \sqrt{\frac{2(19\text{ J})}{100\text{ kg}}} \approx 0,61\text{ m/s}$$

A geladeira terá uma velocidade de 0,61 metros/segundo na parte inferior da rampa.

Energia no Banco: Energia Potencial

Há mais no movimento do que a energia cinética — um objeto também pode ter *energia potencial*, que é a energia armazenada ou a energia que ele tem por causa de sua posição. A energia é chamada de *potencial*, porque pode ser convertida em cinética ou outras formas de energia, como calor.

Objetos podem ter energia potencial de diferentes fontes. Para dar energia potencial a um objeto, só é necessário realizar trabalho sobre ele contra uma força, como quando você empurra um objeto ligado a uma mola. A gravidade é uma fonte bem comum de energia potencial em problemas de física.

Suponha que você tenha o trabalho de levar seu priminho Jackie para o parque e coloca o pirralho no escorregador. Jackie começa em repouso e, então, acelera, terminando com uma boa quantidade de velocidade na parte inferior do escorregador. Você sente a física funcionando aqui. Pegando sua prancheta, coloca Jackie no alto do escorregador e solta, observando com cuidado. Certamente, seu primo acaba indo muito mais rápido na parte inferior do escorregador. Você decide colocar Jackie ainda mais alto. (De repente, a mãe dele aparece e o tira de perto de você. Chega de física por hoje.)

O que estava acontecendo no escorregador? De onde veio a energia cinética de Jackie? Ela veio do trabalho que você realizou levantando a criança contra a força da gravidade. Jackie fica em repouso na parte inferior do escorregador, portanto não tem nenhuma energia cinética. Se você levantá-lo para o topo do escorregador e segurá-lo, ele espera pela nova viagem no escorregador, portanto não tem nenhum movimento e nenhuma energia cinética. No entanto, você realizou o trabalho de levantá-lo contra a força da gravidade, então ele tem energia potencial. Quando Jackie desce no escorregador (sem atrito), a gravidade transforma seu trabalho — a energia potencial de Jackie — em energia cinética.

A novas alturas: Ganhando energia potencial ao trabalhar contra a gravidade

Quanto trabalho você realiza quando levanta um objeto contra a força da gravidade? Digamos que você queira armazenar uma bala de canhão em uma prateleira alta em uma altura h acima de onde ela está agora. O trabalho realizado é:

$$W = Fs \cos \theta$$

Neste caso, F é igual à força exigida para superar a gravidade, s é igual à distância e θ é o ângulo entre elas. A força gravitacional em um objeto é mg (a massa vezes a aceleração devido à gravidade, 9,8 metros/segundo²), e quando você eleva a bala de canhão diretamente para cima, θ = 0°:

$W = Fs \cos \theta = mgh$

A variável h é a distância que você eleva a bala de canhão. Para elevar a bala, você precisa realizar certa quantidade de trabalho ou m vezes g vezes h. A bala de canhão fica parada quando é colocada na prateleira, portanto não tem energia cinética. Entretanto, ela tem energia potencial, que é o trabalho colocado para elevá-la à sua posição atual.

Se a bala de canhão rolar para a borda da prateleira e cair, quanta energia cinética ela teria pouco antes de atingir o chão (que era onde estava quando você a elevou pela primeira vez)? Ela teria mgh joules de energia cinética nesse ponto. A energia potencial da bala, que veio do trabalho realizado para elevá-la, converte-se em energia cinética graças à queda.

LEMBRE-SE

Em geral, é possível dizer que se você tiver um objeto de massa m próximo da superfície da Terra (onde a aceleração devido à gravidade é g) a uma altura h, então a energia potencial dessa massa comparada à que teria se estivesse na altura 0 (em que h = 0 a uma altura de referência) é:

$EP = mgh$

E se você mover um objeto na vertical contra a força da gravidade da altura h_i para a altura h_f, a diferença de energia potencial é:

$\Delta EP = mg(h_f - h_i)$

O trabalho realizado no objeto muda sua energia potencial.

Alcançando seu potencial: Convertendo energia potencial em energia cinética

A energia potencial gravitacional de uma massa m a uma altura h próxima da superfície da Terra é mgh mais do que a energia potencial seria a uma altura 0. (Você decide onde a altura 0 está.)

Por exemplo, digamos que você eleve uma bala de canhão de 40kg para uma prateleira 3,0 metros acima do chão e a bola role e caia em direção a seus pés. Se você souber a energia potencial envolvida, poderá descobrir a velocidade com a qual a bola atingirá a ponta de seus sapatos. Em repouso na prateleira, a bala tem esta quantidade de energia potencial em relação ao chão:

$$EP = mgh$$
$$= (40 \text{ kg})(9{,}8 \text{ m/s}^2)(3{,}0 \text{ m})$$
$$\approx 1.200 \text{ J}$$

A bala de canhão tem 1.200J de energia potencial armazenada em virtude de sua posição em um campo gravitacional. O que acontece quando ela cai, um pouco antes de atingir seus dedos? Essa energia potencial é convertida em energia cinética. Portanto, que velocidade a bala terá no impacto com os dedos? Como sua energia potencial é convertida em energia cinética, você pode escrever o problema assim (veja a seção "Fazendo um movimento: Energia cinética", anteriormente neste capítulo, para uma explicação da equação da energia cinética):

$$EP = EC$$
$$EP = \frac{1}{2}mv^2$$
$$1.200 \text{ J} = \frac{1}{2}(40 \text{ kg})v^2$$

Inserindo os números e isolando a velocidade para um lado, você obtém a velocidade:

$$v = \sqrt{\frac{2(1.200 \text{ J})}{40 \text{ kg}}} \approx 7{,}7 \text{ m/s}$$

A velocidade de 7,7 metros/segundo é convertida em cerca de 25 pés/segundo. Você tem uma bala de canhão de 40kg — mais ou menos 88 libras — caindo nos seus dedos a 25 pés/segundo. Você lida com os números e decide que não gosta dos resultados. Sabiamente, desliga sua calculadora e tira seus pés do caminho.

Escolha Seu Caminho: Forças Conservativas versus Forças Não Conservativas

LEMBRE-SE

O trabalho que uma *força conservativa* realiza em um objeto é independente do trajeto; o trajeto real feito pelo objeto não faz diferença. Cinquenta metros para cima no ar têm a mesma energia potencial gravitacional se você chegar lá subindo as escadas ou em uma roda-gigante. Isso é diferente da força do atrito, que dissipa a energia cinética como calor. Quando há atrito envolvido, o trajeto é importante — um trajeto mais longo dissipará mais energia cinética do que um curto. Por isso, o atrito é uma *força não conservativa*.

Por exemplo, suponha que você e alguns amigos chegam ao Monte Newton, um pico majestoso que se eleva a h metros no ar. É possível subir por dois caminhos — um rápido ou pela rota panorâmica. Seus amigos pegam o caminho rápido e você, a panorâmica, reservando um tempo para fazer um piquenique e resolver alguns problemas de física. Eles o cumprimentam no topo dizendo: "Adivinha — nossa energia potencial comparada com a anterior é maior que *mgh*."

"A minha também", você diz, examinando a vista. Você pega esta equação (originalmente apresentada na seção "A novas alturas: Ganhando energia potencial ao trabalhar contra a gravidade", antes neste capítulo):

$$\Delta EP = mg(h_f - h_i)$$

Essa equação afirma basicamente que o trajeto para se deslocar na vertical de h_i a h_f não importa. Tudo o que importa é sua altura inicial comparada à sua altura final. Como o trajeto adotado pelo objeto contra a gravidade não importa, a gravidade é uma força conservativa.

Veja outro modo de observar as forças conservativas e não conservativas. Digamos que esteja de férias nos Alpes e que seu hotel esteja no topo do Monte Newton. Você passa um dia inteiro dirigindo — de um lago na base do Monte, até o topo do pico mais alto em seguida. No final do dia você acaba no mesmo local: seu hotel no topo do Monte Newton.

Qual é a mudança em sua energia potencial gravitacional? Em outras palavras, quanto trabalho resultante a gravidade realizou sobre você durante o dia? A gravidade é uma força conservativa, então a mudança em sua energia potencial gravitacional é 0. Como você não experimentou nenhuma mudança resultante em sua energia potencial gravitacional, a gravidade não realizou nenhum trabalho resultante sobre você durante o dia.

PAPO DE ESPECIALISTA

A estrada exerceu uma força normal em seu carro enquanto você dirigia (veja o Capítulo 6), mas essa força era sempre perpendicular à estrada, portanto também não realizou nenhum trabalho.

As forças conservativas são mais fáceis de trabalhar na física porque não deixam a energia "vazar" quando você se move em uma trajetória — se acabar no mesmo lugar, terá a mesma quantidade de energia. Se tiver que lidar com forças não conservativas, como o atrito, incluindo o atrito do ar, a situação será diferente. Se estiver arrastando algo em um campo coberto por lixa, por exemplo, a força do atrito realizará quantidades diferentes de trabalho sobre você, dependendo do seu trajeto. Um caminho duas vezes mais longo envolverá o dobro do trabalho para superar o atrito.

PAPO DE ESPECIALISTA

O que realmente não está sendo conservado em uma trajetória com atrito são a energia potencial e a energia cinética totais, que juntas correspondem à *energia mecânica*. Quando há atrito envolvido, a perda na energia mecânica vai para a energia térmica. Você pode dizer que a quantidade total de energia não muda se incluir essa energia térmica. Mas a energia térmica é dissipada rapidamente no ambiente, portanto não é recuperável ou conversível. Por essa e outras razões, os físicos geralmente trabalham em termos de energia mecânica.

Mantendo a Energia Lá em Cima: A Conservação da Energia Mecânica

A *energia mecânica* é a soma da energia potencial e da cinética, ou a energia adquirida por um objeto sobre o qual um trabalho é realizado. A *conservação da energia mecânica*, que ocorre na ausência de forças não conservativas (veja a seção anterior), facilita a sua vida ao resolver os problemas de física, pois a soma das energias cinética e potencial permanece igual.

Nesta seção, você examina as diferentes formas da energia mecânica: cinética e potencial. Também descobre como relacionar a energia cinética ao movimento do objeto, como a energia potencial surge das forças que agem sobre o objeto e como você pode calcular a energia potencial para o caso específico de forças gravitacionais. E, finalmente, explico como a energia mecânica pode ser usada para facilitar os cálculos.

Alternando entre energia cinética e energia potencial

Imagine um carrinho de montanha-russa percorrendo uma parte reta dos trilhos. Ele tem uma energia mecânica por causa de seu movimento: energia cinética. Imagine que os trilhos tenham uma subida e que o carrinho tenha apenas a energia suficiente para chegar ao topo antes de descer pelo outro lado de volta para um pedaço reto e nivelado (veja a Figura 9-4). O que acontece? Bem, no topo da subida o carrinho fica praticamente parado, então para onde foi toda a energia cinética? A resposta é que ela foi convertida em *energia potencial.* À medida que ele começa a descer pelo outro lado, a energia potencial é convertida novamente para energia cinética e ele ganha velocidade até alcançar o final da descida. Ao chegar embaixo novamente, toda a energia potencial que o carrinho tinha no topo foi convertida em energia cinética mais uma vez.

A energia potencial de um objeto deriva do trabalho realizado pelas forças, e o rótulo para uma energia potencial específica vem das forças presentes em sua fonte. Por exemplo, a montanha-russa tem energia potencial por causa da força gravitacional que age sobre ela, então isso geralmente é chamado de energia potencial gravitacional. Para mais sobre energia potencial, veja a seção "Energia no Banco: Energia Potencial" anteriormente neste capítulo.

190   PARTE 3 Manifestando a Energia para o Trabalho

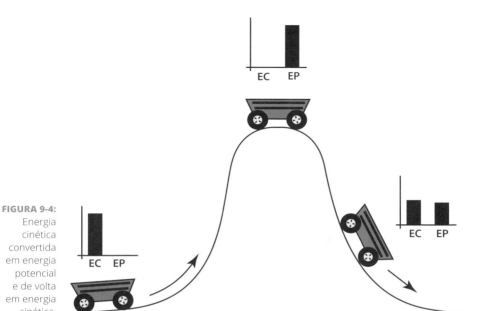

FIGURA 9-4: Energia cinética convertida em energia potencial e de volta em energia cinética.

LEMBRE-SE

A energia mecânica total do carrinho da montanha-russa, que é a soma de suas energias cinética e potencial, permanece constante em todos os pontos do trajeto. No entanto, a combinação dessas energias varia. Quando nenhum trabalho é realizado sobre um objeto, sua energia mecânica permanece constante, independentemente dos movimentos que realize.

Digamos, por exemplo, que você veja uma montanha-russa de dois pontos diferentes do trajeto — Ponto 1 e Ponto 2 — para que ela tenha alturas e velocidades diferentes nesses pontos. Como a energia mecânica é a soma da energia potencial (massa × gravidade × altura) e da energia cinética (1/2 massa × velocidade²), a energia mecânica total no Ponto 1 é:

$$EM_1 = mgh_1 + \frac{1}{2}mv_1^2$$

No Ponto 2, a energia mecânica total é:

$$EM_2 = mgh_2 + \frac{1}{2}mv_2^2$$

Qual é a diferença entre EM_2 e EM_1? Se não houver atrito (ou qualquer outra força não conservativa), então $EM_1 = EM_2$, ou:

$$mgh_1 + \frac{1}{2}mv_1^2 = mgh_2 + \frac{1}{2}mv_2^2$$

LEMBRE-SE

Essas equações representam o *princípio da conservação da energia mecânica*. O princípio diz que se o trabalho resultante realizado pelas forças não conservativas for zero, a energia mecânica total de um objeto será conservada; ou seja, não muda. (Sem, caso contrário, houver atrito ou outra força não conservativa presente, a diferença entre EM_2 e EM_1 é igual ao trabalho resultante realizado pelas forças não conservativas: $EM_2 - EM_1 = W_{nc}$.)

DICA

Outro modo de se lembrar do princípio da conservação da energia mecânica é que no Ponto 1 e no Ponto 2:

$$EP_1 + EC_1 = EP_2 + EC_2$$

Você pode simplificar isso para:

$$EM_1 = EM_2$$

em que *EM* é a energia mecânica total em qualquer ponto. Isto é, um objeto sempre tem a mesma quantidade de energia contanto que o trabalho resultante realizado pelas forças não conservativas seja zero.

DICA

Você pode cancelar a massa, *m*, na equação anterior, o que significa que se souber três dos valores (alturas e velocidades) poderá encontrar o quarto:

$$gh_1 + \frac{1}{2}v_1^2 = gh_2 + \frac{1}{2}v_2^2$$

O equilíbrio de energia mecânica: Encontrando a velocidade e a altura

Separar a equação da energia mecânica em energia potencial e cinética em dois pontos diferentes — $gh_1 + (1/2)v_1^2 = gh_2 + (1/2)v_2^2$ — possibilita a resolução de variáveis individuais, como velocidade e altura. Confira os exemplos a seguir.

Determinando a velocidade final com a energia mecânica

Use o princípio da conservação da energia mecânica para descobrir a velocidade final de um objeto.

"Trabalhar como piloto de teste de montanha-russa é bem difícil", você diz, enquanto se prende à nova montanha-russa Bullet Blaster III do Parque da Física. "Mas alguém tem que fazer isso." A equipe fecha a portinhola e você desce a pista totalmente sem atrito. Porém, na metade da descida de 400m, o velocímetro quebra. Como você pode registrar sua velocidade máxima quando chega à parte inferior?

Sem problema; tudo o que precisa é do princípio de conservação da energia mecânica, que diz que se o trabalho resultante realizado pelas forças não conservativas for zero, a energia mecânica total de um objeto será conservada. Você sabe que:

$$mgh_1 + \frac{1}{2}mv_1^2 = mgh_2 + \frac{1}{2}mv_2^2$$

Você pode facilitar um pouco essa equação. Sua velocidade inicial é 0 e sua altura final é 0, então dois termos serão excluídos na hora de inserir os números. Você pode dividir os dois lados por m, portanto, terá:

$$mgh_1 = \frac{1}{2}mv_2^2$$
$$gh_1 = \frac{1}{2}v_2^2$$

Muito melhor. Resolva v_2 reorganizando os termos e tirando a raiz quadrada de ambos os lados:

$$v_2 = \sqrt{2gh_1}$$

Depois insira os números para encontrar a velocidade:

$$v_2 = \sqrt{2\left(9{,}8 \text{ m/s}^2\right)\left(400 \text{ m}\right)} \approx 89 \text{ m/s}$$

O carrinho viaja a 89 metros/segundo, cerca de 198 milhas/hora, na parte inferior da pista — isso deve ser rápido o bastante para a maioria das crianças.

Determinando a altura final com a energia mecânica

Além de determinar variáveis como a velocidade final com o princípio da conservação da energia mecânica, você pode determinar a altura final. Neste exato momento, por exemplo, suponha que o Tarzan esteja se balançando em um cipó sobre um rio infestado de crocodilos a uma velocidade de 13,0m/s. Ele precisa alcançar a margem oposta do rio 9,0 metros acima de sua posição atual para ficar seguro. Será que ele consegue? O princípio da conservação da energia mecânica fornece a resposta:

$$mgh_1 + \frac{1}{2}mv_1^2 = mgh_2 + \frac{1}{2}mv_2^2$$

CAPÍTULO 9 **Obtendo Trabalho com a Física** 193

Na altura máxima de Tarzan no final do movimento, sua velocidade, v_2, será 0 metros/segundo, e, supondo que $h_1 = 0$ metros, você pode relacionar h_2 a v_1 assim:

$$\frac{1}{2}v_1^2 = gh_2$$

Resolvendo h_2, isso significa que:

$$h_2 = \frac{v_1^2}{2g}$$

$$= \frac{(13{,}0 \text{ m/s})^2}{(2)(9{,}8 \text{ m/s}^2)} \approx 8{,}6 \text{ m}$$

Tarzan ficará com 0,4 metros a menos que os 9,0 metros necessários para estar seguro, portanto, precisa de ajuda.

Aumentando a Potência: A Razão da Realização do Trabalho

LEMBRE-SE

Algumas vezes, o que importa não é só a quantidade de trabalho que você realiza, e sim a velocidade com que o faz. O conceito da força dá uma ideia de quanto trabalho você pode esperar em certa quantidade de tempo.

A *potência* na física é a quantidade de trabalho realizado dividido pelo tempo que leva para realizá-lo, ou *razão* do trabalho. A equação fica assim:

$$P = \frac{W}{t}$$

Suponha que você tenha duas lanchas de massas idênticas e queira saber qual chegará mais rápida a uma velocidade de 120 milhas por hora. Ignorando detalhes bobos, como o atrito, será necessária a mesma quantidade de trabalho para chegar a essa velocidade, mas quanto tempo levará? Se uma lancha levar três semanas para chegar a 120mph, essa pode não ser a que você levará para as corridas. Ou seja, a quantidade de trabalho realizado em certa quantidade de tempo pode fazer uma enorme diferença.

Se o trabalho feito em qualquer instante varia, você pode querer descobrir o trabalho médio realizado por um tempo *t*. Uma quantidade média em física geralmente é escrita com uma barra sobre ela, como na equação a seguir da potência média:

$$\bar{P} = \frac{\overline{W}}{t}$$

Esta seção fala com quais unidades estamos lidando e as várias maneiras de descobrir a potência.

Usando unidades comuns de potência

A potência é o trabalho ou a energia divididos pelo tempo, então a potência tem as unidades Joules/segundo, chamadas de *watt* — um termo familiar para praticamente qualquer pessoa que usa qualquer coisa elétrica. Você abrevia um watt simplesmente com um W, portanto, uma lâmpada de 100 watts converte 100J de energia elétrica em luz e calor a cada segundo.

Note que como o trabalho e o tempo são quantidades escalares (não têm direção), a potência também é escalar.

Outras unidades de potência incluem pé-libras por segundo (ft·lb/s) e cavalo-vapor (hp). Um hp = 550 ft·lb/s = 745,7 W.

Digamos, por exemplo, que você esteja em um trenó puxado por cavalos a caminho da casa da sua avó. Em certo ponto, o cavalo acelera o trenó com você dentro, uma massa combinada de 500kg, de 1,0 metro/segundo para 2,0 metros/segundo em 2,0 segundos. Quanta potência o movimento requer? Supondo que não haja atrito na neve, o trabalho total realizado no trenó, a partir do teorema do trabalho-energia, é:

$$W = \frac{1}{2} m v_2^2 - \frac{1}{2} m v_1^2$$

Inserindo os números, você obtém:

$$\begin{aligned} W &= \frac{1}{2} m v_2^2 - \frac{1}{2} m v_1^2 \\ &= \frac{1}{2}(500 \text{ kg})(2,0 \text{ m/s})^2 - \frac{1}{2}(500 \text{ kg})(1,0 \text{ m/s})^2 \\ &= 750 \text{ J} \end{aligned}$$

Como o cavalo faz esse trabalho em 2,0 segundos, a potência necessária é:

$$P = \frac{750 \text{ J}}{2,0 \text{ s}} \approx 380 \text{ W}$$

Um cavalo-vapor é 745,7 watts, portanto, o cavalo fornece cerca de meio cavalo-vapor — nada mal para um trenó com um cavalo.

Fazendo cálculos alternativos de potência

LEMBRE-SE

Como o trabalho é igual à força vezes a distância, você pode escrever a equação da força da seguinte maneira, supondo que a força atue na direção da viagem:

$$P = \frac{W}{t} = \frac{Fs}{t}$$

em que s é a distância percorrida. Contudo, a velocidade do objeto, v, é apenas s dividido por t, então a equação se resume a:

$$P = \frac{W}{t} = \frac{Fs}{t} = Fv$$

É um resultado interessante — a potência é igual à força vezes a velocidade? Sim, é isso que diz ali. No entanto, como você normalmente tem que contar com a aceleração quando aplica uma força, em geral escreve a equação em termos de potência média e velocidade média:

$$\bar{P} = F\bar{v}$$

Veja um exemplo: suponha que seu irmão comprou um carro novo e potente. Você acha que é um pouco pequeno, mas ele diz que tem mais de 100hp. "Certo", você diz, pegando sua prancheta. "Vamos testá-lo."

O carro do seu irmão tem uma massa de $1,10 \times 10^3$ quilogramas. Na grande Pista de Teste da Física na periferia da cidade, você mede sua aceleração como 4,60 metros/segundo² em 5,00 segundos desde que o carro iniciou em repouso. Quantos cavalo-vapor isso dá?

Você sabe que $\bar{P} = F\bar{v}$, então só precisa calcular a velocidade média e a força resultante aplicada. Vejamos a força resultante primeiro. Sabe-se que $F = ma$, então insira os valores para obter:

$$F = (1,10 \times 10^3 \text{ kg})(4,60 \text{ m/s}^2) = 5.060 \text{ N}$$

Certo, então a força aplicada para acelerar o carro de modo contínuo é de 5.060N. Agora você só precisa da velocidade média. Digamos que a velocidade inicial seja v_i e a final seja v_f. Sabe-se que $v_i = 0$ m/s, então qual é v_f? Bem, você também sabe que, como a aceleração foi constante, a equação a seguir é verdadeira:

$$v_f = v_i + at$$

Como era de se esperar, você conhece a aceleração e o tempo em que o carro acelerou:

$$v_f = 0 \text{ m/s} + (4{,}60 \text{ m/s}^2)(5{,}00 \text{ s}) = 23{,}0 \text{ m/s}$$

Como a aceleração foi constante, a velocidade média é:

$$\bar{v} = \frac{v_i + v_f}{2}$$

Como v_i = 0m/s, isso se resume a:

$$\bar{v} = \frac{v_f}{2}$$

Inserindo os números, você obtém a velocidade média:

$$\bar{v} = \frac{23{,}0 \text{ m/s}}{2} = 11{,}5 \text{ m/s}$$

Ótimo — agora você conhece a força aplicada e a velocidade média. É possível usar a equação $\bar{P} = F\bar{v}$ para encontrar a potência média. Em particular:

$$\bar{P} = (5.060 \text{ N})(11{,}5 \text{ m/s}) \approx 5{,}82 \times 10^4 \text{W}$$

Você ainda precisa converter para cavalo-vapor. Um cavalo-vapor = 745,7 watts, então:

$$\bar{P} = \frac{5{,}82 \times 10^4 \text{W}}{1} \times \frac{1 \text{ hp}}{745{,}7 \text{ W}} \approx 78{,}0 \text{ hp}$$

Portanto, o carro desenvolveu uma média de 78,0hp, não 100hp. "Droga", diz o seu irmão. "Eu exijo uma recontagem."

Tudo bem, então você concorda em calcular a potência de outra forma. Você sabe que também pode calcular a potência média como o trabalho dividido pelo tempo:

$$\bar{P} = \frac{W}{t}$$

E o trabalho realizado pelo carro é a diferença entre a energia cinética inicial e final:

$$W = EC_f - EC_i$$

CAPÍTULO 9 **Obtendo Trabalho com a Física** 197

O carro começou em repouso, então EC_i = 0J. Isso nos deixa apenas com o cálculo da energia cinética final:

$$EC_f = \frac{1}{2}mv_f^2$$

Inserindo os números você obtém:

$$EC_f = \frac{1}{2}\left(1,10\times10^3\text{kg}\right)\left(23,0\text{ m/s}\right)^2$$
$$\approx 2,91\times10^5\text{J}$$

Então, como $\bar{P} = W/t$ e o trabalho realizado foi $2,91 \times 10^5$J em 5,00 segundos, você tem o seguinte:

$$\bar{P} = \frac{2,91\times10^5\text{J}}{5,00\text{ s}} = 5,82\times10^4\text{W}$$

E, assim como antes:

$$\bar{P} = \frac{5,82\times10^4\,\cancel{W}}{1} \times \frac{1\text{ hp}}{745,7\,\cancel{W}} = 78,0\text{ hp}$$

"Droga de novo", seu irmão diz.

NESTE CAPÍTULO

» **Verificando seu impulso**

» **Conhecendo a quantidade de movimento**

» **Entrelaçando impulso e quantidade de movimento**

» **Utilizando a conservação da quantidade de movimento**

» **Examinando diferentes tipos de colisões**

Capítulo 10

Colocando Objetos em Movimento: Quantidade de Movimento e Impulso

Tanto a quantidade de movimento quanto o impulso são muito importantes para a *cinemática*, ou o estudo dos objetos em movimento. Depois de dominar esses tópicos, poderá começar a falar sobre o que acontece quando os objetos colidem (esperamos que não seja seu carro ou sua bicicleta). Algumas vezes, eles quicam (como quando você bate em uma bola de tênis com uma raquete) e outras vezes ficam juntos (como quando um dardo atinge o alvo). Com o conhecimento do impulso e da quantidade de movimento obtido neste capítulo, você poderá lidar com qualquer um dos casos.

CAPÍTULO 10 **Colocando Objetos em Movimento...** 199

Vendo o Impacto do Impulso

Em termos da física, o impulso informa o quanto a quantidade de movimento de um objeto mudará quando uma força for aplicada por um determinado tempo. Digamos, por exemplo, que você esteja jogando sinuca. Instintivamente, sabe o quão forte deve bater em cada bola para obter os resultados desejados. A bola 9 no canto? Tudo bem — você a acerta e lá vai ela. A bola 3 batendo na lateral no outro canto? Outra batida, desta vez um pouco mais forte.

Essas batidas são chamadas de *impulsos*. Veja o que acontece em uma escala microscópica, milissegundo por milissegundo, quando você bate em uma bola de sinuca. A força aplicada com seu taco aparece na Figura 10-1. A ponta de cada taco tem um amortecedor, portanto, o impacto do taco é espalhado em alguns milissegundos enquanto o amortecedor fica levemente amassado. O impacto dura desde o momento em que o taco toca a bola, t_i, até o momento em que a bola perde contato com o taco, t_f. Como pode ver na Figura 10-1, a força exercida na bola muda durante esse tempo; na verdade, muda bastante e seria difícil descobrir a força em qualquer milissegundo sem um equipamento especial.

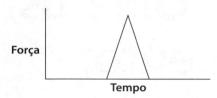

FIGURA 10-1: Examinar a força versus o tempo fornece o impulso aplicado nos objetos.

Como a bola de sinuca não vem com nenhum equipamento especial, você tem que fazer o que os físicos normalmente fazem, que é falar em termos de força média sobre o tempo. Veja como é essa força média na Figura 10-2. Falando como um físico, você diz que o impulso — ou a batida — fornecido pelo taco de sinuca é a força média multiplicada pelo tempo em que você aplica a força.

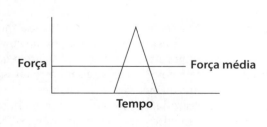

FIGURA 10-2: A força média durante um intervalo de tempo depende dos valores que a força tem no decorrer desse período.

LEMBRE-SE

Veja a equação do impulso:

Impulso = $\mathbf{J} = \mathbf{\bar{F}}\Delta t$

Note que essa é uma equação vetorial, significando que ela lida com direção e grandeza (veja o Capítulo 4). O impulso, $\mathbf{J}$, é um vetor e está na mesma direção da força média (que pode ser uma soma vetorial resultante de outras forças).

LEMBRE-SE

Você obtém o impulso multiplicando uma quantidade com unidades de newton por uma quantidade com unidades de segundos, portanto as unidades do impulso são *newton-segundos* no sistema MKS e *libra-segundos* no sistema FPS. (Veja o Capítulo 2 para mais detalhes sobre sistemas de medição.)

Reunindo a Quantidade de Movimento

Em termos da física, a *quantidade de movimento* é proporcional à massa e à velocidade, e, para facilitar o seu trabalho, os físicos a definem como o produto da massa vezes a velocidade. A quantidade de movimento é um grande conceito tanto da física introdutória quanto em alguns tópicos avançados, tais como física de partículas, em que os componentes dos átomos circulam em altas velocidades. Quando as partículas colidem, você geralmente consegue prever o que acontecerá com base em seu conhecimento de quantidade de movimento.

Mesmo que não esteja familiarizado com a física da quantidade de movimento, você já está familiarizado com a ideia geral. Pegar um carro desgovernado descendo uma montanha íngreme é um problema por causa de sua quantidade de movimento. Se um carro sem freios estiver correndo em sua direção a 40mph, não é uma boa ideia tentar pará-lo simplesmente ficando na sua frente. O carro tem muita quantidade de movimento e fazê-lo parar requer bastante esforço. Agora pense em um navio petroleiro. Seus motores não são fortes o bastante para fazê-lo virar ou parar de uma hora para a outra. Portanto, podem ser necessárias 20 milhas ou mais para pará-lo, tudo por causa da quantidade de movimento do navio.

LEMBRE-SE

Quanto mais massa se move, mais quantidade de movimento a massa tem. Quanto maior a grandeza de sua velocidade (pense em um navio petroleiro ainda mais rápido), mais quantidade de movimento tem. O símbolo da quantidade de movimento é $\mathbf{p}$, então você pode dizer que:

$\mathbf{p} = m\mathbf{v}$

A quantidade de movimento é uma quantidade vetorial, significando que tem uma grandeza e uma direção (veja o Capítulo 4). A grandeza está na mesma direção da velocidade — tudo o que você precisa fazer para obter a quantidade de movimento de um objeto é multiplicar sua massa por sua velocidade. Como você multiplica massa por velocidade, as unidades para a quantidade de movimento são quilogramas-metro por segundo, kg-m/s, no sistema MKS.

Teorema do Impulso-Quantidade de Movimento: Relacionando Impulso e Quantidade de Movimento

Você pode conectar o impulso fornecido a um objeto — como bater em uma bola de sinuca com um taco — com a mudança da quantidade de movimento do objeto; tudo o que precisa é de um pouco de álgebra e do processo explorado nesta seção, chamado teorema do impulso-quantidade de movimento. O que facilita a conexão é que você pode trabalhar com as equações de impulso e de quantidade de movimento para simplificá-las e poder relacionar os dois tópicos. Quais equações a física tem em seu arsenal que conectam os dois? Relacionar força e velocidade é um começo. Por exemplo, a força é igual à massa vezes a aceleração (veja o Capítulo 5) e a definição da aceleração média é:

$$\bar{\mathbf{a}} = \frac{\Delta \mathbf{v}}{\Delta t}$$

em que $\mathbf{v}$ é a velocidade e t é o tempo. Agora, perceba que se multiplicar essa equação pela massa, obterá a força, que o leva para mais perto de trabalhar com o impulso:

$$\mathbf{F} = m\mathbf{a} = m\left(\frac{\Delta \mathbf{v}}{\Delta t}\right)$$

Agora você tem a força na equação. Para obter o impulso, multiplique a equação da força por Δt, o tempo em que você aplica a força:

$$\mathbf{F}\Delta t = m\left(\frac{\Delta \mathbf{v}}{\Delta t}\right)\Delta t = m\Delta \mathbf{v}$$

Veja a expressão final, $m\Delta\mathbf{v}$. Como a quantidade de movimento é igual a $m\mathbf{v}$ (veja a seção "Reunindo a Quantidade de Movimento", anteriormente neste capítulo), essa é apenas a diferença na quantidade de movimento inicial e final de um objeto: $\mathbf{p}_f - \mathbf{p}_i = \Delta\mathbf{p}$. Portanto, você pode somar isso à equação:

$$\mathbf{F}\Delta t = \Delta \mathbf{p}$$

Agora dê uma olhada no termo do lado esquerdo, **F**Δ*t*. É o impulso, **J** (veja a seção "Vendo o Impacto do Impulso", anteriormente neste capítulo), ou a força aplicada no objeto multiplicada pelo tempo em que foi aplicada. Portanto, escreva essa equação como:

J = **F**Δ*t* = Δ**p**

Livrando-se de tudo no meio, finalmente você terá o teorema do impulso--quantidade de movimento, que diz que o impulso é igual à diferença na quantidade de movimento:

J = Δ**p**

O restante desta seção fornece alguns exemplos para que você possa praticar essa equação. Mas antes pense no que a fórmula significa para a relação entre impulso, força e quantidade de movimento. O teorema do impulso-quantidade de movimento define uma relação bem simples entre impulso e quantidade de movimento, a saber, que o impulso é igual à diferença na quantidade de movimento. Veja como uma força constante aplicada em um período de tempo é igual a um impulso dado por uma força multiplicada pelo tempo:

J = **F**Δ*t*

Finalmente, junte força e quantidade de movimento por meio do impulso, que fornece:

FΔ*t* = Δ**p**

O significado dessa relação pode ficar mais claro se você dividir ambos os lados por Δ*t*:

$$\mathbf{F} = \frac{\Delta \mathbf{p}}{\Delta t}$$

Então você vê que a força é dada pela proporção da mudança na quantidade de movimento. Esse é um jeito totalmente novo de pensar na força! Sempre que você vir a quantidade de movimento mudar com o tempo, saberá que há uma força agindo e, se for mais fácil calcular a quantidade de movimento, isso pode levar a um modo mais fácil de calcular a força. Confira os exemplos a seguir.

Mesa de sinuca: Encontrando a força a partir do impulso e da quantidade de movimento

Com a equação **J** = Δ**p,** você pode relacionar o impulso com o qual acerta um objeto à mudança consequente em sua quantidade de movimento. Que tal usar a equação da próxima vez que atingir uma bola de sinuca? Você alinha sua pontaria, crucial para o jogo. Descobre que a ponta de seu taco estará em contato com a bola por 5 milissegundos (um milissegundo é um milésimo de segundo).

A bola é medida em 200 gramas (ou 0,200 quilogramas). Depois de testar o amortecedor lateral com um calibre, um espectroscópio e pinças, você descobre que precisa dar à bola uma velocidade de 2,0 metros por segundo. Qual força média terá que ser aplicada? Para encontrar a força média, primeiro descubra o impulso que precisa fornecer. Você pode relacionar esse impulso à variação da quantidade de movimento da bola assim:

$$\mathbf{J} = \Delta\mathbf{p} = \mathbf{p}_f - \mathbf{p}_i$$

Como a bola de sinuca não muda de direção, você pode usar essa equação para o componente da quantidade de movimento da bola na direção em que foi deslocada. Como você usa um componente do vetor, removemos o negrito do p.

Então, qual é a variação da quantidade de movimento da bola? A velocidade necessária, 2,0 metros por segundo, é a grandeza da velocidade final da bola de sinuca. Supondo que ela inicia em repouso, a variação da quantidade de movimento da bola será:

$$\Delta p = p_f - p_i = m\left(v_f - v_i\right)$$

em que v é o componente da velocidade da bola na direção em que foi atingida. Inserindo os números você obtém a mudança na quantidade de movimento:

$$\Delta p = m\left(v_f - v_i\right) = \left(0,200 \text{ kg}\right)\left(2,0 \text{ m/s} - 0,0 \text{ m/s}\right) = 0,40 \text{ kg} \cdot \text{m/s}$$

Você precisa de uma variação da quantidade de movimento de 0,40kg-m/s, que também é o impulso necessário. Como $J = F\Delta t$, essa equação se transforma na seguinte devido ao componente de força na direção do movimento:

$$F\Delta t = 0,40 \text{ kg} \cdot \text{m/s}$$

Portanto, a força que deve ser aplicada é:

$$F = \frac{0,40 \text{kg} \cdot \text{m/s}}{\Delta t}$$

Nessa equação, o tempo que sua bola branca fica em contato com a bola é de 5 milissegundos, ou $5,0 \times 10^{-3}$ segundos. Insira o tempo para encontrar a força:

$$F = \frac{0,40 \text{ kg} \cdot \text{m/s}}{5,0 \times 10^{-3} \text{s}} = 80 \text{ N}$$

204   PA RTE 3 **Manifestando a Energia para o Trabalho**

Você tem que aplicar cerca de 80N (mais ou menos 18 libras) de força, o que parece uma quantidade enorme. Porém você a aplica por um tempo curto, $5,0 \times 10^{-3}$ segundos, que parece muito menos.

Cantando na chuva:
Uma atividade impulsiva

Depois de uma noite triunfante no salão de sinuca, você decide ir embora e descobre que está chovendo. Pega seu guarda-chuva em seu carro e o pluviômetro na ponta do guarda-chuva informa que 100 gramas de água estão batendo no guarda-chuva a cada segundo, com uma velocidade média de 10 metros por segundo. Se o guarda-chuva tiver uma massa total de 1,0 kg, qual força você precisará para mantê-lo erguido na chuva?

Descobrir a força que você geralmente precisa para segurar o peso do guarda--chuva não é um problema — é só descobrir a massa vezes a aceleração devido à gravidade ($F = ma$) ou $(1,0kg)(9,8m/s^2) = 9,8N$.

Mas e a chuva caindo no guarda-chuva? Mesmo que suponha que a água caia do guarda-chuva imediatamente, não pode simplesmente adicionar o peso da água, pois a chuva está caindo com uma velocidade de 10 metros por segundo; ou seja, a chuva tem *quantidade de movimento*. O que se pode fazer? Você sabe que está enfrentando 100g (ou 0,10kg) de água caindo no guarda-chuva a cada segundo em uma velocidade de 10 metros por segundo para baixo. Quando essa chuva atinge o guarda-chuva, a água fica em repouso, então a variação na quantidade de movimento por segundo é:

$\Delta p = m\Delta v$

Estamos considerando apenas os componentes verticais dos vetores, por isso as variáveis não estão em negrito. Inserindo os números, temos a mudança na quantidade de movimento:

$\Delta p = m\Delta v = (0,10kg)(10m/s) = 1,0kg \cdot m/s$

A variação da quantidade de movimento da chuva atingindo seu guarda-chuva a cada segundo é de 1,0kg-m/s. Relacione isso à força com o teorema do impulso-quantidade de movimento, que informa:

$F\Delta t = \Delta p$

Dividir ambos os lados por Δt permite encontrar a força, F:

$$F = \frac{\Delta p}{\Delta t}$$

Você sabe que $\Delta p = 1,0kg \cdot m/s$ em 1,0 segundo, então inserir Δp e definir Δt como 1,0 segundo fornece a força da chuva:

$$F = \frac{\Delta p}{\Delta t} = \frac{1,0 \text{ kg} \cdot \text{m/s}}{1,0 \text{ s}} = 1,0 \text{ kg} \cdot \text{m/s}^2 = 1,0 \text{ N}$$

Além dos 9,8N do peso do guarda-chuva, você também precisa de 1,0N para ficar de pé na chuva enquanto ela cai no guarda-chuva, com um total de 10,8N ou cerca de 2,4 libras de força.

Quando os Objetos Ficam Doidos: Conservando a Quantidade de Movimento

LEMBRE-SE

O *princípio da conservação da quantidade de movimento* estabelece que, quando você tem um sistema isolado sem forças externas, a quantidade de movimento inicial total dos objetos antes de uma colisão é igual à quantidade de movimento final total dos objetos depois da colisão. Ou seja, $\Sigma \mathbf{p}_i = \Sigma \mathbf{p}_f$.

Você pode ter problemas ao lidar com a física dos impulsos por causa dos tempos curtos e das forças irregulares. Mas, com o princípio da conservação, itens difíceis de medir — por exemplo, a força e o tempo envolvidos em um impulso — estão fora da equação. Assim, esse princípio simples pode ser a ideia mais útil fornecida neste capítulo.

Derivando a fórmula da conservação

É possível derivar o princípio da conservação da quantidade de movimento das leis de Newton, do que conhecemos sobre o impulso e de um pouco de álgebra.

Digamos que dois pilotos espaciais descuidados estejam indo em direção à cena de um crime interplanetário. Em sua ânsia de chegar à cena primeiro, eles colidem. Durante a colisão, a força média exercida na primeira nave pela segunda nave é $\mathbf{F}_{12}$. Pelo teorema do impulso-quantidade de movimento (veja a seção anterior "Teorema do Impulso-Quantidade de Movimento: Relacionando Impulso e Quantidade de Movimento"), você sabe o seguinte sobre a primeira nave:

$$\mathbf{F}_{12} \Delta t = \Delta \mathbf{p}_1 = m_1 \Delta \mathbf{v}_1 = m_1 (\mathbf{v}_{f1} - \mathbf{v}_{i1})$$

E se a força média exercida na segunda nave pela primeira é $\mathbf{F}_{21}$, você também sabe que:

$$\mathbf{F}_{21} \Delta t = \Delta \mathbf{p}_2 = m_2 \Delta \mathbf{v}_2 = m_2 (\mathbf{v}_{f2} - \mathbf{v}_{i2})$$

Agora você soma essas duas equações, que fornecem a equação resultante:

$$\mathbf{F}_{12}\Delta t + \mathbf{F}_{21}\Delta t = m_1(\mathbf{v}_{f1} - \mathbf{v}_{i1}) + m_2(\mathbf{v}_{f2} - \mathbf{v}_{i2})$$

Distribua os termos da massa e reorganize os termos à direita até obter o seguinte:

$$\mathbf{F}_{12}\Delta t + \mathbf{F}_{21}\Delta t = m_1\mathbf{v}_{f1} - m_1\mathbf{v}_{i1} + m_2\mathbf{v}_{f2} - m_2\mathbf{v}_{i2}$$

$$\mathbf{F}_{12}\Delta t + \mathbf{F}_{21}\Delta t = (m_1\mathbf{v}_{f1} + m_2\mathbf{v}_{f2}) - (m_1\mathbf{v}_{i1} + m_2\mathbf{v}_{i2})$$

É um resultado interessante, porque $m_1\mathbf{v}_{i1} + m_2\mathbf{v}_{i2}$ é a *quantidade de movimento inicial total* das duas naves ($\mathbf{p}_{1i} + \mathbf{p}_{i2}$) e $m_1\mathbf{v}_{f1} + m_2\mathbf{v}_{f2}$ é a *quantidade de movimento final total* ($\mathbf{p}_{1f} + \mathbf{p}_{2f}$) das duas naves. Portanto, você pode escrever essa equação da seguinte forma:

$$\mathbf{F}_{12}\Delta t + \mathbf{F}_{21}\Delta t = (\mathbf{p}_{1f} + \mathbf{p}_{2f}) - (\mathbf{p}_{1i} + \mathbf{p}_{i2})$$

Se escrever a quantidade de movimento final total como $\mathbf{p}_f$ e a quantidade de movimento inicial total como $\mathbf{p}_i$, a equação se transforma em:

$$\mathbf{F}_{12}\Delta t + \mathbf{F}_{21}\Delta t = \mathbf{p}_f - \mathbf{p}_i$$

E agora? Ambos os termos à esquerda incluem Δt, então você pode reescrever $\mathbf{F}_{12}\Delta t + \mathbf{F}_{21}\Delta t$ como a soma das forças envolvidas, $\Sigma\mathbf{F}$, multiplicada pela diferença no tempo:

$$\Sigma\mathbf{F}\Delta t = \mathbf{p}_f - \mathbf{p}_i$$

LEMBRE-SE

Se estiver trabalhando com o que é chamado de *sistema isolado* ou *fechado*, não terá que lidar com nenhuma força externa. Assim acontece no espaço. Se as duas naves colidirem no espaço, não haverá força externa importante, significando que, pela terceira lei de Newton (veja o Capítulo 5), $\mathbf{F}_{12}\Delta t = -\mathbf{F}_{21}\Delta t$. Ou seja, quando há um sistema fechado, você obtém o seguinte:

$$\Sigma\mathbf{F}\Delta t = \mathbf{p}_f - \mathbf{p}_i$$
$$0 = \mathbf{p}_f - \mathbf{p}_i$$

Isso é convertido para:

$$\mathbf{p}_f = \mathbf{p}_i$$

LEMBRE-SE

A equação $\mathbf{p}_f = \mathbf{p}_i$ diz que quando você tem um sistema isolado sem forças externas, a quantidade de movimento inicial total antes de uma colisão é igual à quantidade de movimento final total depois de uma colisão, fornecendo-lhe o princípio da conservação da quantidade de movimento.

Descobrindo a velocidade com a conservação da quantidade de movimento

Você pode usar o princípio da conservação da quantidade de movimento para medir outras características do movimento, como a velocidade. Digamos, por exemplo, que esteja em uma expedição de física e passa por um lago congelado onde um jogo de hóquei é realizado. Você mede a velocidade de um jogador como 11,0 metros por segundo exatamente quando ele colide, de modo bem brutal para um amistoso, com outro jogador inicialmente em repouso. Você observa com interesse, imaginando a rapidez com que a massa resultante dos jogadores de hóquei deslizará no gelo. Depois de perguntar a alguns amigos, descobre que o primeiro jogador tem uma massa de 100kg e o jogador atingido (que é irmão gêmeo do outro) também tem uma massa de 100kg. Portanto, qual é a velocidade final do nó de jogadores?

Você está trabalhando com um sistema fechado, pois ignora a força do atrito aqui, e, embora os jogadores estejam exercendo uma força para baixo no gelo, a força normal (veja o Capítulo 5) está exercendo uma força igual e oposta neles; assim, a força vertical soma zero.

Mas e a velocidade horizontal resultante no gelo? Devido ao princípio da conservação da quantidade de movimento, sabe-se que:

$$\mathbf{p}_f = \mathbf{p}_i$$

Imagine que a colisão seja de frente, então todo o movimento ocorre em uma dimensão — em uma linha. Logo, você só precisa examinar os componentes das quantidades do vetor nessa única dimensão. O componente de um vetor em uma dimensão é apenas um número, então não o escrevo em negrito.

A vítima não está se movendo antes da colisão, então ela começa sem nenhuma quantidade de movimento. Portanto, a quantidade de movimento inicial, p_i, é simplesmente a quantidade de movimento inicial do jogador que realiza a força, o Jogador 1. Para usar termos mais úteis na equação, substitua a massa e a velocidade inicial do Jogador 1 ($m_1 v_{i1}$) pela quantidade de movimento inicial (p_i):

$$p_i = m_1 v_{i1}$$

Depois da colisão, os jogadores se embaralham e se movem com a mesma velocidade final. Portanto, a quantidade de movimento final, p_f, deve ser igual à massa combinada dos dois jogadores multiplicada por sua velocidade final, ($m_1 + m_2$)v_f, que fornece a equação a seguir:

$$\left(m_1 + m_2 \right) v_f = m_1 v_{i1}$$

Resolvendo v_f você obtém a equação para a velocidade final:

$$v_f = \frac{m_1 v_{i1}}{m_1 + m_2}$$

Inserindo os números, você obtém a resposta:

$$
\begin{aligned}
v_f &= \frac{m_1 v_{i1}}{m_1 + m_2} \\
&= \frac{(100\,\text{kg})(11\,\text{m/s})}{100\,\text{kg} + 100\,\text{kg}} \\
&= \frac{1.100\,\text{kg} \cdot \text{m/s}}{200\,\text{kg}} \\
&= 5,5\,\text{m/s}
\end{aligned}
$$

A velocidade dos dois jogadores juntos será metade da velocidade do jogador original. Isso pode ser o que você esperava, pois acabará com duas vezes a massa de movimento inicial; como a quantidade de movimento é conservada, você acaba com metade da velocidade. Isso é lindo. Você anota os resultados em sua prancheta.

Descobrindo a velocidade do disparo com a conservação da quantidade de movimento

O princípio da conservação da quantidade de movimento é útil quando você não consegue medir a velocidade com um cronômetro simples. Digamos, por exemplo, que você aceite um trabalho de consultoria para um fabricante de munição que deseja medir a velocidade de disparo de suas novas balas. Nenhum funcionário foi capaz de medir a velocidade ainda, pois não há cronômetro rápido o bastante. O que fazer? Você decide organizar a configuração mostrada na Figura 10-3, em que atira a bala de massa m_1 em um bloco de madeira pendurado de massa m_2.

Os diretores da empresa de munição estão perplexos — como sua configuração pode ajudar? Sempre que você atira uma bala em um bloco de madeira pendurado, a bala atinge o bloco e o arremessa no ar. E daí? Você decide que eles precisam de uma lição sobre o princípio da conservação da quantidade de movimento. A quantidade de movimento original, você explica, é a da bala:

$$p_i = mv_i$$

Como a bala perfura o bloco de madeira, a quantidade de movimento final é o produto da massa total, $m_1 + m_2$, e a velocidade final da combinação da bala/bloco de madeira:

$$p_f = (m_1 + m_2)v_f$$

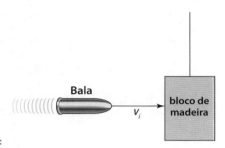

FIGURA 10-3: Atirar em um bloco de madeira pendurado permite que você experimente a velocidade; mas não tente isso em casa!

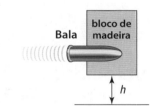

Por causa do princípio da conservação da quantidade de movimento você pode dizer que:

$$p_f = p_i$$

Então, insira as expressões anteriores para a quantidade de movimento final e inicial:

$$(m_1 + m_2)v_f = m_1 v$$

$$v_f = \frac{m_1 v_i}{m_1 + m_2}$$

Os diretores começam a ficar confusos, então você explica como a energia cinética do bloco, quando atingido, entra em sua energia potencial final, quando chega na altura h (veja o Capítulo 9). Veja como representar a energia cinética da bala e a mudança na energia potencial da bala e do bloco:

$$\Delta EC = \Delta EP$$

$$\frac{1}{2}mv^2 = mgh$$

$$\frac{1}{2}(m_1 + m_2)v_f^2 = (m_1 + m_2)gh$$

Você pode inserir o valor de v_f, que fornecerá:

$$\frac{1}{2}\left(m_1 + m_2\right)\frac{m_1^2 v_i^2}{\left(m_1 + m_2\right)^2} = \left(m_1 + m_2\right)gh$$

$$\frac{m_1^2 v_i^2}{2\left(m_1 + m_2\right)^2} = \left(m_1 + m_2\right)gh$$

$$v_i^2 = \frac{2\left(m_1 + m_2\right)\left(m_1 + m_2\right)gh}{m_1^2}$$

$$v_i = \sqrt{\frac{2\left(m_1 + m_2\right)^2 gh}{m_1^2}}$$

Com um floreio, você explica que resolver v_i dará a velocidade inicial da bala:

$$v_i = \sqrt{\frac{2\left(m_1 + m_2\right)^2 gh}{m_1^2}}$$

Você mede que a massa da bala é 50g, que o bloco de madeira tem uma massa de 10,0kg e que no impacto o bloco se eleva 50,0cm no ar. Inserindo esses valores terá o resultado:

$$v_i = \sqrt{\frac{2\left(0,050\,\text{kg} + 10,0\,\text{kg}\right)^2 \left(9,81\,\text{m}/\text{s}^2\right)\left(0,500\,\text{m}\right)}{\left(0,050\,\text{kg}\right)^2}} \approx 630\,\text{m}/\text{s}$$

A velocidade inicial é 630 metros por segundo, que se converte em cerca de 2.070 pés por segundo. "Brilhante!", os diretores gritam enquanto lhe entregam um cheque enorme.

Quando os Mundos (ou Carros) Colidem: Colisões Elásticas e Inelásticas

Examinar colisões na física pode ser muito interessante, especialmente porque o princípio da conservação da quantidade de movimento facilita tanto o seu trabalho (veja a seção anterior "Quando os Objetos Ficam Doidos: Conservando a Quantidade de Movimento"). Mas quando lidamos com colisões há mais do que apenas impulso e quantidade de movimento na história toda. Algumas vezes, a energia cinética também é conservada, fornecendo uma margem extra para descobrir o que acontece em todos os tipos de colisões, mesmo em duas dimensões.

As colisões são importantes em muitos problemas de física. Dois carros colidem, por exemplo, e precisamos encontrar a velocidade final dos dois quando eles batem. Pode-se encontrar um caso em que dois vagões indo em velocidades diferentes colidem e ficam grudados e você precisa determinar a velocidade final dos dois.

Mas e se você tiver um caso mais geral, em que os dois objetos não grudam um no outro? Digamos, por exemplo, que tenha duas bolas de sinuca que se chocam em velocidades e em ângulos diferentes, quicando em velocidades e ângulos diferentes. Como você trabalha com essa situação, afinal? Há um modo de trabalhar com essas colisões, mas é necessário mais do que apenas o que o princípio da conservação da quantidade de movimento fornece. Nesta seção, explico a diferença entre colisões elásticas e inelásticas, e depois resolvo alguns problemas de colisão elástica.

Determinando se uma colisão é elástica

LEMBRE-SE

Quando os corpos colidem no mundo real, eles às vezes amassam e deformam em algum grau. A energia para realizar a deformação vem da energia cinética original do objeto. Em outros casos, o atrito transforma parte da energia cinética em calor. Os físicos classificam as colisões em *sistemas fechados* (em que a força resultante soma zero) com base em se os objetos da colisão perdem energia cinética como outro tipo de energia:

» **Colisão elástica:** Em uma colisão elástica, a energia cinética total no sistema é a mesma antes e depois da colisão. Se as perdas para o calor e a deformação forem muito menores do que as outras energias envolvidas, como quando duas bolas de sinuca colidem e seguem caminhos separados, você pode ignorar as perdas no geral e dizer que a energia cinética foi conservada.

» **Colisão inelástica:** Em uma colisão inelástica, a colisão muda a energia cinética total em um sistema fechado. Nesse caso, o atrito, a deformação ou algum outro processo transforma a energia cinética. Se você puder observar perdas significantes de energia devido às forças não conservativas (como o atrito), a energia cinética não é conservada.

Você observa colisões inelásticas quando os objetos grudam um no outro depois da colisão, como quando dois carros batem e se juntam em um só. Mas os objetos não precisam ficar grudados em uma colisão inelástica; tudo o que precisa acontecer é a perda de parte da energia cinética. Por exemplo, se você bater o carro em outro e deformá-lo, a colisão é inelástica, mesmo que possa sair dirigindo depois do acidente.

LEMBRE-SE

Independentemente de a colisão ser elástica ou inelástica, a quantidade de movimento é *sempre* a mesma antes e depois da colisão, contanto que haja um sistema fechado.

Colidindo elasticamente em linha

Quando uma colisão é elástica, a energia cinética é conservada. O modo mais básico de ver as colisões elásticas é examinando como as colisões funcionam em uma linha reta. Se você bater seu carrinho de bate-bate no de um amigo em linha reta, quicará para trás e a energia cinética será conservada no decorrer da linha. Mas o comportamento dos carros depende da massa dos objetos envolvidos na colisão elástica.

Batendo em uma massa mais pesada

Você leva sua família para o Parque de Diversões de Física para um dia de diversão e cálculos, e decide dirigir carrinhos de bate-bate. Você acena para sua família enquanto acelera seu carrinho com motorista de 300kg a 10,0 metros por segundo. De repente, BUM! O que aconteceu? A pessoa na sua frente, no carrinho com motorista de 400kg, parou completamente e você bateu na traseira dela elasticamente; agora, você está andando para trás e o outro carrinho está indo para a frente. "Interessante", pensa. "Imagino se eu posso descobrir as velocidades finais dos dois carrinhos de bate-bate."

Você sabe que a quantidade de movimento foi conservada e sabe que o carro à sua frente foi parado quando o atingiu, portanto, se seu carro for o Carro 1 e o outro for o Carro 2, você obterá o seguinte:

$$m_1 v_{f1} + m_2 v_{f2} = m_1 v_{i1}$$

Contudo, isso não o informa o que são v_{f1} e v_{f2}, porque você tem dois termos desconhecidos e apenas uma equação. Não há como descobrir v_{f1} ou v_{f2} exatamente neste caso, mesmo que as massas e v_{i1} sejam conhecidos. Você precisa de algumas outras equações relacionando essas quantidades. Que tal usar a conservação da energia cinética? A colisão foi elástica, então a energia cinética foi conservada. $EC = (1/2)mv^2$, então esta é a sua equação para as energias cinéticas final e inicial dos dois carrinhos:

$$\frac{1}{2} m_1 v_{f1}^2 + \frac{1}{2} m_2 v_{f2}^2 = \frac{1}{2} m_1 v_{i1}^2$$

Agora, você tem duas equações e dois termos desconhecidos, v_{f1} e v_{f2}, significando que pode descobrir os desconhecidos em termos das massas e de v_{i1}. Você tem que entrar em muita álgebra aqui, porque a segunda equação tem muitas velocidades quadradas, mas quando a poeira abaixar terá:

$$v_{f1} = \frac{(m_1 - m_2)v_{i1}}{m_1 + m_2}$$

$$v_{f2} = \frac{2m_1 v_{i1}}{m_1 + m_2}$$

Agora sabe v_{f1} e v_{f2} em termos das massas e de v_{i1}. Inserindo os números, você obtém as velocidades finais dos dois carrinhos. Esta é a velocidade do seu:

$$v_{f1} = \frac{(m_1 - m_2)v_{i1}}{m_1 + m_2}$$
$$= \frac{(300\ \text{kg} - 400\ \text{kg})(10,0\ \text{m/s})}{300\ \text{kg} + 400\ \text{kg}}$$
$$\approx -1,43\ \text{m/s}$$

E esta é a velocidade final do outro cara:

$$v_{f2} = \frac{2m_1 v_{i1}}{m_1 + m_2}$$
$$= \frac{2(300\ \text{kg})(10,0\ \text{m/s})}{300\ \text{kg} + 400\ \text{kg}}$$
$$\approx 8,57\ \text{m/s}$$

As duas velocidades contam a história toda. Você começou com 10,0 metros por segundo em um carrinho de bate-bate de 300kg e atingiu um carrinho parado de 400kg à sua frente. Supondo que a colisão tenha ocorrido diretamente e que o segundo carrinho disparou na mesma direção que você estava indo antes da colisão, você quicou a −1,43 metro por segundo — para trás, pois essa quantidade é negativa e o carrinho à sua frente tinha mais massa — e o carrinho de bate-bate à sua frente disparou com uma velocidade de 8,57 metros por segundo.

Batendo em uma massa mais leve

Depois de ter uma experiência ruim em um passeio anterior ao box do carrinho de bate-bate — em que seu carrinho leve atingiu a traseira de um pesado (veja a seção anterior para saber o cálculo) — você decide voltar e perseguir alguns carros leves em um carrinho de bate-bate monstro. O que acontece se seu carrinho (mais o motorista) tiver uma massa de 400kg e você bater na traseira de um carrinho de 300kg parado? Nesse caso, use a equação para a conservação da energia cinética, a mesma fórmula utilizada na seção anterior. Sua velocidade final será de:

$$v_{f1} = \frac{(m_1 - m_2)v_{i1}}{m_1 + m_2}$$

$$= \frac{(400\ \text{kg} - 300\ \text{kg})(10,0\ \text{m/s})}{300\ \text{kg} + 400\ \text{kg}}$$

$$\approx 1,43\ \text{m/s}$$

A velocidade final do carrinho menor será:

$$v_{f2} = \frac{2m_1 v_{i1}}{m_1 + m_2}$$

$$= \frac{2(400\ \text{kg})(10,0\ \text{m/s})}{300\ \text{kg} + 400\ \text{kg}}$$

$$\approx 11,4\ \text{m/s}$$

Neste caso, você não quica para trás. O carrinho mais leve parado dispara depois de ser atingido, mas nem toda sua quantidade de movimento para a frente é transferida para o outro carro. A quantidade de movimento ainda é conservada? Veja as fórmulas para a quantidade de movimento inicial e final:

» $p_i = m_1 v_{i1}$

» $p_f = m_1 v_{f1} + m_2 v_{f2}$

Inserindo os números, esta é a quantidade de movimento inicial:

$$p_i = m_1 v_{i1} = (400\ \text{kg})(10,0\ \text{m/s}) = 4.000\ \text{kg} \cdot \text{m/s}$$

E esta é a final:

$$p_f = m_1 v_{f1} + m_2 v_{f2}$$

$$= (400\ \text{kg})(1,43\ \text{m/s}) + (300\ \text{kg})(11,4\ \text{m/s})$$

$$\approx 4.000\ \text{kg} \cdot \text{m/s}$$

Os números são iguais, então a quantidade de movimento é conservada na colisão, assim como na sua colisão com um carrinho mais pesado.

Colidindo elasticamente em duas dimensões

As colisões nem sempre ocorrem em uma linha reta. Por exemplo, as bolas em uma mesa de sinuca podem seguir em duas dimensões, tanto x quanto y, quando rolam. As colisões nas duas dimensões introduzem variáveis, como o ângulo e a direção.

Digamos, por exemplo, que suas viagens de física o levem ao campo de golfe, onde dois jogadores estão alinhando as suas tacadas finais do dia. Os jogadores estão empatados, portanto essas tacadas são as decisivas. Infelizmente, o jogador mais próximo do buraco quebra a etiqueta e ambos dão uma tacada ao mesmo tempo. Suas bolas de golfe de 45g colidem! Veja o que acontece na Figura 10-4.

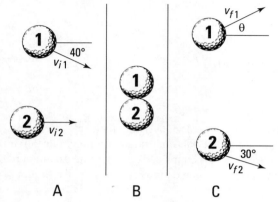

FIGURA 10-4: Antes, durante e depois de uma colisão entre duas bolas se movendo em duas dimensões.

Você se abaixa rapidamente para medir todos os ângulos e velocidades envolvidos na colisão. Você mede as velocidades: v_{i1} = 1,0 metro por segundo, v_{i2} = 2,0 metros por segundo e v_{f2} = 1,2 metro por segundo. Também mede a maioria dos ângulos, como mostrado na Figura 10-4. Contudo, não consegue o ângulo final e a velocidade da Bola 1.

Como as bolas de golfe colidem elasticamente, a quantidade de movimento e a energia cinética são conservadas. Em particular, a quantidade de movimento é conservada nas direções de x e y, e a energia cinética total também é conservada. Você precisa de ambas as conservações para descobrir a velocidade final e a direção da Bola 1.

Primeiro descubra a velocidade final da Bola 1. Como as massas das bolas são iguais, você pode chamá-las de massa m. A energia cinética inicial total (para ambas as bolas) é:

$$EC_i = \frac{1}{2}mv_{i1}^2 + \frac{1}{2}mv_{i2}^2$$
$$= \frac{1}{2}m(1{,}0 \text{ m/s})^2 + \frac{1}{2}m(2{,}0 \text{ m/s})^2$$
$$= \frac{5{,}0m}{2} \text{ m}^2/\text{s}^2$$

Então, a energia cinética final é dada por:

$$EC_f = \frac{1}{2}mv_{f1}^2 + \frac{1}{2}mv_{f2}^2$$
$$= \frac{1}{2}mv_{f1}^2 + \frac{1}{2}m(1{,}2\,\text{m/s})^2$$

E como a energia cinética é conservada, a final deve ser igual à inicial, então você pode escrever:

$$\frac{5{,}0m}{2}\,\text{m}^2/\text{s}^2 = \frac{1}{2}mv_{f1}^2 + \frac{1}{2}m(1{,}2\,\text{m/s})^2$$

Reorganize a equação para isolar o termo com a velocidade final da Bola 1, v_{f1}:

$$\frac{1}{2}mv_{f1}^2 = \frac{5{,}0m}{2}\,\text{m}^2/\text{s}^2 - \frac{1}{2}m(1{,}2\,\text{m/s})^2$$
$$\frac{1}{2}mv_{f1}^2 = 2{,}0m\,\text{m}^2/\text{s}^2$$

Se resolver v_{f1} (divida ambos os lados por m, multiplique ambos por 2, e tire a raiz quadrada), obterá:

$$v_{f1} = 2{,}0\,\text{m/s}$$

Então é isso: a velocidade final da Bola 1 é 2,0 metros por segundo.

Para descobrir o ângulo da velocidade da Bola 1, use a conservação da quantidade de movimento. Ela é conservada nas direções de x e y, então as equações a seguir são verdadeiras:

>> $p_{fx} = p_{ix}$
>> $p_{fy} = p_{iy}$

Ou seja, a quantidade de movimento final na direção x é a mesma que a inicial na direção x, e a final na direção y é a mesma que a inicial na direção y. É assim que se parece a quantidade de movimento na direção x:

$$p_{ix} = mv_{i1}\cos 40° + mv_{i2}$$

Você pode ver que essa é a soma da quantidade de movimento x das duas bolas.

A quantidade de movimento na direção x é dada por:

$$p_{fx} = mv_{f1}\cos\theta + mv_{f2}\cos 30°$$

O componente x da quantidade de movimento é conservado, então você pode igualar a quantidade de movimento inicial e final na direção x:

$$mv_{i1}\cos 40° + mv_{i2} = mv_{f1}\cos\theta + mv_{f2}\cos 30°$$

Divida ambos os lados por m e obtenha:

$$v_{i1}\cos 40° + v_{i2} = v_{f1}\cos\theta + v_{f2}\cos 30°$$

Se reorganizar essa equação para inserir o termo com o ângulo desconhecido, θ, de um lado, você obtém:

$$v_{f1}\cos\theta = v_{i1}\cos 40° + v_{i2} - v_{f2}\cos 30°$$

Dividir por v_{f1} fornece:

$$\cos\theta = \frac{v_{i1}\cos 40° + v_{i2} - v_{f2}\cos 30°}{v_{f1}}$$

Insira os valores medidos e a velocidade final da Bola 1 calculada anteriormente e obtenha:

$$\cos\theta = \frac{\left(1,0\,\text{m/s}\right)\cos 40° + \left(2,0\,\text{m/s}\right) - \left(1,2\,\text{m/s}\right)\cos 30°}{2,0\,\text{m/s}}$$

Finalmente, você pode tirar o cosseno inverso de cada lado para descobrir o ângulo:

$$\theta \approx 30°$$

Então é isso: depois da colisão, a Bola 1 se move com uma velocidade de 2,0m/s em um ângulo de 30° com a horizontal. Você combinou o uso da conservação de energia cinética (em uma colisão elástica) e da conservação da quantidade de movimento (como em todas as colisões) para descobrir a velocidade final da Bola 1.

NESTE CAPÍTULO

» **Mudando do movimento linear para o movimento rotacional**

» **Calculando a velocidade tangencial e a aceleração**

» **Entendendo a aceleração angular e a velocidade**

» **Identificando o torque envolvido no movimento rotacional**

» **Mantendo o equilíbrio rotacional**

Capítulo **11**

Serpenteando com a Cinética Angular

Este capítulo é o primeiro de dois sobre como trabalhar com os objetos que giram, desde estações espaciais até bolinhas de gude. A rotação é o que faz o mundo girar — literalmente — e, se você souber lidar com o movimento linear e as leis de Newton (veja as duas primeiras partes deste livro se não souber), os equivalentes rotacionais que apresento neste capítulo e no Capítulo 12 serão moleza. E se não tiver uma noção sobre movimento linear, não se preocupe. Poderá ter aqui um domínio sólido sobre o básico da rotação. Você vê todos os tipos de ideias rotacionais neste capítulo: aceleração angular, velocidade e aceleração tangencial, torque e muito mais. A cinética não lida apenas com os movimentos dos objetos, mas também com as forças por trás desses movimentos. A cinética rotacional lida com movimentos rotacionais e as forças por trás deles (torque). Mas chega de perder tempo. Continue a leitura!

CAPÍTULO 11 **Serpenteando com a Cinética Angular** 219

Indo do Movimento Linear ao Rotacional

É necessário mudar as equações quando passa do movimento linear para o rotacional. Estes são os equivalentes rotacionais (ou análogos) para cada uma das equações de movimento linear:

	Linear	Angular
Velocidade	$v = \dfrac{\Delta s}{\Delta t}$	$\omega = \dfrac{\Delta \theta}{\Delta t}$
Aceleração	$a = \dfrac{\Delta v}{\Delta t}$	$\alpha = \dfrac{\Delta \omega}{\Delta t}$
Deslocamento	$s = v_i \Delta t + \dfrac{1}{2} a \Delta t^2$	$\theta = \omega_i \Delta t + \dfrac{1}{2} \alpha \Delta t^2$
Movimento com tempo excluído	$v_f^2 - v_i^2 = 2as$	$\omega_f^2 - \omega_i^2 = 2\alpha\theta$

Em todas essas equações, t é o tempo, Δ significa diferença, $_f$ significa final, e $_i$ significa inicial. Nas equações lineares, v é a velocidade, s é o deslocamento, e a é a aceleração. Nas equações angulares, ω é a velocidade angular (medida em radianos/segundo), θ é o deslocamento angular em radianos e α é a aceleração angular (em radianos/segundo²).

Sabe-se que as quantidades de deslocamento, velocidade e aceleração são vetores; bem, seus equivalentes angulares também são. Primeiro, considere o deslocamento angular, $\Delta\theta$ — essa é uma medida para o ângulo pelo qual o objeto girou. A grandeza diz o tamanho do ângulo da rotação e a direção é paralela ao eixo de rotação. De modo similar, a velocidade angular, ω, tem uma grandeza igual à velocidade angular e uma direção que define o eixo de rotação. A aceleração angular, α, tem uma grandeza igual à razão em que a velocidade angular muda; também é direcionada ao longo do eixo de rotação.

Se considerar somente o movimento em um avião, terá uma direção possível para o eixo de rotação: perpendicular ao avião. Nesse caso, essas quantidades de vetores têm apenas um componente — esse componente de vetor é só um número, e o sinal do número indica tudo o que é necessário saber sobre a direção. Por exemplo, um deslocamento angular positivo pode ter uma rotação horária, e um deslocamento angular negativo pode ter uma rotação anti-horária.

Assim como a grandeza da velocidade é a rapidez, a grandeza da velocidade angular é a rapidez angular. Assim como a grandeza de um deslocamento é uma distância, a grandeza de um deslocamento angular é um ângulo — isto é, a grandeza da quantidade vetorial é uma quantidade escalar.

Nota: Na próxima seção, começarei observando o movimento em um avião considerando apenas o componente único dos vetores — que são números escalares (eu identifico o vetor com seu componente individual). Então, para essa seção, as quantidades, $\Delta\theta$, ω e α não aparecem em negrito, pois representam o componente individual de uma rotação em um avião. Na seção posterior "Aplicando Vetores na Rotação", observamos mais de perto a natureza do vetor de deslocamento, velocidade e aceleração angular.

Entendendo o Movimento Tangencial

O movimento tangencial é aquele perpendicular ao *movimento radial* ou o movimento em um raio. Dado um ponto central, os vetores no espaço ao redor podem ser divididos em dois componentes: *direção radial*, que aponta diretamente para longe do centro do círculo, e *direção tangencial*, que segue o círculo e é direcionada perpendicularmente à direção radial. O movimento na direção tangencial é chamado de *movimento tangencial*.

DICA

Você pode ligar quantidades angulares como o deslocamento angular (θ), a velocidade angular (ω) e a aceleração angular (α) às suas quantidades tangenciais associadas. Tudo o que precisa fazer é multiplicar pelo raio usando estas equações:

» $s = r\theta$
» $v = r\omega$
» $a = r\alpha$

CUIDADO

Essas equações dependem do uso de radianos como medida dos ângulos; elas não funcionam se você tentar usar graus.

Digamos que você esteja andando de motocicleta, por exemplo, e a velocidade angular das rodas seja $\omega = 21,5\pi$ radianos por segundo. O que isso significa em termos da velocidade de sua motocicleta? Para determinar a velocidade da sua motocicleta, você precisa relacionar a velocidade angular, ω, à velocidade linear, v. As próximas seções explicam como fazer tais relações.

Encontrando a velocidade tangencial

Em qualquer ponto de um círculo, você pode escolher duas direções especiais: a direção que aponta diretamente para longe do centro do círculo (ao longo de um raio) é chamada de direção *radial*, e a direção perpendicular a isso é chamada de direção *tangencial*.

Quando um objeto se move em círculos, você pode pensar em sua *velocidade instantânea* (a velocidade em qualquer ponto no tempo) de um ponto específico em um círculo como uma flecha desenhada daquele ponto apontada na direção tangencial. Por isso, essa velocidade é chamada de *velocidade tangencial*. A grandeza da velocidade tangencial é a *rapidez tangencial*, que é simplesmente a velocidade de um objeto que se move em um círculo.

CUIDADO

Dada uma velocidade angular de grandeza ω, a velocidade tangencial em qualquer raio é de grandeza $r\omega$. A ideia de que a velocidade tangencial aumenta à medida que o raio aumenta faz sentido, pois, dada uma roda girando, você esperaria um ponto no raio r seguindo com mais rapidez do que um ponto próximo do centro da roda.

Dê uma olhada na Figura 11-1, que mostra uma bola amarrada em um cordão. A bola está girando com uma velocidade angular de grandeza ω.

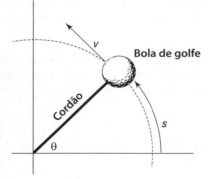

FIGURA 11-1: Uma bola em movimento circular tem velocidade angular em relação ao raio do círculo.

DICA

Podemos encontrar facilmente a grandeza da velocidade da bola, v, ao medir os ângulos em radianos. Um círculo tem 2π radianos; a distância completa em torno de um círculo — sua circunferência — é $2\pi r$, em que r é o raio do círculo. Portanto, no geral, pode-se conectar um ângulo medido em radianos com a distância, s, que você percorre no círculo assim:

$s = r\theta$

em que r é o raio do círculo. Agora, você pode dizer que $v = s/t$, em que v é a grandeza da velocidade, s é a distância e t é o tempo. Substitua s para obter:

$$v = \frac{s}{t} = \frac{r\theta}{t}$$

Como $\omega = \theta/t$, você pode dizer que:

$$v = \frac{s}{t} = \frac{r\theta}{t} = r\omega$$

Ou seja:

$$v = r\omega$$

Agora você pode encontrar a grandeza da velocidade. As rodas da motocicleta estão girando com uma velocidade angular de $21,5\pi$ radianos/segundo. Se puder encontrar a velocidade tangencial de qualquer ponto nas bordas externas das rodas, poderá encontrar a velocidade da motocicleta. Digamos, por exemplo, que o raio de uma das rodas de sua motocicleta tenha 40cm. Você sabe que $v = r\omega$, então é só inserir os números:

$$v = r\omega = (0,40 \text{ m/s})21,5\pi \approx 27\text{m/s}$$

Convertendo 27,0 metros/segundo em milhas/hora você terá cerca de 60mph.

Encontrando a aceleração tangencial

A *aceleração tangencial* é uma medida de como a velocidade de um ponto em um certo raio muda com o tempo. É como a aceleração linear (veja o Capítulo 3), mas é específica à direção tangencial, que é relevante ao movimento circular. Aqui você observa a grandeza da aceleração angular, α, que diz como a velocidade do objeto na direção tangencial está mudando.

Por exemplo, ao ligar um cortador de gramas, um ponto na ponta de uma de suas lâminas inicia com uma velocidade tangencial zero e termina com uma velocidade tangencial de grandeza bem alta. Como determinar a aceleração tangencial do ponto? Você pode usar a equação seguinte do Capítulo 3, que relaciona a velocidade à aceleração (em que Δv é a mudança na velocidade e Δt é a mudança no tempo) para relacionar quantidades tangenciais, como a velocidade tangencial, a quantidades angulares, como a velocidade angular:

$$a = \frac{\Delta v}{\Delta t}$$

A velocidade tangencial, v, é igual a $r\omega$ (como vimos na seção anterior), então você pode inserir essa informação:

$$a = \frac{\Delta(r\omega)}{\Delta t}$$

Como o raio é constante aqui, a equação fica assim:

$$a = \frac{r\Delta\omega}{\Delta t}$$

No entanto, $\Delta\omega/\Delta t = \alpha$, a aceleração angular, então a equação se transforma em:

$$a = r\alpha$$

Traduzido em termos para leigos, ela diz que a aceleração tangencial é igual à aceleração angular multiplicada pelo raio.

Encontrando a aceleração centrípeta

A primeira lei de Newton diz que quando não há força resultante, um objeto em movimento continuará a se mover uniformemente em linha reta (veja o Capítulo 5). Para um objeto se mover em círculos, uma força precisa causar a mudança de direção — essa força é chamada de *força centrípeta*. Ela é sempre direcionada ao centro do círculo.

A *aceleração centrípeta* é proporcional à força centrípeta (obedecendo a segunda lei de Newton; veja o Capítulo 5). Esse é o componente da aceleração do objeto na direção do raio (diretamente para o centro do círculo), e é a proporção da mudança na velocidade do objeto que o mantém movendo em círculos; essa força não muda a grandeza da velocidade, apenas a direção.

Você pode conectar quantidades angulares, como a velocidade angular, à aceleração centrípeta, dada pela equação a seguir (para mais sobre a equação, veja o Capítulo 7):

$$a_c = \frac{v^2}{r}$$

em que *v* é a velocidade e *r* é o raio. É fácil de ligar a velocidade linear à angular, pois $v = r\omega$ (veja a seção anterior "Encontrando a velocidade tangencial"). Portanto, reescreva a fórmula da aceleração assim:

$$a_c = \frac{(r\omega)^2}{r}$$

LEMBRE-SE

A equação da aceleração centrípeta é simplificada como:

$$a_c = r\omega^2$$

Nada mais. A equação para a aceleração centrípeta significa que você pode encontrar a aceleração centrípeta necessária para manter um objeto em movimento circular, dados o raio do círculo e a velocidade angular do objeto.

Digamos que você queira calcular a aceleração centrípeta da Lua em torno da Terra. Comece pela equação antiga:

$$a_c = \frac{v^2}{r}$$

Primeiramente, você tem que calcular a velocidade tangencial da Lua em sua órbita. Também pode calcular a velocidade tangencial a partir da velocidade angular. Usar a nova versão da equação, $a_c = r\omega^2$, é mais fácil porque a órbita da Lua ao redor da Terra é de aproximadamente 28 dias, então você pode calcular facilmente a velocidade angular da Lua.

Como a Lua faz uma órbita completa em torno da Terra em cerca de 28 dias, ela percorre 2π radianos em volta da Terra nesse período, portanto, sua velocidade angular é:

$$\omega = \frac{\Delta\theta}{\Delta t} = \frac{2\pi \text{ rad}}{28 \text{ dias}}$$

Convertendo 28 dias em segundos, você tem:

$$\frac{28 \text{ dias}}{1} \times \frac{24 \text{ horas}}{1 \text{ dia}} \times \frac{60 \text{ minutos}}{1 \text{ hora}} \times \frac{60 \text{ segundos}}{1 \text{ minuto}} \approx 2{,}42 \times 10^6 \text{ segundos}$$

Portanto, a velocidade angular é a seguinte:

$$\omega = \frac{\Delta\theta}{\Delta t}$$
$$= \frac{2\pi \text{ rad}}{2{,}42 \times 10^6 \text{ s}}$$
$$= 2{,}60 \times 10^{-6} \text{ rad/s}$$

Agora você tem a velocidade angular da Lua, $2{,}60 \times 10^{-6}$ radianos por segundo. O raio médio da órbita da Lua é $3{,}85 \times 10^8$ metros, então sua aceleração centrípeta é:

$$a_c = r\omega^2$$
$$= \left(3{,}85 \times 10^8 \text{ m}\right)\left(2{,}60 \times 10^{-6} \text{ s}^{-1}\right)^2$$
$$\approx 2{,}60 \times 10^{-3} \text{ m/s}^2$$

DICA

Na equação anterior, as unidades de velocidade angular, radianos por segundo, são escritas como s^{-1} porque o radiano é uma unidade *sem dimensão*. Um *radiano* é o ângulo percorrido por um arco de comprimento igual ao raio do círculo. Pense nisso como uma porção específica de todo o círculo, ela não tem dimensões. Então, quando você tem "radianos por segundo", pode omitir "radianos", o que faz sobrar "por segundo". Outra maneira de escrever isso é usar o expoente -1, então é possível representar radianos por segundo como s^{-1}.

Só para se divertir, você pode encontrar a força necessária para manter a Lua girando em sua órbita. A força é igual à massa vezes a aceleração (veja o Capítulo 5), então multiplique a aceleração pela massa da Lua, $7{,}35 \times 10^{22}$ kg:

$$F_c = ma_c = (7{,}35 \times 10^{22} \text{ kg})(2{,}60 \times 10^{-3} \text{ m/s}^2) \approx 1{,}91 \times 10^{20} \text{ N}$$

A força em newtons, $1{,}91 \times 10^{20}$ N, é convertida em cerca de $4{,}3 \times 10^{19}$ libras de força necessária para manter a Lua girando em sua órbita.

Aplicando Vetores na Rotação

O deslocamento, a velocidade e a aceleração angulares são quantidades vetoriais. Ao considerar o movimento circular em um plano, esses vetores têm apenas um componente, que é um número escalar; nesse caso, não é preciso considerar muito a direção. Contudo, quando temos movimento circular em mais de um plano (como no movimento dos planetas, que orbitam em planos levemente diferentes) ou quando o plano de rotação muda (como em um pião oscilante, por exemplo), a direção desses vetores é significativa.

LEMBRE-SE

A velocidade e a aceleração angulares são vetores direcionados ao longo do eixo de rotação.

Nesta seção, você ouvirá mais sobre as direções dos vetores angulares. No restante dela, as quantidades **Δθ**, **ω** e **α** aparecem em negrito, pois estamos lidando explicitamente com vetores.

Calculando a velocidade angular

LEMBRE-SE

Quando uma roda gira, ela não tem apenas uma velocidade angular, mas também uma direção. Veja o que o vetor de velocidade angular nos diz:

» O tamanho do vetor de velocidade angular fornece a rapidez angular.

» A direção do vetor fornece o eixo de rotação, bem como se a rotação é horária ou anti-horária.

Digamos que uma roda tenha uma velocidade angular constante, ω — para qual direção sua velocidade angular, **ω**, aponta? Ela não pode apontar ao longo do aro da roda, como a velocidade tangencial, pois sua direção mudaria a cada segundo. Na verdade, a única escolha real para sua direção é perpendicular à roda.

A direção da velocidade angular sempre pega as pessoas de surpresa: a velocidade angular, **ω**, aponta ao longo do eixo de uma roda (veja a Figura 11-2). Como o vetor da velocidade angular aponta dessa forma, não há componente ao longo da roda. Ela gira, portanto a velocidade tangencial (linear) em qualquer ponto na roda muda constantemente de direção — exceto no ponto central da roda, no qual a base do vetor da velocidade angular fica. Se a roda está no chão na horizontal, a flecha do vetor aponta para cima ou para baixo, para longe da roda, dependendo da direção em que a roda gira.

DICA

Você pode usar a regra da mão direita para determinar a direção do vetor de velocidade angular. Envolva sua mão direita na roda de modo que seus dedos apontem na direção do movimento tangencial em qualquer ponto — os dedos ficam na mesma direção da rotação da roda. Ao envolver sua mão direita na roda, seu polegar aponta na direção do vetor da velocidade angular, ω.

A Figura 11-2 mostra uma roda na horizontal, girando em sentido anti-horário quando vista de cima. Envolva seus dedos na direção da rotação. Seu polegar, que representa o vetor de velocidade angular, aponta para cima; ele corre ao longo do eixo da roda. Se a roda girasse no sentido horário, seu polegar — e o vetor — teria que apontar para baixo, na direção oposta.

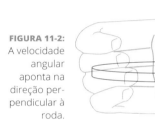

FIGURA 11-2: A velocidade angular aponta na direção perpendicular à roda.

Descobrindo a aceleração angular

Nesta seção, você descobre como a aceleração angular e a velocidade angular se relacionam uma com a outra em termos de grandeza e direção. Primeiro veremos o que acontece no caso mais simples, em que a aceleração e a velocidade angulares estão na mesma direção ou em direções opostas. Depois veremos uma situação em que a aceleração e a velocidade angulares estão em ângulo uma com a outra, levando à inclinação do eixo rotacional.

Mudando a velocidade e revertendo a direção

Se o vetor da velocidade angular aponta para fora do plano de rotação (veja a seção anterior), o que acontece quando a velocidade angular muda — quando a roda aumentar ou diminuir a velocidade? Uma mudança na velocidade significa a presença da aceleração angular. Como a velocidade angular, ω, a aceleração angular, α, é um vetor, significando que tem uma grandeza e uma direção. A aceleração angular é a taxa de mudança da velocidade angular:

$$\alpha = \frac{\Delta \omega}{\Delta t}$$

Por exemplo, veja a Figura 11-3, que mostra o que acontece quando a aceleração angular afeta a velocidade angular. Neste caso, **α** aponta na mesma direção de **ω** na Figura 11-3A. Quando o vetor da aceleração angular, **α**, apontar ao longo da velocidade angular, **ω**, a grandeza de **ω** aumentará com o passar do tempo, como mostra a Figura 11-3B.

FIGURA 11-3:
A aceleração angular na mesma direção da velocidade angular.

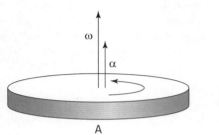
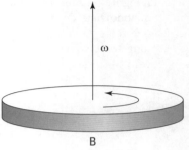

LEMBRE-SE

Assim como a velocidade e a aceleração lineares de um objeto podem estar em direções opostas, a aceleração angular também não precisa estar na mesma direção do vetor de velocidade angular (como mostra a Figura 11-4A). Se a aceleração está na direção oposta da velocidade angular, então a grandeza da velocidade angular diminui a uma taxa dada pela grandeza da aceleração angular.

Como no caso da velocidade e da aceleração lineares, a aceleração angular fornece a taxa de mudança da velocidade angular: a grandeza da aceleração angular fornece a taxa na qual a velocidade angular muda, e a direção fornece a direção da mudança. Você pode ver uma velocidade angular diminuída na Figura 11-4B.

FIGURA 11-4:
A aceleração angular na direção oposta da velocidade angular reduz a rapidez angular.

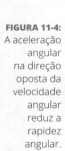
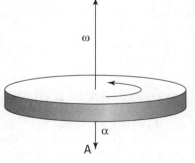
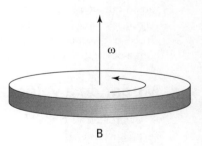

Inclinando o eixo

A *aceleração angular* é a taxa da mudança da velocidade angular — a mudança pode ocorrer na direção em vez de na grandeza. Por exemplo, suponha que você tenha o eixo da roda da Figura 11-3 e o incline. Você mudaria a velocidade angular da roda, mas não sua grandeza (a rapidez angular da roda permaneceria constante); em vez disso, mudaria a direção da velocidade angular ao mudar o eixo de rotação — é uma aceleração angular direcionada perpendicularmente à velocidade angular, como na Figura 11-5.

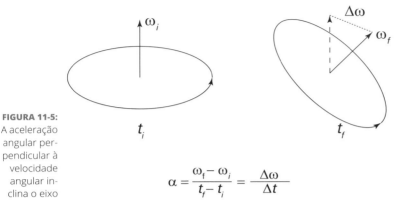

FIGURA 11-5: A aceleração angular perpendicular à velocidade angular inclina o eixo de rotação.

$$\alpha = \frac{\omega_f - \omega_i}{t_f - t_i} = \frac{\Delta\omega}{\Delta t}$$

Torcendo e Gritando: Torque

Para objetos extensos (varas, discos ou cubos, por exemplo), que, diferentemente de objetos pontuais, têm sua massa distribuída no espaço, é preciso levar em consideração onde a força é aplicada. É aí que o torque entra em jogo. Torque é uma medida da habilidade de uma força de causar a rotação. Em termos físicos, o torque exercido em um objeto depende da própria força (sua grandeza e direção) e onde ela é exercida. Você passa da ideia estritamente linear da força como algo que age em linha reta (como quando você empurra uma geladeira rampa acima) para a sua equivalente angular, o torque.

DICA

Assim como a força causa a aceleração, o torque causa a aceleração angular, então você pode pensar nele como o equivalente angular da força (veja o Capítulo 12 para mais informações sobre esse aspecto do torque).

O torque leva as forças para o mundo rotacional. A maioria dos objetos não é apenas massa pontual ou rígida, então se empurrá-los, eles não só se movem como também viram. Por exemplo, se você aplicar tangencialmente uma força a um carrossel, não o moverá para longe de seu local atual — você faz com que ele comece a girar. Os movimentos rotacionais e as forças por trás deles são o foco deste capítulo e do Capítulo 12.

Veja a Figura 11-6, que mostra uma gangorra com uma massa m. Se você quiser equilibrar a gangorra, não poderá ter uma massa maior, M, em um ponto parecido do outro lado. Onde a massa M maior é colocada determina o equilíbrio da gangorra. Como pode ver na Figura 11-6A, se colocar a massa M no ponto pivô — também chamado de *ponto de apoio* — da gangorra, não criará um equilíbrio. A massa maior exerce uma força sobre a gangorra, mas essa força não a equilibra.

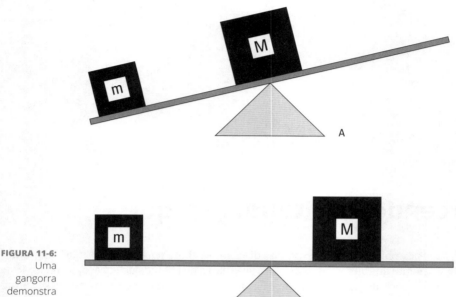

FIGURA 11-6: Uma gangorra demonstra o torque na prática.

Como pode ver na Figura 11-6B, quando aumentamos a distância em que a massa M é colocada do ponto de apoio, o equilíbrio melhora. Na verdade, se M = 2m, você precisa colocar a massa M exatamente na metade da distância do ponto de apoio que a m.

O torque é um vetor. A grandeza dele fornece sua habilidade de gerar rotação; mais especificamente, a grandeza do torque é proporcional à aceleração angular que ele gera. A direção do torque é ao longo do eixo de sua aceleração angular. Esta seção começa considerando torques e forças em um plano, para que você só precise pensar na grandeza do torque e não no vetor todo. Mais adiante explico um pouco mais sobre a direção do vetor do torque.

Mapeando a equação do torque

LEMBRE-SE

Quanto torque você exerce em um objeto depende do seguinte:

> » A força exercida, *F*.
> » Onde a força é aplicada; o *braço de alavanca* — também chamado de *braço do momento* — é a distância do ponto pivô até o ponto em que você exerce sua força e é relacionado à distância do eixo, *r*, por $l = r\,\text{sen}\,\theta$, em que θ é o ângulo entre a força e uma linha do eixo ao ponto em que a força é aplicada.

Suponha que esteja tentando abrir uma porta, como nas várias situações da Figura 11-7. Você sabe que se empurrar na dobradiça, como no diagrama A, a porta não abrirá; se empurrar no meio da porta, como no diagrama B, a porta abrirá; e se empurrar na borda da porta, como no diagrama C, a porta se abrirá mais facilmente.

Na Figura 11-7, o braço de alavanca, *l*, é a distância *r* da dobradiça na qual você exerce sua força. O torque é o produto da grandeza da força multiplicada pelo braço de alavanca. Ele tem um símbolo especial, a letra grega τ (tau):

$$\tau = Fl$$

As unidades do torque são unidades de força multiplicadas por unidades de distância, isto é, newtons-metro no sistema MKS e pés-libras no sistema pé-libra--segundo (veja o Capítulo 2 para saber mais sobre esses sistemas de medição).

Por exemplo, o braço de alavanca na Figura 11-7 é a distância *r* (porque essa é a distância perpendicular à força), assim, $\tau = Fr$. Se você empurrar com uma força de 200N e *r* for 0,5 metro, qual será o torque visto na figura? No diagrama A, você empurra na dobradiça, portanto sua distância do ponto pivô é zero, significando que o braço de alavanca é zero. Então, a grandeza do torque é zero. No diagrama B, você exerce 200N de força em uma distância de 0,5 metro perpendicular à articulação, assim:

$$\tau = Fl = (200\text{N})(0{,}5\text{m}) = 100\text{N}\cdot\text{m}$$

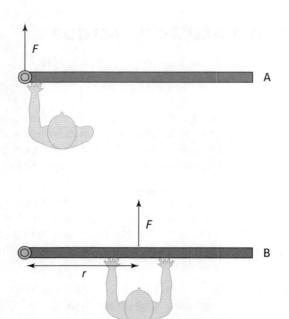

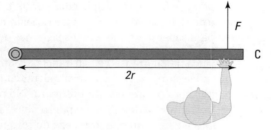

FIGURA 11-7: O torque exercido em uma porta depende de como você a empurra.

A grandeza do torque aqui é 100 newtons-metro. Mas agora veja o diagrama C. Você empurra com 200N de força em uma distância de 2r perpendicular à dobradiça, que torna o braço de alavanca 2r ou 1,0 metro, portanto você obtém este torque:

$$\tau = Fl = (200 \text{ N})(1,0 \text{ m}) = 200 \text{ N} \cdot \text{m}$$

Agora você tem 200 newtons-metro de torque, pois empurra em um ponto duas vezes mais distante do ponto pivô. Ou seja, você dobra a grandeza do seu torque. Mas o que acontece, digamos, se a porta estiver parcialmente aberta quando você exercer sua força? Bem, você calcula o torque facilmente se tiver domínio do braço de alavanca.

Compreendendo os braços de alavanca

Se você empurra uma porta parcialmente aberta na mesma direção em que empurra uma porta fechada, cria um torque diferente por causa do ângulo não reto entre sua força e a porta.

Observe a Figura 11-8A, na qual uma pessoa tenta, obstinadamente, abrir uma porta empurrando-a na dobradiça. Você sabe que esse método não produzirá nenhum movimento de rotação, pois a força da pessoa não tem nenhum braço de alavanca para produzir a força de rotação necessária. Neste caso, o braço de alavanca é zero, então está claro que, mesmo que você aplique uma força em uma dada distância de um ponto pivô, nem sempre produzirá um torque. A direção na qual a força é aplicada também conta, como você sabe de sua experiência abrindo portas.

Descobrindo o torque gerado

Gerar torque é como abrimos portas, seja abrir rapidamente a porta de um carro ou abrir lentamente a porta do cofre de um banco. Mas como você descobre quanto torque é gerado? Primeiro, calcule o braço de alavanca e, então, multiplique-o pela força para obter o torque.

Dê uma olhada na Figura 11-8B. Você aplica uma força na porta em um ângulo, θ. A força pode abrir a porta, mas não é algo certo, pois, como podemos ver na figura, você aplica menos força de rotação aqui. Primeiro precisa encontrar o braço de alavanca. Como pode ver na Figura 11-8B, você aplica a força em uma distância r da dobradiça. Se aplicasse essa força de modo perpendicular à porta, o comprimento do braço de alavanca seria r e você obteria:

$$\tau = Fr$$

Mas esse não é o caso aqui, pois a força não é perpendicular à porta.

LEMBRE-SE

O *braço de alavanca* é a distância efetiva do ponto pivô no qual a força atua perpendicularmente. Imagine mover o ponto em que a força é aplicada, carregando o vetor de força junto sem mudar sua direção. Quando você o move para um ponto em que a força é perpendicular à direção do eixo de rotação, a distância até o eixo é um braço de alavanca.

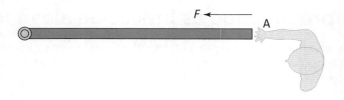

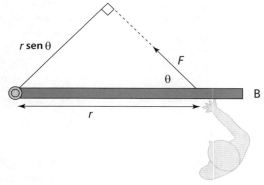

FIGURA 11-8: Você produz um ângulo útil de um braço de alavanca exercendo força na direção adequada.

Para saber como funciona, veja o diagrama B na Figura 11-8, em que você pode desenhar um braço de alavanca a partir do ponto pivô para que a força seja perpendicular ao braço de alavanca. Para tanto, estenda o vetor de força até que possa desenhar uma linha a partir do ponto pivô perpendicular ao vetor de força. Será criado um novo triângulo. O braço de alavanca e a força estão em ângulos retos entre si, então você cria um triângulo retângulo. O ângulo entre a força e a porta é θ, e a distância da dobradiça na qual você aplica a força é r (a hipotenusa do triângulo retângulo), portanto o braço de alavanca se transforma em:

$$l = r \operatorname{sen} \theta$$

Quando θ chega a zero, o mesmo acontece com o braço de alavanca, então não há torque (veja o diagrama A na Figura 11-8). Você sabe que $\tau = Fl$, então pode descobrir $\tau = Fr \operatorname{sen} \theta$, em que θ é o ângulo entre a força e a porta.

LEMBRE-SE

Essa é uma equação geral; se você aplicar uma força com grandeza F a uma distância r de um ponto pivô, em que o ângulo entre esse vetor **r** de deslocamento e o vetor **F** de força for θ, o torque produzido terá uma grandeza $\tau = Fr \operatorname{sen} \theta$. Então, por exemplo, se $\theta = 45°$, $F = 200N$ e $r = 1,0$ metro, então terá:

$$\tau = Fr \operatorname{sen} \theta = (200N)(1,0m)(0,707) \approx 140N \cdot m$$

Esse número é menor do que o esperado se você empurra uma porta perpendicularmente (o que seria 200N·m).

234   PARTE 3 **Manifestando a Energia para o Trabalho**

Reconhecendo que o torque é um vetor

LEMBRE-SE

O torque é um vetor, então não tem apenas uma grandeza, mas também uma direção. A direção do torque é igual à aceleração angular que ele causa. É perpendicular à força e ao braço de alavanca para quem é destro.

Usando termos mais técnicos, o torque é dado pelo *produto* do vetor que aponta do eixo de rotação ao ponto em que a força é aplicada, **r**, e da força do vetor, **F**. O produto é escrito como um ×, então, matematicamente, o vetor torque é o seguinte:

$\tau = \mathbf{r} \times \mathbf{F}$

Essa equação é um modo matemático realmente chique de dizer que o vetor torque tem uma grandeza rF sen θ e que sua direção é como mostra a Figura 11-9.

A regra da mão direita é um jeito útil de lembrar a direção do torque. Se você apontar o polegar da sua mão direita na direção do vetor do raio **r** e seus dedos na direção do vetor de força **F**, então sua palma estará na direção do vetor de torque **τ**.

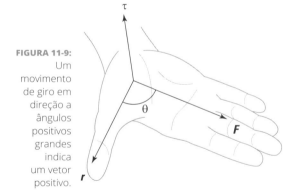

FIGURA 11-9: Um movimento de giro em direção a ângulos positivos grandes indica um vetor positivo.

Girando em Velocidade Constante: Equilíbrio Rotacional

Você pode conhecer o equilíbrio como um estado de estabilidade, mas o que é equilíbrio em termos físicos? Quando dizemos que um objeto tem *equilíbrio*, quer dizer que o movimento do objeto não está mudando; em outras palavras, ele não tem aceleração (no entanto, pode ter movimento, como na velocidade constante e/ou velocidade angular constante). No que diz respeito ao movimento linear, a soma de todas as forças que atuam no objeto deve ser zero para que ele esteja em equilíbrio. A força resultante agindo no objeto é zero: $\Sigma\mathbf{F} = 0$.

LEMBRE-SE

O equilíbrio ocorre no movimento rotacional na forma de equilíbrio rotacional. Quando um objeto está em *equilíbrio rotacional*, ele não tem aceleração angular — pode estar girando, mas não aumenta nem diminui sua velocidade ou muda de direção (seu ângulo de inclinação), o que significa que sua velocidade angular é constante. Quando um objeto tem equilíbrio rotacional, não há nenhuma força de rotação resultante nele, significando que o torque resultante no objeto deve ser zero:

$\Sigma\tau = 0$

Essa equação representa o equivalente rotacional do equilíbrio linear. O equilíbrio rotacional é uma ideia útil, pois, dado um conjunto de torques operando em um objeto extenso, você poderá determinar qual torque é necessário para impedir a rotação do objeto. Nesta seção, você experimentará três problemas que envolvem objetos em equilíbrio rotacional.

Determinando quanto peso Hércules consegue levantar

Digamos que Hércules queira levantar um haltere enorme usando o músculo deltoide (ombro) do braço direito e segurar esse haltere com o braço estendido. Seu braço, que tem uma grandeza de peso $F_a = 28{,}0\text{N}$, pode exercer uma força F de 1.840N. Seu músculo deltoide está ligado ao braço a 13,0°, como mostra a Figura 11-10. Ela também mostra a distância entre o ponto pivô e os pontos de aplicação das forças: a distância até o músculo é de 0,150m, até o ponto efetivo da aplicação do peso do braço é de 0,310m (metade do comprimento do braço), e até o haltere é de 0,620m. O peso do haltere tem grandeza F_d.

Qual é o peso máximo do haltere que Hércules consegue levantar com o braço estendido e quais são os dois componentes da força F_b, a força contra o corpo? Como Hércules está segurando o haltere sem acelerar, a força resultante agindo deve ser zero, então F_b deve cancelar a soma das forças na Figura 11-10.

O braço de Hércules não está se movendo, então $\Sigma\mathbf{F} = 0$ e $\Sigma\tau = 0$. Primeiro, observe $\Sigma\mathbf{F} = 0$. Na direção *x*, isso dá a seguinte força contra o corpo de Hércules:

$\Sigma\mathbf{F}_x = F_{bx} + F\cos 13{,}0° = 0$
$F_{bx} = -F\cos 13{,}0°$

FIGURA 11-10:
Um esquema das forças agindo sobre o braço de Hércules.

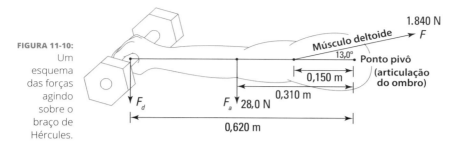

Inserindo o valor da força F, você tem:

$$F_{bx} = (-1.840 \text{ N}) \cos 13{,}0° \approx -1.790 \text{ N}$$

Isso foi bem fácil. Você já tem F_{bx}, que é -1.790N. Agora descubra a força contra o corpo de Hércules na direção y:

$$\Sigma F y = F_{by} + F \text{sen} 13{,}0° - F_a - F_d = 0$$
$$F_{by} + (1.840 \text{ N}) \text{sen} 13{,}0° - 28{,}0 \text{ N} - F_d = 0$$
$$F_{by} = -(1.840 \text{ N}) \text{sen} 13{,}0° + 28{,}0 \text{ N} + F_d$$

Bem, isso nos dá uma equação em duas variáveis, F_{by} e F_d, então você precisa de mais informações para resolver essas variáveis.

Lá vem o torque. Você pode obter informações adicionais com a equação $\Sigma \tau = 0$. Se observar a Figura 11-10, verá que três forças agem sobre o braço causando torques ao redor da articulação: o componente y de F (a tração do músculo deltoide de Hércules), F_a (o peso de seu braço) e F_d (o peso do haltere).

O componente de F na direção y é $F_y = (1.841\text{N}) \text{sen } 13{,}0°$. A grandeza do peso do braço de Hércules é $F_a = 28{,}0$N, e você ainda não conhece a grandeza do peso do haltere, F_d.

Então quais são os torques derivados dessas três forças? A direção do torque está na perpendicular com o plano da Figura 11-10. Considere o componente do torque nessa direção, de modo que os valores positivos correspondam a torques agindo no sentido anti-horário e os valores negativos correspondam a torques agindo no sentido horário. Como esse componente dos vetores de torque é um número (escalar), eu não o escrevo em negrito. O torque do componente y da tração F do músculo é o seguinte:

$$\tau_M = F_y (0{,}150 \text{ m})$$
$$= (1.840 \text{ N}) \text{sen} 13{,}0° (0{,}150 \text{ m})$$

Esse torque é positivo porque leva a uma força giratória no sentido anti-horário, como mostra a Figura 11-10 — ou você pode concluir que o torque é positivo porque o ângulo entre a força e a alavanca é $\theta = 90°$, então $l = r$ sen $\theta = (0,150$ m$)$ sen $90° = 0,150$ m. O torque do peso do braço do Hércules é:

$$\tau_a = (28,0\text{N})(-0,310\text{m})$$

Esse torque é negativo porque o braço de alavanca é negativo, então a força causa um torque no sentido horário, como mostra a Figura 11-10 — ou você pode concluir que o torque é negativo porque o ângulo entre a força e a alavanca é $\theta = 90°$, então $l = r$ sen $\theta = (0,310\text{m})$ sen $-90° = -0,310\text{m}$. O torque devido ao peso do haltere é:

$$\tau_d = -F_d(0,620\text{m})$$

Isso obviamente é negativo pela mesma razão de τ_a ser negativo.

Como $\Sigma\tau = 0$, isso significa que:

$$\tau_M + \tau_a + \tau_d = \Sigma\tau$$
$$(1.840 \text{ N})(0,150 \text{ m})\text{sen}\,13,0° + (-31,0 \text{ N})(0,280 \text{ m}) + (-F_d)(0,620 \text{ m}) = 0$$

Calculando os produtos e resolvendo F_d você obtém o seguinte:

$$(62,0) + (-8,7) + (-F_d)(0,620 \text{ m}) = 0$$
$$(53,3\text{N}\cdot\text{m}) - F_d(0,620 \text{ m}) = 0$$
$$F_d(0,620 \text{ m}) = 53,3 \text{ N}\cdot\text{m}$$
$$F_d = \frac{53,3 \text{ N}\cdot\text{m}}{0,620 \text{ m}}$$
$$F_d \approx 86,0 \text{ N}$$

Ótimo — você tem a força na articulação do braço na direção x, F_{bx}, e agora conhece o peso máximo do haltere que Hércules conseguiria segurar com o braço esticado por um tempo indefinido.

Isso deixa apenas F_{by}, a força na articulação do braço na direção y, para calcular. Anteriormente, descobrimos que:

$$F_{by} = -(1.840\text{N}) \text{ sen } 13,0° + 28,0\text{N} + F_d$$

Agora sabe que $F_d = 86,0\text{N}$, então insira esse valor. Você obterá o seguinte:

$$F_{by} = -(1.840 \text{ N})\text{sen}\,13,0° + 28,0 \text{ N} + 86,0 \text{ N}$$
$$F_{by} = -413,9 \text{ N} + 28,0 \text{ N} + 86,0 \text{ N}$$
$$\approx -300 \text{ N}$$

Aqui, o sinal negativo indica que a força vertical resultante está direcionada para baixo.

Portanto, devido à superficialidade do ângulo entre braço e músculo, Hércules pode segurar um haltere com peso de 86,0N com o braço esticado — se não se importar com uma força horizontal de 1.790N na articulação de seu braço e uma força vertical de 300N.

Hasteando uma bandeira: Um problema de equilíbrio rotacional

O gerente de uma loja de hardware na qual você trabalha pede sua ajuda para pendurar uma bandeira na parte superior da loja. A loja tem muito orgulho da bandeira, pois ela é bem grande (confira na Figura 11-11). O problema é que o parafuso que segura o mastro no lugar quebra o tempo todo, e a bandeira e o mastro se chocam na borda do prédio, o que não ajuda a imagem da loja.

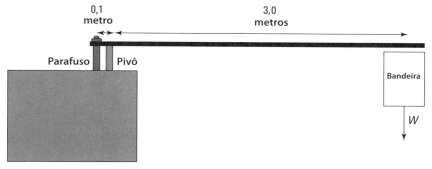

FIGURA 11-11: Hastear uma bandeira pesada exige muito torque.

Para descobrir quanta força o parafuso precisa fornecer, você começa tirando medidas e nota que a bandeira tem uma massa de 50kg — muito mais do que a massa do mastro, então ignore isso. O gerente havia pendurado a bandeira anteriormente a 3,0 metros do ponto pivô e o parafuso está a 10cm do ponto pivô. Para conseguir um equilíbrio rotacional, você precisa ter um torque resultante zero:

$$\Sigma \tau = 0$$

Ou seja, se o torque devido à bandeira for τ_1 e o torque devido ao parafuso for τ_2, então o seguinte é verdadeiro:

$$0 = \tau_1 + \tau_2$$

CAPÍTULO 11 **Serpenteando com a Cinética Angular** 239

Quais são os torques envolvidos aqui? A direção de todos os vetores de torque é perpendicular ao plano da Figura 11-11, então considere apenas o componente desses vetores nessa direção (um componente positivo corresponderia a uma força rotacional no sentido anti-horário na Figura 11-11, e um componente negativo corresponderia a uma força rotacional no sentido horário). Como estamos lidando com os componentes do vetor, que são números (não direções), eu não os escrevo em negrito. Você sabe que o peso da bandeira fornece um torque τ_1 em torno do ponto pivô:

$$\tau_1 = mgl_1$$

em que m é a massa do mastro, g é a aceleração devido à gravidade e l_1 é o braço de alavanca da bandeira. Inserindo os números você obtém o seguinte:

$$\tau_1 = mgl_1 = (50kg)(9,8m/s^2)(-3,0N) = -1.470N \cdot m$$

Note que esse é um torque negativo porque o braço de alavanca é negativo — a força causa uma força de giro no sentido horário, como mostra a Figura 11-11. (Você pode verificar isso matematicamente: o ângulo entre a força e a alavanca é $\theta = -90°$, então $l = r$ sen $\theta = (3,0m)$ sen$(-90°) = -3,0m$.) E o torque τ_2 devido ao parafuso? Como qualquer outro torque, é possível escrever τ_2 como:

$$\tau_2 = F_2 l_2$$

em que F_2 é a grandeza da força no parafuso.

Inserindo todos os números que conhecidos:

$$\tau_2 = F_2(0,10m)$$

O braço de alavanca é positivo porque o parafuso fornece uma força de giro no sentido anti-horário — ou, matematicamente, o ângulo entre a força e a alavanca é $\theta = 90°$, então $l = r$ sen $\theta = (0,10m)$ sen $90° = 0,10m$. Como você quer o equilíbrio rotacional, a condição a seguir deve ser verdadeira:

$$\Sigma\tau = \tau_1 + \tau_2 = 0$$

Isto é, os torques devem estar equilibrados, então:

$$\tau_2 = -\tau_1 = 1.470N \cdot m$$

Agora você pode encontrar F_2, porque conhece τ_2 e l. Insira os valores na equação $\tau_2 = F_2 l_2$ e encontre F_2:

$$\tau_2 = F_2 l_2 = F_2(0,10) = 1.470N \cdot m$$

Isolando F_2 de um lado e resolvendo a equação, você obtém:

$$\tau_2 = F_2 l_2$$
$$1.470 \text{ N} \cdot \text{m} = F_2(0,10 \text{ m})$$
$$F_2 = 14.700 \text{ N}$$

O parafuso precisa fornecer pelo menos 14.700N de força, ou cerca de 330 libras.

Segurança da escada: Introduzindo o atrito no equilíbrio rotacional

O proprietário da loja de hardware procurou você para pedir ajuda com outro problema. Um balconista subiu até quase o topo de uma escada para pendurar um letreiro para uma futura promoção da empresa. O proprietário não quer que a escada escorregue — processos, ele explica — então lhe pergunta se a escada cairá.

A situação aparece na Figura 11-12. A pergunta é: a força do atrito impedirá a escada de se mover se θ for 45° e o coeficiente de atrito estático (veja o Capítulo 6) com o chão for de 0,7?

Você precisa trabalhar com as forças resultantes para determinar o torque geral. Escreva o que conhece (pode supor que o peso da escada está concentrado no meio e ignorar a força do atrito da escada contra a parede, pois a parede é bem lisa):

» $\mathbf{F}_W$ = Força exercida pela parede na escada.
» $\mathbf{F}_C$ = Peso do balconista = 450N.
» $\mathbf{F}_L$ = Peso da escada = 200N.
» $\mathbf{F}_F$ = Força do atrito segurando a escada no lugar.
» $\mathbf{F}_N$ = Força normal (veja o Capítulo 5).

LEMBRE-SE

Você precisa determinar a força de atrito necessária aqui e deseja que a escada esteja em equilíbrio linear e rotacional. O equilíbrio linear informa que a força exercida pela parede na escada, $\mathbf{F}_W$, deve ser igual à força do atrito na grandeza, mas oposta na direção, pois são as duas únicas forças horizontais. Portanto, se conseguir encontrar $\mathbf{F}_W$, saberá qual precisa ser a força de atrito, $\mathbf{F}_F$.

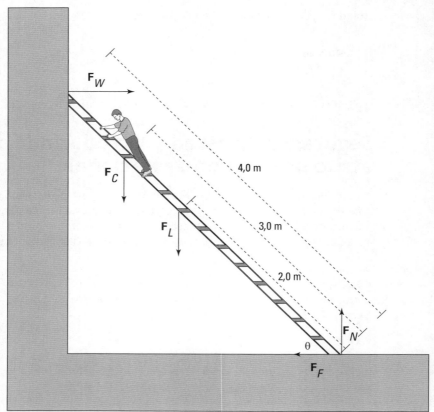

FIGURA 11-12: Manter a escada erguida requer atrito e equilíbrio rotacional.

Você sabe que a escada está em equilíbrio rotacional, o que significa que:

$$\Sigma\tau = 0$$

Para encontrar $\mathbf{F}_w$, veja os torques em torno da parte inferior da escada, usando esse ponto como o pivô. Todos os torques em torno do ponto pivô têm que somar zero. A direção de todos os vetores de torque está no plano perpendicular ao da Figura 11-12, então considere apenas o componente desses vetores nessa direção (um componente positivo corresponderia a uma força rotacional no sentido anti-horário na Figura 11-12 e um componente negativo corresponderia a uma força rotacional no sentido horário). Como estamos lidando com os componentes do vetor, que são números, eles não estão em negrito.

Veja como encontrar os três torques em torno da parte inferior da escada:

» **Torque devido à força da parede contra a escada:** Aqui, r é o comprimento total da escada:

$$F_W\left(4{,}0\text{ m}\right)\text{sen}-45° = \left(-2{,}83\text{ m}\right)F_W$$

Note que o torque devido à força da parede é negativo, porque tende a produzir um movimento no sentido horário.

» **Torque devido ao peso do balconista:** Neste caso, r é 3,0 metros, a distância da parte inferior da escada até a localização do balconista:

$$F_C\left(3{,}0\text{ m}\right)\text{sen}45° = \left(450\text{ N}\right)\left(3{,}0\text{ m}\right)\text{sen}45° \approx 954\text{ N}\cdot\text{m}$$

» **Torque devido ao peso da escada:** Você pode supor que o peso da escada está concentrado no meio dela, então $r = 2{,}0$ metros, metade do comprimento total da escada. Portanto, o torque devido ao peso da escada é:

$$F_L\left(2{,}0\text{ m}\right)\text{sen}45° = \left(200\text{ N}\right)\left(2{,}0\text{ m}\right)\text{sen}45° \approx 283\text{ N}\cdot\text{m}$$

Os dois últimos torques são positivos porque os braços de alavanca são positivos, e então as forças geram uma força de rotação no sentido anti-horário, como mostra a Figura 11-12.

Agora, como $\Sigma\tau = 0$, você obtém o seguinte resultado ao somar todos os torques:

$$\Sigma\tau = 954\text{ N}\cdot\text{m} + 283\text{ N}\cdot\text{m} - \left(2{,}83\text{ m}\right)F_W$$
$$0 = 1.237\text{ N}\cdot\text{m} - \left(2{,}83\text{ m}\right)F_W$$
$$\left(2{,}83\text{ m}\right)F_W = 1.237\text{ N}\cdot\text{m}$$
$$F_W \approx 437\text{ N}$$

A força que a parede exerce sobre a escada é de 437N, que também é igual à força do atrito na parte inferior da escada com o chão, porque F_W e a força do atrito são as duas únicas forças horizontais no sistema todo. Portanto:

$$F_F = 437\text{ N}$$

Você conhece a força de atrito necessária. Mas quanto atrito você tem? A equação básica do atrito (como descrita no Capítulo 6) diz que:

$$F_{F\,real} = \mu_s F_N$$

em que μ_s é o coeficiente de atrito estático e F_N é a força normal no chão empurrando a escada para cima, que deve equilibrar todas as forças apontadas para baixo neste problema por causa do equilíbrio linear. Isso significa que:

$$F_N = W_C + W_L = 450 \text{ N} + 200 \text{ N} = 650 \text{ N}$$

Inserindo na equação para $F_{F\,real}$ e usando o valor de μ_s, 0,700, você obtém:

$$F_{F\,real} = \mu_s F_N = (0,700)(650) = 455 \text{ N}$$

Você precisa de 437N de força e tem 455N. Boa notícia — a escada não vai escorregar.

NESTE CAPÍTULO

» **Convertendo o pensamento linear de Newton em pensamento rotacional**

» **Utilizando o momento de inércia**

» **Encontrando o equivalente angular do trabalho**

» **Vendo a energia cinética rotacional causada pelo trabalho**

» **Conservando a quantidade de movimento angular**

Capítulo 12

Circulando com a Dinâmica Rotacional

E ste capítulo trata sobre a aplicação de forças e observa o que acontece no mundo rotacional. Você descobre o que a segunda lei de Newton (a força igual à massa vezes a aceleração) se torna para o movimento rotacional, como a inércia entra em cena no movimento rotacional e lê a história da energia cinética rotacional, do trabalho rotacional e da quantidade de movimento angular.

Chegando ao Movimento Angular com a Segunda Lei de Newton

A segunda lei de Newton, força igual massa vezes aceleração ($\mathbf{F} = m\mathbf{a}$; veja o Capítulo 5), é a favorita da física no mundo linear porque relaciona a força vetorial à aceleração. Mas o que acontece se você tiver que falar em termos de cinética angular em vez de movimento linear? É possível fazer Newton girar?

A cinética angular tem equivalentes (ou *análogos*) para as equações lineares (veja o Capítulo 11). Então qual é o análogo angular de **F** = m**a**? Você pode adivinhar que **F**, a força linear, transforma-se em τ. E que **a**, a aceleração linear, transforma-se em α, a aceleração angular. Mas qual seria o análogo angular de m, a massa? A resposta é a *inércia rotacional, I*, e você chegaria a essa resposta convertendo a aceleração tangencial em aceleração angular. Como mostro nesta seção, sua fórmula final é Στ = Iα, a forma angular da segunda lei de Newton.

Mudando de força para torque

Você pode iniciar o processo de conversão linear para angular com um exemplo simples. Digamos que esteja girando uma bola em círculo com um fio, como mostrado na Figura 12-1. Você aplica uma força tangencial (ao longo círculo) na bola, fazendo-a aumentar de velocidade (lembre-se de que essa força não está direcionada ao centro do círculo, como quando há uma força centrípeta; veja o Capítulo 11). Quer escrever a segunda lei de Newton em termos de torque em vez de força.

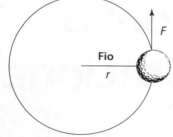

FIGURA 12-1: Uma força tangencial aplicada a uma bola em um fio.

Comece trabalhando apenas com as grandezas de quantidades vetoriais dizendo que:

$F = ma$

Para escrever essa equação em termos de quantidades angulares, como o torque, multiplique pelo raio do círculo, r (veja o Capítulo 11 para detalhes no relacionamento entre as quantidades angular e linear):

$Fr = mra$

Como está aplicando uma força tangencial à bola, a força e o raio do círculo estão em ângulos retos (veja a Figura 12-1), então você pode substituir Fr pelo torque:

$\tau = mra$

Agora, você terminou parcialmente a transição para o movimento rotacional. Em vez de trabalhar com a força linear, você trabalha com o torque, que é o análogo rotacional da força linear.

Convertendo a aceleração tangencial em aceleração angular

Para ir do movimento linear para o movimento angular, você tem que converter a, a aceleração tangencial, em α, a aceleração angular. Ótimo, mas como se faz a conversão? Você pode multiplicar a aceleração angular pelo raio para obter o equivalente linear, que é a grandeza da aceleração tangencial (veja o Capítulo 11): $a = r\alpha$. Substitua $r\alpha$ por a na equação para o equivalente angular da segunda lei de Newton, $\tau = mra$:

$$\tau = mr(r\alpha) = mr^2\alpha$$

Agora, você relacionou a grandeza do torque à grandeza da aceleração angular. A direção da aceleração angular e do torque é a mesma, então esta equação também é verdadeira para os vetores:

$$\tau = mr^2\alpha$$

Incluindo o momento de inércia

Para passar da força linear, **F** = m**a**, para o torque (o equivalente angular da força linear), é necessário encontrar o equivalente angular da aceleração e da massa. Na seção anterior, você encontrou a aceleração angular e obteve a equação $\tau = mr^2\alpha$.

Nessa equação, mr^2 é o análogo rotacional da massa, chamado oficialmente de *momento de inércia* (e às vezes de *inércia rotacional*). O *momento de inércia* é uma medida da resistência de um objeto a mudanças em seu movimento rotacional.

Na física, o símbolo para inércia é I, então você pode escrever a equação do torque da seguinte maneira:

$$\Sigma \tau = I\alpha$$

O símbolo Σ significa *soma de*, então $\Sigma \tau$ significa *torque resultante*. As unidades do momento de inércia são quilogramas-metro quadrado (kg·m^2). Observe como a equação do torque é parecida com a equação da força resultante:

$$\Sigma \mathbf{F} = m\mathbf{a}$$

$\Sigma \tau = I\alpha$ é a forma angular da segunda lei de Newton para corpos em rotação: o torque resultante é igual ao momento de inércia multiplicado pela aceleração angular.

CAPÍTULO 12 **Circulando com a Dinâmica Rotacional** 247

Agora você pode usar a equação. Digamos, por exemplo, que esteja girando a bola de 45g da Figura 12-1 em um círculo de 1,0 metro e deseja aumentar a velocidade em uma taxa de 2π radianos por segundo². Que grandeza de torque você precisa? Sabe-se que:

$$\tau = I\alpha$$

DICA

Você pode tirar o símbolo Σ da versão angular da equação da segunda lei de Newton quando estiver lidando com apenas um torque. A "soma" dos torques é o valor do único torque com o qual você trabalha.

O momento de inércia é igual a mr^2, então:

$$\tau = I\alpha = mr^2\alpha$$

Inserindo os números (depois de converter gramas em quilogramas) você obtém:

$$\tau = mr^2\alpha = (0{,}045 \text{ kg})(1{,}0 \text{ m})^2 (2\pi \text{ s}^{-1}) = 9{,}0\,\pi \times 10^{-2} \text{N} \cdot \text{m}$$

Sua resposta, $9{,}0\pi \times 10^{-2}$ N·m, é aproximadamente 0,28 newtons-metro de torque. Resolver o torque necessário no movimento angular é muito parecido com receber uma massa e uma aceleração exigida e determinar a força necessária no movimento linear.

Momentos de Inércia: Observando a Distribuição da Massa

LEMBRE-SE

O momento de inércia depende não apenas da massa do objeto, mas também de como ela é distribuída. Por exemplo, se dois discos têm a mesma massa, mas a de um deles fica toda na borda e o outro é sólido, então os discos teriam momentos de inércia diferentes.

Calcular momentos de inércia é bem simples se você tiver que examinar somente o movimento orbital de objetos pontuais, em que toda a massa está concentrada em um ponto específico em um dado raio r. Por exemplo, para uma bola de golfe que você gira com um fio, o momento de inércia depende do raio do círculo no qual a bola gira:

$$I = mr^2$$

Aqui, r é o raio do círculo, do centro de rotação ao ponto em que toda a massa da bola de golfe está concentrada.

No entanto, fazer os cálculos pode ser um pouco complicado quando entramos no mundo fora da bola de golfe, pois você pode não ter certeza de qual raio usar. E se estiver girando uma vara? Toda a massa da vara não está concentrada em um único raio. Quando temos um objeto extenso, como uma vara, cada pedaço da massa está em um raio diferente. Não há um jeito fácil de lidar com isso, então temos que somar a contribuição de cada partícula de massa em cada raio diferente da seguinte forma:

$$I = \Sigma mr^2$$

Você pode usar esse conceito para somar os momentos de inércia de todos os elementos para obter o total a fim de descobrir o momento de inércia de qualquer distribuição da massa. Veja um exemplo usando duas massas pontuais, que é um pouco mais complicado do que uma única massa pontual. Digamos que você tenha duas bolas de golfe e queira saber qual é o momento de inércia combinado das duas. Se uma das bolas está no raio r_1 e a outra no r_2, o momento de inércia total é:

$$I = \Sigma mr^2 = m(r_1^2 + r_2^2)$$

Então como encontramos o momento de inércia, digamos, de um disco girando em torno de um eixo preso em seu centro? Você precisa dividir o disco em pequenas bolas e somá-las. Físicos de confiança já completaram essa tarefa para muitas formas-padrão; eu forneço uma lista de objetos que você tem mais probabilidade de encontrar, e seus momentos de inércia, na Tabela 12-1. A Figura 12-2 ilustra as formas correspondentes a cada um deles.

TABELA 12-1   ## Momentos de Inércia de Várias Formas e Sólidos

Forma	Momento de Inércia
(a) Cilindro sólido ou disco de raio r	$I = \frac{1}{2}mr^2$
(b) Cilindro oco de raio r	$I = mr^2$
(c) Esfera sólida de raio r	$I = \frac{2}{5}mr^2$
(d) Esfera oca de raio r	$I = \frac{2}{3}mr^2$
(e) Retângulo girando em torno de um eixo ao longo de um lado, em que o outro lado tem comprimento r	$I = \frac{1}{3}mr^2$
(f) Retângulos com lados r_1 e r_2 girando em torno de um eixo perpendicular ao centro	$I = \left(\frac{1}{12}\right)m\left(r_1^2 + r_2^2\right)$
(g) Vara fina de comprimento r girando em torno do seu meio	$I = \frac{1}{12}mr^2$
(h) Vara fina de comprimento r girando em torno de uma extremidade	$I = \frac{1}{3}mr^2$

CAPÍTULO 12 **Circulando com a Dinâmica Rotacional** 249

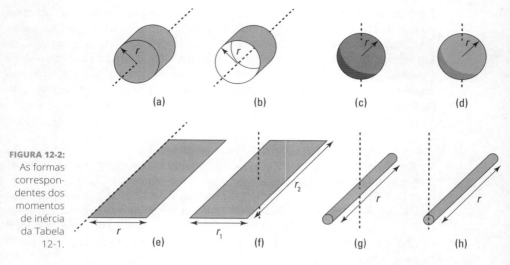

FIGURA 12-2: As formas correspondentes dos momentos de inércia da Tabela 12-1.

Confira os exemplos a seguir para ver momentos de inércia avançados em ação.

DVD players e torque: Um exemplo de inércia com um disco girando

Veja um fato interessante sobre os DVD players: eles realmente mudam a velocidade angular do DVD para manter a seção dele sob a cabeça do laser que se move em velocidade linear constante.

Digamos que um DVD tenha uma massa de 30 gramas e um diâmetro de 12 centímetros. Ele começa em 700 rotações por segundo quando você pressiona a tecla *play* e cai para cerca de 200 rotações por segundo no final do DVD, 50 minutos mais tarde. Qual é o torque médio necessário para criar essa aceleração? Comece com a equação do torque:

$$\tau = I\alpha$$

Um DVD é uma forma de disco girando em torno de seu centro, então a partir da Tabela 12-2, você sabe que seu momento de inércia é:

$$I = \frac{1}{2}mr^2$$

O diâmetro do DVD é de 12cm, então o raio tem 6,0cm. Inserindo os números você obterá o momento de inércia:

$$I = \frac{1}{2}mr^2 = \frac{1}{2}(0{,}030 \text{ kg})(0{,}060 \text{ m})^2 = 5{,}4 \times 10^{-5} \text{ kg} \cdot \text{m}^2$$

E a aceleração angular, α? Este é o equivalente angular da equação para a aceleração linear (veja detalhes no Capítulo 11):

$$\alpha = \frac{\Delta\omega}{\Delta t}$$

Mas como a velocidade angular sempre fica ao longo do mesmo eixo, considere apenas os componentes da velocidade e da aceleração angulares ao longo desse eixo. Elas são então relacionadas por:

$$\alpha = \frac{\Delta\omega}{\Delta t}$$

O tempo, Δt, é 50 minutos, ou 3.000 segundos. E $\Delta\omega$ (que é igual a $\omega_f - \omega_i$)? Primeiro precisamos expressar a velocidade angular em radianos por segundo, e não revoluções por segundo. Sabemos que a velocidade angular inicial é de 700 revoluções por segundo, então, em termos de radianos por segundo, temos:

$$\omega_i = \frac{700 \ \text{revoluções}}{1 \ \text{s}} \times \frac{2\pi \ \text{rad}}{1 \ \text{revolução}} = 1.400\pi \ \text{rad/s}$$

De modo similar, podemos obter a velocidade angular final assim:

$$\omega_f = \frac{200 \ \text{revoluções}}{1 \ \text{s}} \times \frac{2\pi \ \text{rad}}{1 \ \text{revolução}} = 400\pi \ \text{rad/s}$$

Agora insira as velocidades angulares e o tempo na fórmula de aceleração angular:

$$\begin{aligned}
\alpha &= \frac{\Delta\omega}{\Delta t} \\
&= \frac{\left(w_f - w_i\right)}{\Delta t} \\
&= \frac{\left(400\pi - 1.400\pi\right) \text{rad/s}}{3.000 \ \text{s}} \\
&= \frac{-1.000\pi \ \text{rad}}{3.000 \ \text{s}^2} \\
&\approx -1.047 \ \text{rad/s}^2
\end{aligned}$$

A aceleração angular é negativa porque o disco está diminuindo a velocidade. Como definido anteriormente, o componente da velocidade angular ao longo do eixo de rotação é positivo. A aceleração negativa leva, então, a uma redução nessa velocidade angular.

Você encontrou o momento de inércia e a aceleração angular, então pode agora inserir esses valores na equação do torque:

$$\tau = I\alpha = \left(5{,}4 \times 10^{-5} \ \text{kg·m}^2\right)\left(-1{,}047 \ \text{s}^{-2}\right) \approx -5{,}65 \times 10^{-5} \ \text{N·m}$$

O torque médio é $-5,65 \times 10^{-5}$N·m. Para ter uma ideia do quanto pode ser fácil ou difícil alcançar esse torque, você pode perguntar quanta força é isso quando aplicada a uma borda externa — isto é, a um raio de 6cm. O torque é a força vezes o raio, então:

$$F = \frac{\tau}{r} = \frac{-5,65 \times 10^{-5} \text{ N} \cdot \text{m}}{0,06 \text{ m}} \approx 9 \times 10^{-4} \text{ N}$$

Isso é aproximadamente 2×10^{-4} libras, ou 3×10^{-3} onças de força. Diminuir a velocidade do DVD não exige muita força.

Aceleração angular e torque: Um exemplo de inércia com roldana

Nem sempre você vê um objeto em movimento e pensa: "movimento angular", como faz ao ver um DVD girando. Veja, por exemplo, alguém levantando um objeto com uma corda em um sistema de roldanas. A corda e o objeto se movem de modo linear, mas a roldana tem um movimento angular.

Digamos que você use uma roldana com massa de 1kg e raio de 10cm para puxar uma massa de 16kg verticalmente (veja a Figura 12-3). Você aplica uma força de 200N. Qual é a aceleração angular da roldana?

Você usa a equação para o torque, inclusive o símbolo de somatória, Σ, porque está lidando com mais de um torque neste problema (sempre usamos o torque resultante, mas muitos problemas têm apenas um torque, portanto, o símbolo é omitido):

$\Sigma\tau = I\alpha$

em que $\Sigma\tau$ significa torque resultante.

Neste caso, há dois torques, τ_1 e τ_2. A direção desses vetores de torque é perpendicular ao plano da Figura 12-3. Considere o componente dos vetores de torque nessa direção, escritos como τ_1 e τ_2, de modo que um valor positivo corresponda a uma rotação no sentido horário.

Resolva a equação do torque para a aceleração angular, α, e escreva $\Sigma\tau$ como a soma de τ_1 e τ_2:

$$\alpha = \frac{\Sigma\tau}{I} = \frac{(\tau_1 + \tau_2)}{I}$$

em que α é o componente de aceleração angular da roldana e τ é o torque na roldana na direção perpendicular ao plano da Figura 12-3.

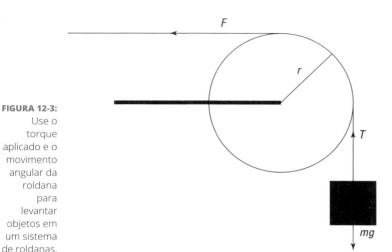

FIGURA 12-3: Use o torque aplicado e o movimento angular da roldana para levantar objetos em um sistema de roldanas.

Primeiro concentre-se nos torques. As duas forças agem em um raio de 10,0cm, então os dois torques são:

» $\tau_1 = Fr$, com F como a força e r como o raio da roldana.

» $\tau_2 = -Tr$, em que T é a tensão na corda entre a massa m e a roldana.

O apoio da roldana passa pelo eixo de rotação, então nenhum torque vem dele.

Você precisa descobrir a tensão, T, na corda que fornece o torque τ_2. As forças agindo na massa, m, de 16kg são seu peso agindo para baixo e a tensão da corda agindo para cima, então você pode usar a segunda lei de Newton para escrever o seguinte:

$$-mg + T = ma$$

em que a é a aceleração da massa m. Você precisa da tensão, então resolva T:

$$T = ma + mg$$

Como a corda não estica, a aceleração da massa m deve ser igual à aceleração tangencial da borda da roda da roldana. A aceleração tangencial é relacionada à aceleração linear por $a = r\alpha$ (veja detalhes no Capítulo 11), então substitua a para escrever a tensão na corda como:

$$\begin{aligned} T &= ma + mg \\ &= m(r\alpha) + mg \\ &= m(r\alpha + g) \end{aligned}$$

Conhecer a tensão permite que você encontre τ_2, que é igual a $-Tr$. Você sabe que τ_1 é igual a Fr, então pode descobrir o torque total que age sobre a roda da roldana:

$$\tau_1 + \tau_2 = Fr - Tr$$
$$= Fr - m(r\alpha + g)r$$

Se você considerar a parte giratória da roldana como um disco circular de raio r e massa M, então pode usar a Tabela 12-1 para encontrar o momento de inércia, que é $I = (1/2)\ Mr^2$. Como o torque total é igual ao momento de inércia vezes a aceleração angular, você pode escrever o seguinte:

$$Fr - m(r\alpha + g)r = \frac{1}{2}Mr^2\alpha$$

Depois é só reorganizar a equação para obter a aceleração angular, assim:

$$\alpha = \frac{F - mg}{\frac{1}{2}(M + 2m)r}$$

Inserindo os números você obtém a resposta:

$$\alpha = \frac{(200\,\text{N}) - (16\,\text{kg})(9{,}8\,\text{m/s}^2)}{\frac{1}{2}(1{,}0\,\text{kg} + 2(16\,\text{kg}))(0{,}10\,\text{m})}$$
$$\approx 26\ \text{rad/s}^2$$

Então a aceleração angular é de 26 radianos por segundo², que é cerca de 4 revoluções por segundo.

Compreendendo o Trabalho Rotacional e a Energia Cinética

Um grande jogador na partida da força linear é o *trabalho* (veja o Capítulo 9); a equação para o trabalho é que ele é igual à força vezes a distância, ou $W = Fs$. O trabalho tem um análogo rotacional. Para relacionar uma força linear atuando em certa distância à ideia de trabalho rotacional, converta a força em torque (seu equivalente angular) e a distância em ângulo. Mostro como derivar a equação do trabalho rotacional nesta seção. Também mostro o que acontece quando você realiza um trabalho girando um objeto, criando um movimento rotacional — seu trabalho aumenta a energia cinética.

Dando um giro com o trabalho

Quando a força move um objeto por uma distância, o trabalho é realizado no objeto (veja o Capítulo 9). De modo similar, quando um torque gira um objeto por um ângulo, o trabalho é realizado. Nesta seção, você descobre quanto trabalho é realizado ao girar uma roda puxando uma corda presa à borda externa da roda (veja a Figura 12-4).

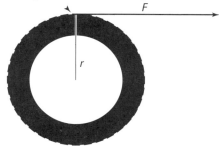

FIGURA 12-4: Exercendo uma força para girar um pneu.

Trabalho é a quantidade de força aplicada em um objeto, multiplicada pela distância na qual é aplicada. Neste caso, uma força F é aplicada à corda. Bingo! A corda permite que você faça uma transição útil entre o trabalho linear e o rotacional. Então quanto trabalho é realizado? Use a equação a seguir:

$$W = Fs$$

em que s é a distância sobre a qual a pessoa que puxa a corda aplica a força. Neste caso, a distância s é igual ao raio multiplicado pelo ângulo em que a roda gira, $s = r\theta$, então você obtém:

$$W = Fr\theta$$

Contudo, o torque, τ, é igual a Fr neste caso, porque a corda está agindo em ângulo reto com o raio (veja o Capítulo 11). Então sobra:

$$W = \tau\theta$$

Quando a corda é puxada, aplicando um torque constante que gira a roda, o trabalho realizado é igual a $\tau\theta$. Isso faz sentido, porque o trabalho linear é Fs, e, para convertê-lo a trabalho rotacional, convertemos de força para torque e de distância para ângulo. As unidades aqui são o padrão de trabalho — joule no sistema MKS.

É necessário dar o ângulo em radianos para que a conversão de trabalho linear para trabalho rotacional funcione.

Digamos que você tenha um avião que use hélices e queira determinar quanto trabalho o motor do avião realiza em uma hélice ao aplicar um torque constante de 600 newtons-metro por 100 rotações. Comece com a equação de trabalho em termos de torque:

$$W = \tau\theta$$

Uma rotação completa é 2π radianos, então θ é igual a 2π vezes 100, o número de rotações. Inserindo os números na equação você obtém o trabalho:

$$W = \tau\theta = (600\text{N·m})(100 \times 2\pi) \approx 3{,}77 \times 10^5 \text{J}$$

O motor do avião realiza $3{,}77 \times 10^5 \text{J}$ de trabalho.

Seguindo com a energia cinética rotacional

Se você realizar muito trabalho para virar um objeto, ele começa a girar. E, enquanto gira, todas as suas peças se movem, o que significa que ele tem energia cinética. Para objetos girando, você precisa converter do conceito linear para o conceito rotacional de energia cinética.

Calcule a energia cinética de um corpo em movimento linear com a equação a seguir (veja o Capítulo 9):

$$EC = \frac{1}{2}mv^2$$

em que m é a massa do objeto e v é a velocidade. Essa fórmula é aplicada a todas as partes do objeto giratório — cada pedaço da massa tem energia cinética.

Para ir da versão linear para a rotacional, precisamos ir da massa para o momento de inércia, I, e da velocidade para a velocidade angular, ω. Você pode relacionar a velocidade tangencial de um objeto à sua velocidade angular assim (veja o Capítulo 11):

$$v = r\omega$$

em que r é o raio e ω é a velocidade angular. Inserindo o equivalente de v na equação de energia cinética, temos:

$$EC = \frac{1}{2}mv^2 = \frac{1}{2}m\left(r^2\omega^2\right)$$

Tudo bem com a equação até aqui, mas ela só é verdadeira para o pedacinho único de massa sendo abordado — todos os outros pedaços de massa podem ter um raio diferente, então ainda não acabamos. Some a energia cinética de todas as partes da massa assim:

$$EC = \frac{1}{2}\Sigma\left(mr^2\omega^2\right)$$

É possível simplificar essa equação. Comece notando que mesmo que cada pedaço de massa seja diferente e esteja em um raio diferente, cada um tem a mesma velocidade angular (todos giram pelo mesmo ângulo no mesmo tempo). Portanto, podemos tirar o ω da soma:

$$EC = \frac{1}{2}\Sigma\left(mr^2\right)\omega^2$$

Isso simplifica muito a equação, porque $\Sigma(mr^2)$ é igual ao momento de inércia, I (veja a seção "Chegando ao Movimento Angular com a Segunda Lei de Newton", anteriormente neste capítulo). Essa substituição tira da equação todas as dependências sobre o raio individual de cada parte da massa, deixando:

$$EC = \frac{1}{2}I\omega^2$$

Agora você tem uma equação simplificada para a energia cinética rotacional. A equação é útil pois a energia cinética rotacional está por toda parte. Um satélite rodando no espaço tem energia cinética rotacional. Um barril de cerveja rolando por uma rampa para fora do caminhão tem energia cinética rotacional. O último exemplo (nem sempre com caminhões de cerveja, é claro) é muito comum em problemas de física.

Vamos rolar! Encontrando a energia cinética rotacional em uma rampa

Objetos podem ter energia linear e cinética rotacional. Esse fato é importante, se pensar bem, porque quando um objeto começa a rolar rampa abaixo, qualquer conhecimento de rampas anterior que você tiver é inútil. Por quê? Porque, quando um objeto rola rampa abaixo em vez de deslizar, parte de sua energia potencial gravitacional (veja o Capítulo 9) vai para a energia cinética linear e parte vai para a energia cinética rotacional.

Observe a Figura 12-5, em que você está posicionando um cilindro sólido e um oco para que corram rampa abaixo. Ambos têm a mesma massa. Qual cilindro ganhará? Isto é, qual cilindro terá a maior velocidade no final da rampa? Ao observar apenas o movimento linear, você pode tratar esse problema igualando a energia potencial à energia cinética final (supondo que não haja atrito!) assim:

$$EP = EC$$
$$mgh = \frac{1}{2}mv^2$$

em que *m* é a massa do objeto, *g* é a aceleração devido à gravidade e *h* é a altura no topo da rampa. Essa equação possibilita encontrar a velocidade final.

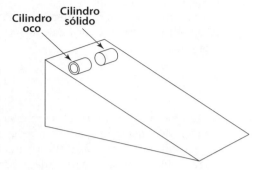

FIGURA 12-5: Um cilindro sólido e um oco prontos para uma corrida rampa abaixo.

Mas os cilindros estão rolando neste caso, o que significa que a energia potencial gravitacional inicial se transforma em *ambas*, energia cinética linear e rotacional. Agora você pode escrever a equação assim:

$$mgh = \frac{1}{2}mv^2 + \frac{1}{2}I\omega^2$$

Relacione *v* e ω com a equação *v* = *r*ω, o que significa que ω = *v/r*, então:

$$mgh = \frac{1}{2}mv^2 + \frac{1}{2}I\left(\frac{v^2}{r^2}\right)$$

Para encontrar *v*, tente agrupar as coisas. É possível retirar (1/2)*v*² dos dois termos do lado direito:

$$mgh = \frac{1}{2}mv^2 + \frac{1}{2}I\left(\frac{v^2}{r^2}\right)$$

$$mgh = \frac{1}{2}\left(m + \frac{I}{r^2}\right)v^2$$

Isolando *v*, você obtém o seguinte:

$$v = \sqrt{\frac{2mgh}{m + I/r^2}}$$

Para o cilindro oco, o momento de inércia é igual a *mr*², como podemos ver na Tabela 12-1. Por outro lado, para o cilindro sólido, o momento de inércia é igual a (1/2)*mr*². Substituindo *I* no cilindro oco obtemos sua velocidade:

$$v = \sqrt{gh}$$

Substituindo *I* no cilindro sólido obtemos sua velocidade:

$$v = \sqrt{\frac{4gh}{3}}$$

Agora a resposta fica clara. O cilindro sólido rolará $\sqrt{\frac{4}{3}}$ mais rápido que o cilindro oco, ou cerca de 1,15 vezes mais rápido, então o cilindro sólido vencerá.

O cilindro oco tem uma massa mais concentrada em um raio maior enquanto o sólido a tem distribuída do centro passando por todo o raio, então essa resposta faz sentido. Com essa grande massa pela borda, o cilindro oco não precisa ir tão rápido para ter a mesma quantidade de energia cinética que o sólido.

Impossível Parar: Quantidade de Movimento Angular

Imagine uma criança brincando no carrossel do parquinho e gritando que quer descer. Você precisa parar o carrossel, mas isso exigirá certo esforço. Por quê? Porque ele tem *quantidade de movimento angular*.

A *quantidade de movimento linear*, **p**, é definida como o produto da massa e da velocidade:

p = *m***v**

Essa é uma quantidade conservada quando não há forças externas em ação. Quanto maior e mais rápido é o objeto, maior a grandeza da quantidade de movimento.

A física também tem a quantidade de movimento angular, **L**. Sua equação é a seguinte:

L = *I*ω

em que *I* é o momento de inércia e ω é a velocidade angular.

LEMBRE-SE

Observe que a quantidade de movimento angular é uma quantidade vetorial, o que significa que tem uma grandeza e uma direção. O vetor aponta para a mesma direção do vetor ω (isto é, na direção que o polegar da sua mão direita aponta quando você envolve seus dedos na direção em que o objeto gira).

As unidades da quantidade de movimento angular são *I* multiplicado pelas unidades de ω, ou kg·m²/s no sistema MKS.

O importante na quantidade de movimento angular, assim como no linear, é que ela é conservada.

Conservando a quantidade de movimento angular

LEMBRE-SE

O *princípio de conservação da quantidade de movimento angular* afirma que ela é conservada se não houver envolvimento de torques resultantes.

Esse princípio é útil em todos os tipos de problemas, como quando dois patinadores de gelo começam segurando um ao outro enquanto giram, mas acabam com os braços esticados. Dada sua velocidade angular inicial, é possível descobrir sua velocidade angular final, pois a quantidade de movimento angular é conservada:

$$I_1\omega_1 = I_2\omega_2$$

Se conseguir descobrir o momento de inércia inicial e o final, você está pronto. Mas também pode encontrar casos menos óbvios em que o princípio da conservação da quantidade de movimento angular pode ajudar. Por exemplo, satélites não precisam viajar em órbitas circulares; podem viajar em elipses. E quando o fazem, a matemática pode ficar muito mais difícil. Por sorte, o princípio da conservação da quantidade de movimento angular pode simplificar os problemas.

Órbitas de satélites: Um exemplo da conservação da quantidade de movimento angular

Digamos que a NASA tenha planejado colocar um satélite em órbita circular em torno de Plutão para estudos, mas a situação saiu um pouco do controle e o satélite acabou com uma órbita elíptica. Em seu ponto mais próximo de Plutão, $6,0 \times 10^6$ metros, o satélite passa a 9.000 metros por segundo.

O ponto mais distante do satélite de Plutão é $2,0 \times 10^7$ metros. Qual é a sua velocidade nesse ponto? A resposta é difícil de descobrir a não ser que você consiga um ângulo aqui, e esse ângulo é a quantidade de movimento angular.

A quantidade de movimento angular é conservada porque o satélite não precisa lidar com nenhum torque externo (a gravidade sempre age perpendicularmente ao raio orbital). Como a quantidade de movimento angular é conservada, podemos dizer que:

$$I_1\omega_1 = I_2\omega_2$$

Como o satélite é muito pequeno em comparação ao raio de sua órbita em qualquer localização, você pode considerá-lo como uma massa pontual. Portanto, o momento de inércia, I, é igual a mr^2 (veja a seção anterior "Incluindo o momento de inércia"). A grandeza da velocidade angular é igual a v/r, então podemos expressar a conservação da quantidade de movimento angular em termos de velocidade da seguinte forma:

$$I_1\omega_1 = I_2\omega_2$$
$$mr_1v_1 = mr_2v_2$$

Isole v_2 de um lado da equação dividindo-o por mr_2:

$$v_2 = \frac{r_1v_1}{r_2}$$

Temos a solução; nenhuma matemática complicada envolvida, pois podemos contar com o princípio da conservação da quantidade de movimento angular para fazer o trabalho. Tudo o que precisamos fazer é inserir os números:

$$v_2 = \frac{r_1v_1}{r_2} = \frac{\left(6,0\times10^6\ \text{m}\right)\left(9.000\ \text{m/s}\right)}{2,0\times10^7\ \text{m}} = 2.700\ \text{m/s}$$

Em seu ponto mais próximo de Plutão, o satélite passará a 9.000 metros por segundo e em seu ponto mais distante se moverá a 2.700 metros por segundo. Bem fácil de descobrir, contanto que você domine o princípio da conservação da quantidade de movimento angular.

262   PA RTE 3   **Manifestando a Energia para o Trabalho**

NESTE CAPÍTULO

» Entendendo a força ao esticar ou comprimir uma mola

» Revisando o básico do movimento harmônico simples

» Reunindo a energia para o movimento harmônico simples

» Prevendo o movimento e o período de um pêndulo

Capítulo **13**

Molas: Movimento Harmônico Simples

Neste capítulo, agito um pouco as coisas com um novo tipo de movimento: o movimento periódico, que ocorre quando os objetos estão quicando em molas e cabos elásticos ou até se movendo na extremidade de um pêndulo. Este capítulo trata da descrição de seu movimento. Você não só pode descrever os movimentos em detalhes, como também pode prever quanta energia um conjunto de molas tem, quanto tempo levará para um pêndulo ir e voltar e muito mais.

Retornando com a Lei de Hooke

Objetos que esticam mas retornam às suas formas originais são chamados de *elásticos*. A elasticidade é uma propriedade valiosa, pois permite o uso de objetos como molas para todos os tipos de aplicações: como amortecedores em módulos de pouso lunar, como cronômetros em relógios e até como martelos em ratoeiras.

Nesta seção introduzo a lei de Hooke, que relaciona as forças ao quanto uma mola é esticada ou comprimida.

Esticando e comprimindo molas

Robert Hooke, um físico inglês, dedicou-se ao estudo dos materiais elásticos nos anos 1600. Ele descobriu uma nova lei, chamada de lei de Hooke, que afirma que esticar ou comprimir um material elástico exige uma força diretamente proporcional à quantidade da deformação realizada. Por exemplo, se você esticar uma mola a uma distância x, precisará aplicar uma força diretamente proporcional a x:

$$F_a = kx$$

Aqui, F_a e x são os componentes da força aplicada e do deslocamento ao longo da direção da mola, de modo que:

» Valores positivos correspondem ao esticamento.
» Valores negativos correspondem à compressão.

A constante k é chamada de *constante elástica da mola*, e sua unidade é newton por metro (N/m).

Empurrando ou puxando de volta: A força restauradora da mola

De acordo com a terceira lei de Newton, se um objeto aplica uma força a uma mola, então a mola aplica uma força igual e oposta ao objeto. A lei de Hooke dá a força que uma mola exerce em um objeto anexado a ela com a seguinte equação:

$$F = -kx$$

em que o sinal de menos mostra que essa força está na direção oposta da força que estica ou comprime a mola (veja a seção anterior para mais informações sobre forças em molas).

A força exercida por uma mola é chamada de *força restauradora*; ela sempre age para fazer a mola voltar ao equilíbrio. Na lei de Hooke, o sinal negativo na força da mola significa que a força exercida pela mola se opõe ao seu deslocamento.

A Figura 13-1 mostra uma bola grudada em uma mola. Você pode ver que, se a mola não estiver esticada ou comprimida, ela não exerce força sobre a bola. Mas, se você empurrar a mola, ela empurra de volta e se puxá-la, ela puxa de volta.

LEMBRE-SE

A lei de Hooke é válida contanto que o material elástico permaneça elástico — isto é, permaneça dentro de seu *limite elástico*. Se você puxar demais uma mola, ela perde sua habilidade de esticar. Enquanto a mola permanecer dentro de seu limite elástico, você pode dizer que $F = -kx$. Quando uma mola permanece dentro de seu limite elástico e obedece a lei de Hooke, ela é chamada de *mola ideal*.

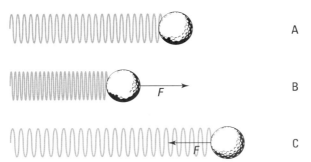

FIGURA 13-1:
A direção da força exercida por uma mola.

Suponha que um grupo de projetistas de carro bata à sua porta e pergunte se você pode ajudar a projetar um sistema de suspensão. "Com certeza", você diz. Eles informam que o carro terá uma massa de 1.000kg e que há quatro amortecedores, cada um com 0,5m de comprimento, com os quais trabalhar. Que força as molas devem ter? Supondo que esses amortecedores usem molas, cada uma tem que suportar um peso de, no mínimo, 250kg, que é o seguinte:

$$F = mg = (250\text{kg})(9,8\text{m/s}^2) = 2.450\text{N}$$

em que F é igual à força, m é igual à massa do objeto e g é igual à aceleração devido à gravidade, 9,8 metros por segundo². A mola no amortecedor terá que fornecer, no mínimo, 2.450N de força na compressão máxima de 0,5m. Então, qual deve ser a constante elástica da mola? A lei de Hooke diz:

$$F = -kx$$

Observando apenas as grandezas e, portanto, omitindo o sinal negativo (veja seu retorno na próxima seção), você obtém:

$$k = \frac{F}{x}$$

Hora de inserir os números:

$$k = \frac{F}{x} = \frac{2.450\,\text{N}}{0,5\,\text{m}} = 4.900\,\text{N/m}$$

As molas usadas nos amortecedores devem ter constantes elásticas de, pelo menos, 4.900 newtons por metro. Os projetistas de carro saem correndo, em êxtase, mas você os chama: "Não se esqueçam de que precisam pelo menos dobrar esse valor caso realmente queiram que seu carro seja capaz de lidar com os buracos."

CAPÍTULO 13 **Molas: Movimento Harmônico Simples** 265

Movendo-se com o Movimento Harmônico Simples

Um *movimento oscilatório* é um movimento que passa por ciclos repetidos. Quando a força resultante agindo sobre um objeto é elástica, o objeto passa por um movimento oscilatório simples chamado de *movimento harmônico simples*. A força que tenta restaurar o objeto à sua posição de repouso é proporcional ao seu deslocamento. Ou seja, ela obedece à lei de Hooke.

As forças elásticas sugerem que o movimento simplesmente continuará se repetindo (mas isso não é realmente verdadeiro; até os objetos em molas param depois de um tempo quando o atrito e a perda de calor na mola cobram seu preço). Esta seção mergulha no movimento harmônico simples e mostra como ele se relaciona ao movimento circular. Aqui, escrevemos o movimento com a onda de seno e exploramos conceitos familiares como posição, velocidade e aceleração.

Próximo do equilíbrio: Examinando molas horizontais e verticais

Dê uma olhada na bola na Figura 13-1. Ela está presa a uma mola em uma superfície horizontal sem atrito. Digamos que você empurre a bola, comprimindo a mola, e depois solte; a bola dispara, esticando a mola. Depois da extensão, a mola puxa de volta e passa novamente pelo ponto de equilíbrio (em que nenhuma força atua na bola), movendo-se para trás depois. Isso acontece porque a bola tem inércia (veja o Capítulo 5) e, quando ela se move, fazê-la parar exige certa força. Estes são os vários estágios pelos quais a bola passa, coincidindo com as letras na Figura 13-1 (e supondo que não há atrito):

» **Ponto A:** A bola está em equilíbrio e nenhuma força age sobre ela. Este ponto, em que a mola não está nem estendida nem comprimida, é chamado de *ponto de equilíbrio*.

» **Ponto B:** A bola é empurrada contra a mola, que revida com a força F oposta a esse empurrão.

» **Ponto C:** A mola é solta e a bola salta a uma distância igual do outro lado do ponto de equilíbrio. Neste ponto, a bola não se move, mas uma força, F, age sobre ela, então começa a voltar na outra direção.

266   PARTE 3 **Manifestando a Energia para o Trabalho**

A bola passa pelo ponto de equilíbrio em seu caminho de volta ao Ponto B. Nesse ponto de equilíbrio, a mola não exerce nenhuma força sobre a bola, mas a bola viaja em sua velocidade máxima. É isto que acontece quando a bola de golfe vai e volta: você empurra a bola para o Ponto B, ela passa pelo Ponto A, move-se para o Ponto C, volta para A, vai para B e assim por diante; B-A-C-A-B-A-C-A etc. O Ponto A é o ponto de equilíbrio e os dois Pontos B e C são equidistantes ao Ponto A.

E se a bola ficasse pendurada no ar na extremidade de uma mola, como mostra a Figura 13-2? Nesse caso, a bola oscila para cima e para baixo. Como a bola sobre uma superfície na Figura 13-1, ela oscilará em torno da posição de equilíbrio; desta vez, porém, a posição de equilíbrio não é o ponto em que a mola não está esticada.

LEMBRE-SE

A posição de *equilíbrio* é definida como a posição em que nenhuma força resultante atua sobre a bola. Em outras palavras, a posição de equilíbrio é o ponto em que a bola está em repouso. Quando a mola é vertical, o peso da bola para baixo é igual à tração da mola para cima. Se a posição x da bola corresponder ao ponto de equilíbrio, x_i, o peso da bola, mg, deve ser igual à força exercida pela mola. Como $F = kx_i$, podemos escrever o seguinte:

$$mg = kx_i$$

Resolvendo x_i você obtém a distância que a mola estica por causa do peso da bola:

$$x_i = \frac{mg}{k}$$

Quando você puxa a bola para baixo ou empurra para cima e depois solta, ela oscila em torno da posição de equilíbrio, como mostra a Figura 13-2. Se a mola for elástica, a bola sofre um movimento harmônico simples na vertical em torno da posição de equilíbrio; a bola sobe uma distância A e desce uma distância $-A$ em torno dessa posição (na vida real, a bola acabaria em repouso na posição de equilíbrio por causa da força do atrito, que enfraqueceria esse movimento).

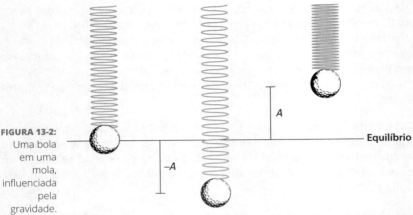

FIGURA 13-2:
Uma bola em uma mola, influenciada pela gravidade.

LEMBRE-SE

A distância A, ou a altura que o objeto sobe, é importante ao descrever o movimento harmônico simples; ela é chamada de *amplitude*. A amplitude é simplesmente a extensão máxima da oscilação, ou o tamanho da oscilação.

Pegando a onda: Um seno de movimento harmônico simples

Calcular o movimento harmônico simples pode requerer tempo e paciência quando precisamos descobrir como o movimento de um objeto muda com o tempo. Imagine que um dia você tenha uma ideia brilhante para um aparato experimental. Então, decide colocar um holofote em uma bola que balança em uma mola, lançando uma sombra sobre um pedaço de um filme fotográfico em movimento. Como o filme está se movendo, você consegue um registro do movimento da bola com o passar do tempo, liga o aparato e o deixa funcionar. Veja os resultados na Figura 13-3.

A bola oscila em torno da posição de equilíbrio, para cima e para baixo, atingindo a amplitude A em seus pontos mais baixo e mais alto. Mas dê uma olhada no caminho da bola: é possível saber onde ela se move mais rápido porque é ali que a curva tem sua inclinação maior. A bola vai mais rápido ao se aproximar do ponto de equilíbrio por causa da aceleração causada pela força da mola, que foi aplicada desde o ponto decisivo. Nas partes superior e inferior, está sujeita a muita força, portanto, diminui de velocidade e inverte seu movimento.

O caminho da bola segue o modelo de uma *onda senoidal*, o que significa que sua trajetória é uma onda senoidal de amplitude A. (**Nota:** Você também pode usar uma onda cossenoidal, pois a forma é a mesma. A única diferença é que quando uma onda senoidal está em seu auge, a onda cossenoidal está em zero e vice-versa.)

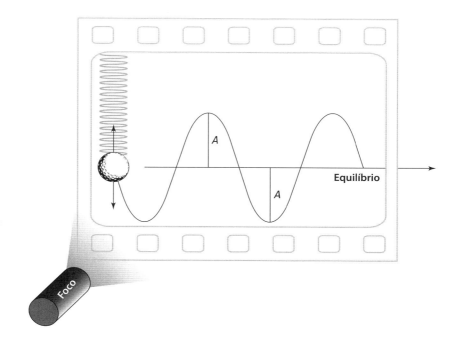

FIGURA 13-3: Registrando o movimento harmônico simples de uma bola no decorrer do tempo.

DICA

Você pode conseguir uma imagem clara da onda senoidal se representar a função senoidal em um gráfico *xy* assim:

$y = \text{sen } x$

No restante desta seção, mostro como a onda senoidal relaciona o movimento circular ao movimento harmônico simples.

Entendendo as ondas senoidais com um círculo de referência

Dê uma olhada na onda senoidal de modo circular. Se você anexar uma bola a um disco girando (veja a Figura 13-4) e jogar um foco de luz sobre ela, obterá o mesmo resultado da bola pendurada na mola (Figura 13-3): uma onda senoidal.

O disco girando, que podemos ver na Figura 13-5, geralmente é chamado de *círculo de referência*. Podemos ver como o componente vertical de um movimento circular se relaciona à onda sinusoidal (parecida com um seno) do movimento harmônico simples. Os círculos de referência podem dizer muito sobre o movimento harmônico simples.

À medida que o disco gira, o ângulo, θ, aumenta com o tempo. Como se parece o trajeto da bola quando o filme se move para a direita? Usando um pouco de

CAPÍTULO 13 **Molas: Movimento Harmônico Simples** 269

trigonometria, podemos resolver o movimento da bola ao longo do eixo y; só precisamos do componente vertical (y) da posição da bola. A qualquer tempo, a posição y da bola é a seguinte:

$y = A \operatorname{sen} \theta$

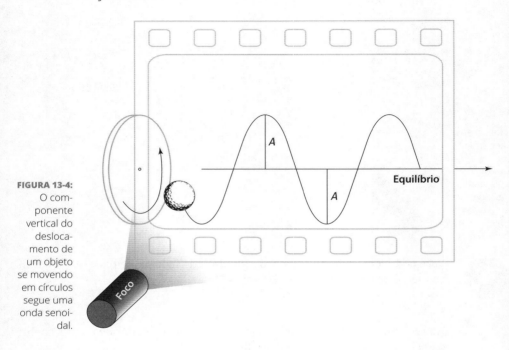

FIGURA 13-4: O componente vertical do deslocamento de um objeto se movendo em círculos segue uma onda senoidal.

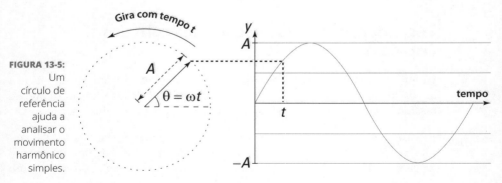

FIGURA 13-5: Um círculo de referência ajuda a analisar o movimento harmônico simples.

O deslocamento vertical varia do A positivo ao A negativo em amplitude. Na verdade, você pode dizer que já sabe como θ mudará com o tempo, porque θ = ωt, em que ω é o único componente da velocidade angular — isto é, a velocidade angular ao longo do eixo de rotação do disco — e t é o tempo:

y = A sen(ωt)

Agora você pode explicar o trajeto da bola com o passar do tempo, dado que o disco está girando com velocidade angular ω.

Periodizando

LEMBRE-SE

Sempre que um objeto se move em um círculo completo, ele completa um *ciclo*. O tempo que ele leva para completar o ciclo é chamado de *período*, geralmente medido em segundos. A letra usada para o período é *T*.

Observe a Figura 13-5 em termos do movimento y no filme. Durante um ciclo, a bola se move de y = A para −A e de volta para A. Quando a bola vai de qualquer ponto na onda senoidal e passa por uma onda completa (incluindo um pico e uma depressão) de volta para o mesmo ponto equivalente na onda senoidal mais tarde no tempo, ela completa um ciclo. O tempo que a bola leva para ir de certa posição de volta para essa mesma posição enquanto se move na mesma direção é seu período.

DICA

Como você pode relacionar o período a algo mais familiar? Quando um objeto se move em um círculo completo, totalizando um ciclo, ele vai a 2π radianos. Ele percorre esses radianos em *T* segundos, então sua velocidade angular, ω (veja o Capítulo 11), é:

$$\omega = \frac{2\pi}{T}$$

Multiplicando ambos os lados por *T* e dividindo por ω é possível encontrar o período. Agora você pode relacionar o período e a velocidade angular:

$$T = \frac{2\pi}{\omega}$$

LEMBRE-SE

Às vezes falamos em termos de frequência do movimento periódico, não do período. A *frequência* é o número de ciclos completados por segundo.

Por exemplo, se o disco da Figura 13-4 girasse 1.000 voltas completas por segundo, a frequência, *f*, seria de 1.000 ciclos por segundo. Os ciclos por segundo também são chamados de *hertz*, abreviados como Hz, então essa frequência seria de 1.000Hz.

CAPÍTULO 13 **Molas: Movimento Harmônico Simples** 271

LEMBRE-SE

Então como conectamos a frequência, *f*, ao período, *T*? *T* é a quantidade de tempo que leva para completar um ciclo, então podemos definir a frequência assim:

$$f = \frac{1}{T}$$

Como $\omega = 2\pi/T$ e $Tf = 1$, podemos reescrever a equação da velocidade angular em termos da frequência:

$$\omega = \left(\frac{2\pi}{T}\right)Tf = 2\pi f$$

CUIDADO

No movimento harmônico simples, a velocidade angular, ω, geralmente é chamada de *frequência angular*. Não confunda a frequência da onda, *f*, com a frequência angular.

Lembrando-se de não acelerar sem a velocidade

Dê uma olhada na Figura 13-5, em que uma bola está girando em um disco. Na seção "Entendendo as ondas senoidais com um círculo de referência", anteriormente neste capítulo, você descobriu que:

$$y = A \operatorname{sen}(\omega t)$$

em que *y* representa a coordenada *y* e *A* representa a amplitude do movimento. Em qualquer ponto *y*, a bola também tem certa velocidade, que varia com o tempo. Então como podemos descrever a velocidade matematicamente? Bem, podemos relacionar a velocidade tangencial à velocidade angular assim (veja o Capítulo 11):

$$v = r\omega$$

em que *r* representa o raio. Como o raio do círculo é igual à amplitude da onda correspondente, $r = A$. Portanto, obtemos a equação a seguir:

$$v = A\omega$$

Essa equação o leva a algum lugar? Certamente, pois a sombra da bola no filme fornece um movimento harmônico simples. O vetor de velocidade (veja o Capítulo 4) sempre aponta tangencialmente ao círculo — perpendicular ao raio —, então você obtém o seguinte para o componente *y* da velocidade em qualquer momento:

$$v_y = A\omega \cos \theta$$

E como a bola está em um disco girando, você sabe que θ = ωt, então:

$v_y = A\omega \cos(\omega t)$

LEMBRE-SE

Essa equação descreve a velocidade de qualquer objeto em movimento harmônico simples. Note que a velocidade muda com o tempo — de −Aω para 0 e para Aω, e de volta para 0. Então, a velocidade máxima, que ocorre no ponto de equilíbrio, tem uma grandeza Aω. Dentre outras coisas, essa equação diz que, para uma dada velocidade angular, a velocidade máxima (v) é diretamente proporcional à amplitude (A) do movimento: o movimento harmônico simples de maior amplitude tem uma velocidade máxima maior, e vice-versa.

Por exemplo, digamos que você esteja em uma expedição de física observando uma equipe de intrépidos fazendo bungee jumping. Você nota que os membros da equipe começam encontrando o ponto de equilíbrio de suas novas cordas quando um deles está pendurado nela, mas sem balançar, então você mede esse ponto.

A equipe decide soltar seu líder alguns metros acima do ponto de equilíbrio e você observa quando ele passa rapidamente do ponto e, então, quica de volta com uma velocidade de 4,0 metros por segundo no ponto de equilíbrio. Ignorando todo o cuidado, a equipe eleva seu líder a uma distância 10 vezes maior do ponto de equilíbrio e o soltam novamente. Dessa vez, você ouve um grito distante quando o corpo se move para cima e para baixo. Qual é sua velocidade máxima?

Você sabe que, da primeira vez, ele estava a 4,0 metros por segundo no ponto de equilíbrio, o ponto em que alcança a velocidade máxima; sabe que ele iniciou com uma amplitude 10 vezes maior na segunda tentativa; e sabe que a velocidade máxima é proporcional à amplitude. Portanto, supondo que a frequência de seu rebote seja igual, ele estará a 40,0 metros por segundo no ponto de equilíbrio — bem rápido.

Incluindo a aceleração

Podemos descobrir o deslocamento de um objeto em movimento harmônico simples com a equação y = A sen(ωt), e podemos encontrar a velocidade do objeto com a equação v = Aω cos(ωt). Mas é preciso levar em consideração outro fator para quando descrevemos um objeto em movimento harmônico simples: sua aceleração em um ponto específico. Como descobrimos isso? Não esquente. Quando um objeto se movimenta em círculos, a aceleração é a aceleração centrípeta (veja o Capítulo 11), que é:

$a = r\omega^2$

em que *r* é o raio e ω é o componente individual da velocidade angular (isto é, a velocidade angular na direção do eixo [constante] de rotação). E como *r* = *A* — a amplitude —, você obtém a seguinte equação:

$a = A\omega^2$

Essa equação representa o relacionamento entre aceleração centrípeta, *a*, e velocidade angular, ω. Para ir de um círculo de referência (veja a seção anterior "Entendendo as ondas senoidais com um círculo de referência") para o movimento harmônico simples, usamos o componente da aceleração em uma dimensão — aqui, a direção *y* — que se parece com isto:

$a = -A\omega^2 \operatorname{sen} \theta$

LEMBRE-SE

O sinal negativo indica que o componente *y* da aceleração é sempre direcionado de modo oposto ao deslocamento (a bola sempre acelera em direção ao ponto de equilíbrio). E como θ = ω*t*, em que *t* representa o tempo, obtemos a seguinte equação para a aceleração:

$a = -A\omega^2 \operatorname{sen}(\omega t)$

Agora, temos a equação para encontrar a aceleração de um objeto em qualquer ponto enquanto ele está em movimento harmônico simples.

Por exemplo, digamos que seu telefone toque e você o atenda. Você ouve "Alô?" no fone.

"Hmm", pensa, "Imagino qual é a aceleração máxima do diafragma do telefone." O diafragma (um disco de metal que atua como um tímpano) do seu telefone passa por um movimento muito parecido com o movimento harmônico simples, então calcular sua aceleração não é um problema. Medindo com cuidado, você nota que a amplitude do movimento do diafragma é de aproximadamente 1,0 × 10⁻⁴ metro. Até então, tudo bem. A fala humana está na faixa de frequência de 1,0 quilohertz (1.000Hz), portanto você tem a frequência, ω. E sabe que a aceleração máxima é igual ao seguinte:

$a_{máx} = A\omega^2$

Além disso, ω = 2π*f*, em que *f* representa a frequência. Substitua ω por 2π*f*, e insira a amplitude e a frequência para encontrar sua resposta:

$a_{máx} = A(2\pi f)^2 = (1{,}0 \times 10^{-4}\text{m})[2\pi(1.000/\text{s})]^2 \approx 3.940 \text{m/s}^2$

Você obtém um valor de 3.940m/s². Isso parece uma aceleração grande, e realmente é; aproximadamente 402 vezes a grandeza da aceleração devido à gravidade! "Uau", você diz. "Isso é uma aceleração incrível para um pedaço de hardware tão pequeno."

"O quê?", diz a pessoa impaciente ao telefone. "Você está praticando física de novo?"

Encontrando a frequência angular de uma massa em uma mola

Se você pegar as informações que sabe sobre a lei de Hooke para as molas (veja a seção anterior "Retornando com a Lei de Hooke") e aplicá-las ao que sabe sobre movimento harmônico simples (veja a seção anterior "Movendo-se com o movimento harmônico simples"), poderá encontrar as frequências angulares das massas nas molas, junto às frequências e aos períodos de oscilações. E como pode relacionar a frequência angular e as massas nas molas, pode encontrar o deslocamento, a velocidade e a aceleração das massas.

A lei de Hooke diz que:

$$F = -kx$$

em que F é a força exercida pela mola, k é a constante elástica da mola e x é o deslocamento do equilíbrio. Por causa de Isaac Newton (veja o Capítulo 5), você sabe que a força também é igual à massa vezes a aceleração:

$$F = ma$$

Essas equações de força estão em termos de deslocamento e aceleração, que você vê no movimento harmônico simples das seguintes formas (veja a seção anterior):

» $x = A\operatorname{sen}(\omega t)$

» $a = -A\omega^2 \operatorname{sen}(\omega t)$

Inserindo essas duas equações nas equações de força você obtém o seguinte:

$$ma = -kx$$
$$m[-A\omega^2\operatorname{sen}(\omega t)] = -kA\operatorname{sen}(\omega t)$$

Divida ambos os lados por $-A\,\mathrm{sen}(\omega t)$, e essa equação se resumirá em:

$$m\omega^2 = k$$

Reorganizando para isolar ω em um lado da equação, você obtém a fórmula da frequência angular:

$$\omega = \sqrt{\frac{k}{m}}$$

Agora encontramos a frequência angular (velocidade angular) de uma massa em uma mola, pois é relacionada à constante elástica da mola e à massa. Você também pode relacionar a frequência angular à frequência e ao período da oscilação (veja a seção anterior "Periodizando") usando a seguinte equação:

$$\omega = \frac{2\pi}{T} = 2\pi f$$

Com essa equação e com a fórmula anterior da frequência angular, é possível escrever as fórmulas para frequência e período em termos de k e m:

» $f = \frac{1}{2\pi}\sqrt{\frac{k}{m}}$

» $T = 2\pi\sqrt{\frac{m}{k}}$

Digamos que a mola da Figura 13-1 tenha uma constante elástica da mola, k, de 15 newtons por metro e você anexe uma bola de 45g a ela. Qual é o período da oscilação? Depois de converter de gramas para quilogramas, você só precisa inserir os números:

$$T = 2\pi\sqrt{\frac{m}{k}}$$
$$= 2\pi\sqrt{\frac{0{,}045\ \mathrm{kg}}{15\ \mathrm{N/m}}} \approx 0{,}34\ \mathrm{s}$$

O período de oscilação é de 0,34 segundos. Quantas quicadas você terá por segundo? O número de quicadas representa a frequência, que pode ser encontrada da seguinte forma:

$$f = \frac{1}{T} = \frac{1}{0{,}34\ \mathrm{s}} \approx 2{,}9\ \mathrm{Hz}$$

Você obtém quase 3 oscilações por segundo.

LEMBRE-SE

Como você pode relacionar a frequência angular, ω, à constante elástica da mola e à massa no final da mola, pode prever o deslocamento, a velocidade e a aceleração da massa usando as seguintes equações para um movimento harmônico simples (veja a seção "Pegando a onda: Um seno de movimento harmônico simples", anteriormente neste capítulo):

» $y = A \operatorname{sen}(\omega t)$
» $v = A\omega \cos(\omega t)$
» $a = -A\omega^2 \operatorname{sen}(\omega t)$

Usando o exemplo da mola na Figura 13-1 — com uma constante elástica de 15N/m e uma bola de 45g grudada — sabemos que a frequência angular é a seguinte:

$$\omega = \sqrt{\frac{15\,\text{N/m}}{0{,}045\,\text{kg}}} \approx 18\,\text{s}^{-1}$$

Você talvez queira conferir como as unidades funcionam. Lembre-se de que $1\text{N} = 1\text{kg} \cdot \text{m/s}^2$, então as unidades obtidas da equação anterior para a velocidade angular acabam sendo:

$$\sqrt{\frac{(\text{kg}\cdot\text{m/s}^2)/\text{m}}{\text{kg}}} = \sqrt{\frac{\text{kg/s}^2}{\text{kg}}} = \sqrt{\frac{1}{\text{s}^2}} = \text{s}^{-1}$$

Digamos, por exemplo, que você puxe a bola 10,0cm antes de soltá-la (criando uma amplitude de 10,0cm). Neste caso, descobre-se que:

$x = (0{,}10\text{m}) \operatorname{sen}[(18\text{s}^{-1})t]$

$v = (0{,}10\text{m})(18\text{s}^{-1}) \operatorname{sen}[(18\text{s}^{-1})t]$

$a = -(0{,}10\text{m})(18\text{s}^{-1})^2 \cos[(18\text{s}^{-1})t]$

Fatorando a Energia em Movimento Harmônico Simples

Junto ao movimento real que ocorre no movimento harmônico simples, você pode examinar a energia envolvida. Por exemplo, quanta energia é armazenada em uma mola quando você a comprime ou estica? O trabalho realizado ao comprimir ou esticar a mola deve entrar na energia armazenada na mola. Essa energia é chamada de *energia potencial elástica* e é igual à força, F, vezes a distância, s:

$$W = Fs$$

Ao esticar ou comprimir uma mola, a força varia, mas varia de modo linear (por causa da lei de Hooke, a força é proporcional ao deslocamento). Portanto, você pode escrever a equação em termos da força média, $\bar{F}$:

$$W = \bar{F}s$$

A distância (ou deslocamento), s, é apenas a diferença na posição, $x_f - x_i$, e a força média é $(1/2)(F_f + F_i)$. Portanto, pode-se reescrever a equação assim:

$$W = \left[\frac{1}{2}(F_f + F_i)\right](x_f - x_i)$$

A lei de Hooke diz que $F = -kx$. Então, substitua F_f e F_i por $-kx_f$ e $-kx_i$:

$$W = \left[-\frac{1}{2}(kx_f + kx_i)\right](x_f - x_i)$$

Distribuindo e simplificando a equação, obtemos a equação do trabalho e termos da constante elástica da mola e da posição:

$$W = \frac{1}{2}kx_i^2 - \frac{1}{2}kx_f^2$$

LEMBRE-SE

O trabalho realizado na mola muda sua energia potencial armazenada. Veja como essa energia potencial, ou energia potencial elástica, é dada:

$$EP = \frac{1}{2}kx^2$$

Por exemplo, suponha que uma mola seja elástica e tenha uma constante elástica da mola, k, de $1,0 \times 10^{-2}$ N/m e você a comprima em 10,0cm. A seguinte quantidade de energia é armazenada na mola:

$$EP = \frac{1}{2}kx^2 = \frac{1}{2}(1,0\times 10^{-2}\text{ N/m})(0,10\text{ m})^2 = 5,0\times 10^{-5}\text{ J}$$

DICA

Também conseguimos notar que quando soltamos a mola com uma massa presa na extremidade, a energia mecânica (a soma das energias potencial e cinética) é conservada:

$$EP_1 + EC_1 = EP_2 + EC_2$$

Quando comprimimos a mola em 10,0cm, sabemos que temos $5,0 \times 10^{-5}$J de energia armazenada. Quando a massa em movimento alcança o ponto de equilíbrio e não há forças da mola agindo sobre a massa, temos a velocidade máxima e, portanto, a energia cinética máxima — nesse ponto, a energia cinética é $5,0 \times 10^{-5}$J, pela conservação de energia mecânica (veja o Capítulo 9 para mais detalhes sobre esse assunto).

Balançando com Pêndulos

Outros objetos além de molas se movem de modo harmônico simples, como os pêndulos. Na Figura 13-6, uma bola amarrada a uma corda balança para frente e para trás.

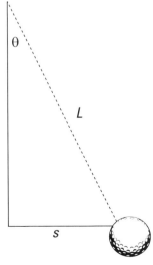

FIGURA 13-6:
Um pêndulo tem movimento harmônico simples.

CAPÍTULO 13 **Molas: Movimento Harmônico Simples**   279

O torque, τ, que vem da gravidade é o peso da bola (uma força de grandeza mg direcionada para baixo — por isso o sinal negativo) multiplicado pelo braço de alavanca, s (para mais sobre braços de alavancas e torque, veja o Capítulo 11):

$$\tau = -mgs$$

É aí que você faz uma aproximação. Para ângulos θ pequenos, a distância s é aproximadamente igual a $L\theta$, em que L é o comprimento da corda do pêndulo:

$$\tau = -mgL\theta$$

Essa equação lembra a lei de Hooke, $F = -kx$, se você tratar mgL como trataria uma constante elástica de mola. No Capítulo 12, eu mostro a relação entre torque e aceleração angular, e você vê que as variáveis angulares obedecem à mesma equação que suas equivalentes lineares. Portanto, o cálculo ocorre do mesmo modo para a mola. Nas variáveis angulares:

$$\Sigma\tau = I\alpha$$

Assim como no caso da mola, o pêndulo passa por movimento harmônico simples, com:

» $\theta = A\,\text{sen}(\omega t)$

» $\alpha = -A\omega^2\,\text{sen}(\omega t)$

Insira o torque do pêndulo e os valores de α e θ para obter:

$$I\alpha = -mgL\theta$$
$$I[-A\omega^2\,\text{sen}(\omega t)] = -mgLA\,\text{sen}(\omega t)$$

Depois isole ω:

$$\omega = \sqrt{\frac{mgL}{I}}$$

O momento de inércia é igual a mr^2 para uma massa pontual (veja o Capítulo 12), que você pode usar aqui, supondo que a bola seja pequena em comparação à corda do pêndulo. Para ele, o raio r é o comprimento da corda, L. Isso fornece a seguinte equação:

$$\omega = \sqrt{\frac{mgL}{mL^2}}$$
$$= \sqrt{\frac{g}{L}}$$

Agora você pode inserir essa velocidade angular nas equações de movimento harmônico simples. Também pode encontrar o período de um pêndulo com a equação a seguir:

$$\omega = \frac{2\pi}{T}$$

em que T representa o período. Se você substituir ω pela forma anterior, terá:

$$\sqrt{\frac{g}{L}} = \frac{2\pi}{T}$$

Reorganize para encontrar o período:

$$T = 2\pi\sqrt{\frac{L}{g}}$$

Note que esse período, na verdade, é independente da massa do pêndulo!

282   PARTE 3 Manifestando a Energia para o Trabalho

4

Estabelecendo as Leis da Termodinâmica

NESTA PARTE...

Quanta água fervente é necessária para derreter um bloco de gelo de 90kg? Por que você congelaria no espaço? Por que o metal parece ser gelado? O que é um gás ideal? Todas as respostas se resumem à *termodinâmica*, que é a física da energia térmica e da propagação térmica. Encontre as respostas para suas perguntas nesta parte em forma de equações e explicações úteis.

NESTE CAPÍTULO

» **Medindo a temperatura com Fahrenheit, Celsius e Kelvin**

» **Examinando a mudança de temperatura com a dilatação térmica**

» **Seguindo a propagação térmica**

» **Representando a capacidade de calor específico**

» **Atendendo às exigências para a mudança de fase**

Capítulo **14**

Esquentando com a Termodinâmica

Os conceitos de calor e temperatura fazem parte de nossa vida cotidiana. Entender as leis que regem as temperaturas das coisas, como o calor se propaga entre elas e como os materiais e as propriedades termais dependem um do outro não só aumentou o amor dos físicos pelo mundo e seu funcionamento, mas também levou a avanços tecnológicos e de engenharia. Uma ponte sólida, por exemplo, depende da compreensão da expansão termal de qualquer elemento de metal da ponte. O automóvel funciona por causa da energia térmica liberada da combustão de gasolina e ar. Isso e muito mais só é possível com o entendimento do relacionamento entre os materiais e suas propriedades termais.

Este capítulo explora o calor e a temperatura. A física fornece muito poder para prever o que acontece quando as coisas esquentam ou esfriam. Analiso as escalas de temperatura, a dilatação linear, a expansão de volume e quanto um líquido em certa temperatura mudará a temperatura de outro quando forem reunidos.

CAPÍTULO 14 **Esquentando com a Termodinâmica** 285

Medindo a Temperatura

A *temperatura* é uma medida de movimento molecular — a velocidade e a quantidade de moléculas em movimento de qualquer substância medida. Sempre começamos um cálculo ou observação em física fazendo medições, e quando falamos de temperatura, temos várias escalas à disposição: em especial Fahrenheit, Celsius e Kelvin.

Fahrenheit e Celsius: Trabalhando em graus

Nos Estados Unidos, a escala de temperatura mais comum é a *escala Fahrenheit*, que mede a temperatura em graus. Por exemplo, a temperatura do sangue de um ser humano saudável é de 98,6°F — o *F* significa que você está usando a escala Fahrenheit. Nesse sistema, a água pura congela a 32°F e ferve a 212°F.

Contudo, o sistema Fahrenheit não era muito fácil de utilizar no começo, então os cientistas desenvolveram outro sistema — a *escala Celsius* (chamada inicialmente de sistema *centígrado*). Usando esse sistema, a água pura congela a 0°C e ferve a 100°C. Veja como relacionar esses dois sistemas de medição de temperatura (essas medidas estão no nível do mar; elas mudam quando a altitude aumenta):

> » **Água congelando:** 32°F = 0°C
> » **Água fervendo:** 212°F = 100°C

Se fizer os cálculos, descobrirá 180°F entre os pontos de congelamento e fervura no sistema Fahrenheit e 100°C no sistema Celsius, portanto a proporção de conversão é de 180/100 = 18/10 = 9/5. E não se esqueça de que as medidas também estão descompensadas em 32 graus (o ponto 0 grau da escala Celsius corresponde ao ponto 32 graus da escala Fahrenheit). Juntar essas ideias possibilita a conversão fácil de Celsius para Fahrenheit ou de Fahrenheit para Celsius; é só lembrar estas equações:

> » **Fahrenheit para Celsius :** $C = \frac{5}{9}(F - 32)$
> » **Celsius para Fahrenheit:** $F = \left(\frac{9}{5}\right)C + 32$

Por exemplo, a temperatura do sangue de um ser humano saudável é de 98,6°F. Qual é a temperatura equivalente em Celsius? Só insira os números:

$$C = \frac{5}{9}(F - 32)$$
$$= \frac{5}{9}(98,6 - 32) \approx 37,0°C$$

Mirando a escala Kelvin

No século XIX, William Thomson criou um terceiro sistema de temperatura, que agora é de uso comum na física — o sistema Kelvin (mais tarde Thomson se tornou Lorde Kelvin). O sistema Kelvin tornou-se tão comum na física que os sistemas Fahrenheit e Celsius são definidos em termos do sistema Kelvin — um sistema baseado no conceito do zero absoluto.

Analisando o zero absoluto

As moléculas se movem cada vez mais lentamente quando a temperatura diminui. No *zero absoluto* as moléculas quase param, significando que você não pode esfriá-las mais. (As moléculas "quase" param porque quando entramos na escala das moléculas, estamos no reino da mecânica quântica. Quando elas têm o mínimo de energia possível, ainda têm *energia de ponto zero*.) Nenhum sistema de refrigeração no mundo — ou no Universo — pode reduzir além do zero absoluto.

O sistema Kelvin usa o zero absoluto como seu ponto zero, o que faz sentido. O estranho é que você não mede a temperatura desta escala em graus, mas em *Kelvins*. Uma temperatura de 100 é 100 Kelvins (e não 100 graus Kelvin) na escala Kelvin. Esse sistema foi tão amplamente aceito que a unidade oficial de temperatura do sistema MKS é o Kelvin (mas na prática vemos °C sendo usado com mais frequência na física introdutória).

Fazendo conversões de Kelvin

LEMBRE-SE

Cada Kelvin tem o mesmo tamanho de um grau Celsius, o que facilita a conversão entre graus Celsius e Kelvins. Na escala Celsius, o zero absoluto é −273,15°C. Essa temperatura corresponde a 0 Kelvins, que também escrito como 0K (observe que não é 0°K).

DICA

Para converter entre as escalas Celsius e Kelvin, use as fórmulas a seguir:

- **Celsius para Kelvin:** $K = C + 273,15$
- **Kelvin para Celsius:** $C = K - 273,15$

DICA

E, para converter de Kelvins para Fahrenheit, você pode usar esta fórmula:

$$F = \left(\frac{9}{5}\right)(K - 273{,}15) + 32$$
$$= \left(\frac{9}{5}\right)K - 459{,}67$$

(Ou pode converter Kelvins para graus Celsius e depois usar as fórmulas de conversão da seção anterior "Fahrenheit e Celsius: Trabalhando em graus".)

Em qual temperatura a água ferve em Kelvins? Bem, a água pura ferve a 100°C no nível do mar, então inserindo os números na fórmula:

$$K = C + 273{,}15$$
$$= 100 + 273{,}15 = 373{,}15 \text{ K}$$

A água ferve a 373,15 Kelvins. O hélio se transforma em líquido a 4,2 Kelvins; quanto é isso em Celsius? Use a fórmula:

$$C = K - 273{,}15$$
$$= 4{,}2 - 273{,}15 = -268{,}95°C$$

O hélio se liquefaz a −268,95°C. Bem gelado.

Esquentando: Dilatação Térmica

Pode ser difícil abrir algumas tampas de potes, o que é enlouquecedor quando realmente queremos comer picles. Talvez você se lembre de ter visto sua mãe jogar água quente em algumas tampas teimosas quando criança. Ela fazia isso porque o calor faz a tampa dilatar, o que geralmente facilita o trabalho de rosqueá-la.

Em um nível molecular, a dilatação térmica acontece porque, quando esquentamos os objetos, as moléculas se movimentam mais rapidamente, o que leva à dilatação física. (Note que esse relacionamento entre calor e dilatação não é verdadeiro para todos os materiais. Por exemplo, a água fica mais densa quando aumentamos sua temperatura de 0°C a 4°C.)

Nesta seção, trataremos primeiro da dilatação linear de sólidos — como objetos sólidos se expandem quando a temperatura aumenta. Depois discutiremos a dilatação térmica em 3D para que você possa observar mudanças de volume em sólidos e líquidos. (Para informações sobre expansão termal em gases, vá ao Capítulo 16.)

Dilatação linear: Alongando

Quando falamos em expansão de um sólido em qualquer dimensão sob a influência de calor, estamos falando da *dilatação linear*. A Figura 14-1 mostra uma imagem desse fenômeno.

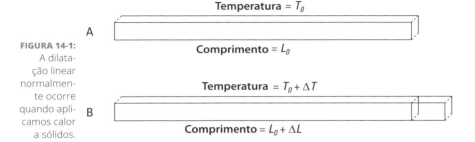

FIGURA 14-1: A dilatação linear normalmente ocorre quando aplicamos calor a sólidos.

Relacionando mudanças na temperatura a mudanças no comprimento

Sob dilatação térmica, a mudança no comprimento de um objeto sólido, ΔL, é proporcional à mudança na temperatura, ΔT. Esse relacionamento pode ser demonstrado matematicamente.

Nota: Mesmo que os valores iniciais sejam representados por um *i* subscrito em outros capítulos (L_i, por exemplo), aqui utilizo um *o* subscrito (L_o, por exemplo), que é o que você provavelmente verá mais em outros textos com esses tipos de equações.

Primeiramente, suponha que você aumente um pouco a temperatura de um objeto:

$$T = T_0 + \Delta T$$

em que T representa a temperatura final, T_o representa a temperatura original e ΔT representa a mudança na temperatura. Essa mudança resulta na expansão em qualquer direção linear de:

$$L = L_0 + \Delta L$$

em que L representa o comprimento final do sólido, L_o representa seu comprimento original e ΔL representa a mudança no comprimento.

Quando esquentamos um sólido, ele expande em certa porcentagem, e essa porcentagem é proporcional à mudança na temperatura. Ou seja, $\Delta L/L_o$ (a fração pela qual o sólido expande) é proporcional a ΔT (a mudança na temperatura).

A constante de proporcionalidade, que ajuda a dizer exatamente quanto um objeto expandirá, depende do material trabalhado. A constante de proporcionalidade é o *coeficiente de dilatação linear,* representado por α. É possível escrever esse relacionamento como uma equação da seguinte forma:

$$\frac{\Delta L}{L_0} = \alpha \Delta T$$

Veja a equação de dilatação linear na forma padrão para encontrar ΔL:

$$\Delta L = \alpha L_0 \Delta T$$

As pessoas geralmente medem α, o coeficiente de dilatação linear, em unidades de 1/°C (isto é, em °C^{-1}). No entanto, como as unidades de Celsius e Kelvin têm o mesmo tamanho, uma diferença na temperatura medida em graus Celsius tem a mesma grandeza quando medida em Kelvins. Portanto, para converter o coeficiente de dilatação linear de graus Celsius para Kelvins, basta trocar os símbolos.

Os problemas de física fornecem esses coeficientes quando precisamos que eles resolvam o problema. Mas só como garantia, este é um site útil que lista muitos dos coeficientes: `www.engineeringtoolbox.com/linear-expansion-coefficients-d_95.html` [conteúdo em inglês].

Trabalhando nos trilhos: Um exemplo de dilatação linear

Muitos projetos de construção levam em consideração a dilatação linear. Com frequência vemos pontes com "juntas de expansão" conectando a ponte à superfície da estrada. Quando a temperatura aumenta, essas juntas permitem que os materiais da ponte expandam sem que deformem.

Veja um exemplo baseado em construção. Digamos que você seja chamado para verificar uma nova ferrovia. Você olha atentamente os trilhos de 10,0 metros de comprimento, notando que estão a apenas 1,0 milímetro de distância nas extremidades. "A temperatura por aqui sobe muito no verão?", pergunta.

"Temperatura?", o projetista-chefe gargalha. "Está com medo que os trilhos *derretam?*"

Todo mundo ri da sua ignorância enquanto você confere o almanaque, que diz que pode ser esperado que os trilhos fiquem 50°C mais quentes durante um verão normal. O coeficiente da dilatação linear para o aço do qual os trilhos são feitos é de aproximadamente $1,2 \times 10^{-5}$°C^{-1}. Então quanto o trilho normal expandirá durante a parte quente do verão? Sabe-se que:

$$\Delta L = \alpha L_0 \Delta T$$

Inserindo os números você obtém a expansão:

$$\Delta L = \alpha L_0 \Delta T = (1{,}2 \times 10^{-5}°C^{-1})(10{,}0 \text{ m})(50°C^{-1}) = 6{,}0 \times 10^{-3} \text{m}$$

Ou seja, pode-se esperar que os trilhos expandam $6{,}0 \times 10^{-3}$ metros, ou 6,0 milímetros, no verão. Mas os trilhos estão a apenas 1,0mm de distância. A empresa de ferrovias terá problemas.

Você olha para o projetista-chefe e diz: "Você e eu vamos ter uma conversa boa e longa sobre física."

Dilatação volumétrica: Ocupando mais espaço

A dilatação linear, como o nome indica, ocorre em uma dimensão, mas o mundo tem três dimensões. Se um objeto sofrer uma pequena mudança de temperatura de somente alguns graus, você pode dizer que o volume do sólido mudará de modo proporcional à mudança na temperatura. Desde que as diferenças de temperaturas envolvidas sejam pequenas, a fração pela qual o sólido expande, $\Delta V/V_0$, é proporcional à mudança de temperatura, ΔT (em que ΔV representa a mudança no volume e V_0 representa o volume original).

Com a dilatação volumétrica, a constante envolvida é chamada de *coeficiente de dilatação volumétrica*. Essa constante é dada pelo símbolo β e, como α, geralmente é medida em °C^{-1}. Usando β, veja como escrever a equação para dilatação volumétrica:

$$\frac{\Delta V}{V_0} = \beta \Delta T$$

LEMBRE-SE

Ao isolar ΔV, você obtém a equação de dilatação volumétrica na forma-padrão:

$$\Delta V = \beta V_0 \Delta T$$

Você criou o análogo (ou equivalente) da equação $\Delta L = \alpha L_0 \Delta T$ para dilatação linear (veja a seção anterior "Dilatação linear: Alongando").

DICA

Se as mudanças no comprimento e na temperatura forem pequenas, você verá que $\beta = 3\alpha$ para a maioria dos sólidos. Isso faz sentido, pois passamos de uma para três dimensões. Por exemplo, para o aço, α é $1{,}2 \times 10^{-5}°C^{-1}$ e β é $3{,}6 \times 10^{-5}°C^{-1}$. Os líquidos também passam por dilatação volumétrica linear, mas a relação anterior entre β e α não é aplicada no geral.

Caminhão-tanque: Observando líquidos em dilatação

Digamos que você esteja em uma refinaria de combustível quando nota que os funcionários estão enchendo todos os caminhões-tanque com capacidade para 5.000 galões até a tampa antes de saírem dirigindo em um dia quente de verão. "Opa", você pensa enquanto pega sua calculadora. Para a gasolina, $\beta = 9,5 \times 10^{-4}°C^{-1}$, e você descobre que no sol está 10,0°C mais quente do que no prédio em que você está, então o volume da gasolina aumentará:

$$\Delta V = \beta V_0 \Delta T = (9,5 \times 10^{-4}°C^{-1})(5.000 \text{ gal})(10,0°C) = 47,5 \text{ gal}$$

Nada bom para a refinaria — esses caminhões com 5.000 galões de gasolina cheios até a tampa carregam 5.047,5 galões de gasolina depois que saem para o sol. Os tanques de gasolina também podem expandir, mas o β do aço é muito menor do que o β da gasolina. Você deve avisar aos funcionários da refinaria? Ou deve pedir um aumento primeiro?

Primeiro você negocia seu preço colossal e depois explica o problema ao chefe. "Nossa senhora!", ele diz. "A gasolina vazaria pelas tampas no topo dos caminhões." Ele para os caminhões e faz com que tirem um pouco de gasolina deles antes de enviá-los a seus destinos.

Radiadores: Vendo líquidos e recipientes em dilatação

O chefe da refinaria nota que seus funcionários estão enchendo os radiadores dos caminhões até a tampa. "Minha nossa!", ele diz. "E a dilatação volumétrica? O refrigerante vazará dos radiadores quando ficar quente." Verdade, o refrigerante dilatará. Mas todo mundo enche o radiador até a tampa, não?

A maioria dos carros tem um reservatório plástico de expansão que contém o que transborda. Então os radiadores da refinaria estão a salvo? Cada radiador contém 15 quartos de refrigerante, que dá $1,4 \times 10^{-2}$ metros cúbicos, e um reservatório de 1 quarto de refrigerante, que dá $9,5 \times 10^{-4}$ metros cúbicos. Um radiador transbordará mais do que o reservatório aguenta?

Você pega sua prancheta. Certo, o radiador contém 15 quartos ($1,4 \times 10^{-2} m^3$) de refrigerante, e sabemos que o β do refrigerante é $\beta = 4,1 \times 10^{-4}°C^{-1}$. Seja preciso dessa vez e também leve em conta a dilatação do radiador. Ele é feito de cobre (com uma camada externa fina de alumínio, que pode ser ignorada neste exemplo), então $\beta = 5,1 \times 10^{-5}°C^{-1}$. Se o radiador começa a 20°C e se aquece até sua temperatura de trabalho de 92°C, um reservatório de refrigerante de 1 quarto ($9,5 \times 10^{-4} m^3$) será o suficiente para conter o vazamento?

O chefe observa com tensão quando você começa a fazer os cálculos. Veja a fórmula da dilatação do refrigerante:

$$\Delta V_c = \beta_c V_{0c} \Delta T$$

Você sabe que β_c = 4,1 × 10⁻⁴°C⁻¹, V_{0c} = 1,4 × 10⁻²m³ e ΔT = 92°C − 20°C = 72°C neste exemplo. Insira os números e resolva:

$$\Delta V_c = \beta_c V_{0c} \Delta T = 4,2 \times 10^{-4} \text{m}^3$$

Certo, então o refrigerante dilatará 4,2 × 10⁻⁴m³, que é igual a 0,44 quartos. Mas o radiador também dilatará, o que significa que você consegue conter mais refrigerante. Desta vez essa dilatação é levada em consideração para obter uma resposta mais precisa.

Como o radiador é feito de cobre, ele dilatará como se fosse de cobre maciço, o que facilita muito o cálculo. Veja a mudança no volume do radiador:

$$\Delta V_r = \beta_r V_{0r} \Delta T$$

Aqui, β_r = 5,1 × 10⁻⁵°C⁻¹, ΔV_{0r} = 1,4 × 10⁻²m³ e ΔT = 92°C − 20°C = 72°C. Insira os números e resolva:

$$\begin{aligned}
\Delta V_r &= \beta_r V_{0r} \Delta T \\
&= (5,1 \times 10^{-5} \text{°C}^{-1})(1,4 \times 10^{-2} \text{m}^3)(72 \text{°C}) \\
&\approx 5,2 \times 10^{-5} \text{m}^3
\end{aligned}$$

O vazamento total é igual à dilatação do refrigerante menos a quantidade da dilatação do radiador, então insira os números:

$$\begin{aligned}
\Delta V &= \Delta V_c - \Delta V_r \\
&= 4,2 \times 10^{-4} \text{m}^3 - 5,2 \times 10^{-5} \text{m} \\
&\approx 3,7 \times 10^{-4} \text{m}^3
\end{aligned}$$

Portanto, cada radiador vazará um pouco mais de um terço de um quarto, e o reservatório de expansão tem um quarto de volume. Você se vira para o chefe e diz: "Sem problema com os radiadores, eles têm uma boa margem de segurança."

"Ufa", diz o chefe.

Calor: Seguindo a Propagação (da Energia Térmica)

O que realmente é o calor? Quando você toca em um objeto quente, o calor flui do objeto para você e seus nervos registram esse fato. Quando toca em um objeto frio, o calor flui de você para esse objeto e, novamente, seus nervos registram o que está acontecendo. Seus nervos registram porque os objetos parecem quentes ou frios — pois o calor flui deles para você ou de você para eles.

Para entender o calor, é necessário entender a energia térmica. A *energia térmica* é a energia que o corpo tem na vibração de suas moléculas — a energia armazenada no movimento molecular interno de um objeto. A temperatura de um corpo geralmente aumenta com sua energia térmica.

Quando dois corpos entram em contato térmico, a energia térmica fica livre para ser trocada entre eles. Se nenhuma energia térmica fluir, eles estão em *equilíbrio térmico*. Dois objetos em equilíbrio térmico têm a mesma *temperatura*. Se a energia térmica *fluir* entre eles — um objeto com temperatura mais alta entra em contato com outro de temperatura mais baixa e a energia térmica se propaga do corpo mais quente para o mais frio —, eles não estão em equilíbrio térmico.

LEMBRE-SE

Em termos físicos, o *calor* é a energia térmica que se propaga de objetos com temperaturas mais altas para objetos de temperaturas mais baixas. A unidade dessa energia no sistema MKS é o *joule* (J) — a mesma que usamos para outros tipos de energia e trabalho (veja o Capítulo 9).

PAPO DE ESPECIALISTA

Uma *caloria* é definida como a quantidade de calor necessária para aumentar a temperatura de 1,0 grama de água em 1,0°C, portanto, 1 caloria = 4.186J. Os nutricionistas usam o termo *Caloria* (com C maiúsculo) para indicar 1.000 calorias — 1,0 quilocaloria (kcal), então 1,0 Caloria = 4.186J. Os engenheiros usam outra unidade de medida também: a unidade térmica britânica (Btu). Um Btu é a quantidade de calor necessária para elevar 1,0°F em 1 libra de água. Para converter, use a relação 1Btu = 1.055J.

Esta seção trata do calor e como a mudança na energia afeta a temperatura. Também abordo as mudanças de fase, casos especiais em que uma substância pode absorver calor sem mudar sua temperatura.

Sendo específico sobre as mudanças de temperatura

Em uma dada temperatura, diferentes materiais podem ter diferentes quantidades de energia térmica. Por exemplo, se você aquecer uma batata, ela pode manter o calor por mais tempo (sua língua é testemunha) do que um material mais leve como o algodão doce. Por quê? Porque a batata armazena mais energia térmica para certa mudança de temperatura; portanto, mais calor precisa se propagar para esfriar a batata do que para esfriar o algodão doce. A medida de quanto calor um objeto de determinada massa pode conter em uma dada temperatura é chamada de *capacidade de calor específico*.

Suponha que veja alguém fazendo café. Você mede exatamente 1,0kg de café passado no bule e então passa para as medições de verdade. Descobre que precisa de 4.186J de energia térmica para aumentar a temperatura do café em 1°C; o café e o vidro têm capacidades de calor específico diferentes. A energia vai para a substância sendo aquecida, que a armazena como energia interna até que ela vaze novamente. (**Nota**: se você precisa de 4.186J para aumentar 1°C em 1,0kg de café, precisa do dobro, 8.372J, para aumentar 1°C em 2,0kg de café ou 2°C em 1,0kg de café.)

A equação a seguir relaciona a quantidade de calor necessária para aumentar a temperatura de um objeto à mudança na temperatura e na quantidade de massa envolvida:

$$Q = cm\Delta T$$

Aqui, Q é a quantidade de energia térmica envolvida (medida em joules se você estiver usando o sistema MKS), m é a massa, ΔT é a mudança de temperatura e c é a constante chamada *capacidade de calor específico*, medida em joules por quilograma-grau Celsius, ou $J/(kg \cdot °C)$. No Capítulo 16 você encontrará um cálculo da capacidade de calor específico para o caso especial de um gás ideal, mas geralmente os físicos calculam essa capacidade por meio de experimentos, então a maioria dos problemas fornece c ou indicam uma tabela de valores de calor específico de vários materiais.

É possível usar a equação do calor para descobrir como a temperatura muda quando misturamos líquidos de temperaturas diferentes. Suponha que tenha 45g de café em sua xícara, mas ele esfriou enquanto você tentava descobrir o calor específico do café. Então chama o anfitrião. O café tem 45°C, mas você gosta dele a 65°C. O anfitrião se levanta para servir mais. "Só um minuto", você diz. "O café no bule tem 95°C. Espere até que eu calcule exatamente quanto precisa ser servido."

A equação a seguir representa o calor perdido pela nova massa de café, m_1:

$$\Delta Q_1 = cm_1(T - T_{1,0})$$

E este é o calor ganho pelo café existente, massa m_2:

$$\Delta Q_2 = cm_2(T - T_{2,0})$$

Supondo que você tenha uma xícara com superisolamento térmico, nenhuma energia vaza do sistema; e, como a energia não pode ser criada ou destruída, ela é conservada dentro desse sistema fechado. Portanto, o calor perdido pelo novo café é o calor recebido pelo café existente, então:

$$\Delta Q_1 = -\Delta Q_2$$

Portanto, podemos dizer o seguinte:

$$cm_1(T - T_{1,0}) = -cm_2(T - T_{2,0})$$

Dividindo ambos os lados pela capacidade de calor específico, c, e inserindo os números, obtemos:

$$m_1(T - T_{1,0}) = m_2(T - T_{2,0})$$
$$m_1(65°C - 95°C) = -(0,045 \text{ kg})(65°C - 45°C)$$
$$m_1 = \frac{-(0,045 \text{ kg})(65°C - 45°C)}{(65°C - 95°C)}$$
$$m_1 = 0,03 \text{ kg}$$

Você precisa de 0,03kg, ou 30g. Satisfeito, você deixa sua calculadora de lado e diz: "Sirva-me exatamente 30 gramas desse café."

Apenas uma nova fase: Adicionando calor sem mudar a temperatura

LEMBRE-SE

As *mudanças de fases* ocorrem quando os materiais mudam de estado, de líquido para sólido (como quando a água congela), sólido para líquido (como quando as rochas se derretem em lava), líquido para gás (como quando você ferve água para fazer um chá) e assim por diante. Quando o material em questão muda para um novo estado — líquido, sólido ou gasoso (inclua também um quarto estado: plasma, um estado gasoso superaquecido) —, um pouco de calor entra ou sai do processo sem mudar a temperatura.

PAPO DE ESPECIALISTA

Você pode ainda ter sólidos que se transformam diretamente em gás. À medida que o gelo seco (dióxido de carbono congelado) se aquece, ele se transforma em gás dióxido de carbono. Esse processo é chamado de *sublimação*.

Imagine que você esteja calmamente bebendo sua limonada em uma festa ao ar livre em um jardim. Você pega um pouco de gelo para resfriar sua limonada, e a mistura em seu copo agora é metade gelo, metade limonada (que se pode supor que tem o mesmo calor específico da água), com uma temperatura de exatamente 0°C.

Enquanto segura o copo e observa a ação, o gelo começa a derreter — mas o conteúdo do copo não muda de temperatura. Por quê? O calor (energia térmica) que passa do copo para o ar está derretendo o gelo, não esquentando a mistura. Isso quer dizer que a equação de energia térmica ($Q = cm\Delta T$) é inútil? Nem um pouco — isso só significa que ela não se aplica a essa mudança de fase.

Nesta seção, veja como o calor afeta a temperatura antes, durante e depois das mudanças de fase.

Quebrando o gelo com gráficos de mudança de fase

Se colocarmos em um gráfico o calor adicionado a um sistema versus a temperatura do sistema, ele geralmente terá uma inclinação para cima; adicionar calor aumenta a temperatura. Contudo, o gráfico se nivela durante as mudanças de fase, porque, em um nível molecular, fazer com que uma substância mude de estado requer energia. Depois que todo o material muda de estado, a temperatura pode subir novamente.

Imagine que alguém tenha pegado uma bolsa de gelo e a colocou no fogo sem pensar. Antes de alcançar o fogo, o gelo estava em uma temperatura abaixo do congelamento (−5°C), mas estando no fogo isso está prestes a mudar. Você pode ver a mudança ocorrendo de forma gráfica na Figura 14-2.

Desde que nenhuma mudança de fase ocorra, a equação $Q = cm\Delta T$ permanece adequada (a capacidade do calor específico do gelo é em torno de $2,0 \times 10^{-3}$ J/kg·°C), o que significa que a temperatura do gelo aumentará linearmente quando você adicionar mais calor, como pode ser visto no gráfico.

No entanto, quando o gelo atinge 0°C, ele fica quente demais para manter seu estado sólido e começa a derreter, passando por uma mudança de fase. Ao derreter o gelo, quebrar sua estrutura cristalina requer energia, e a energia necessária para derreter o gelo é fornecida como calor. É por isso que o gráfico na Figura 14-2 se nivela no meio — o gelo está derretendo. Calor é necessário para fazer o gelo mudar de fase para água, então mesmo que o fogo forneça calor, a temperatura do gelo não muda enquanto ele derrete.

CAPÍTULO 14 **Esquentando com a Termodinâmica** 297

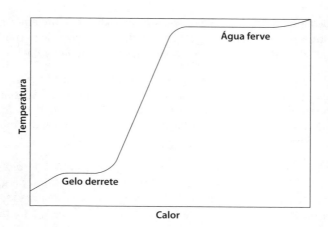

FIGURA 14-2: Mudanças de fase da água.

No entanto, ao observar a bolsa de gelo no fogo, você nota que todo o gelo acaba se derretendo em água. Como o fogo ainda está fornecendo calor, a temperatura começa a subir, como podemos ver na Figura 14-2. O fogo adiciona cada vez mais calor à água e, com o tempo, ela começa a borbulhar. "Ahá", você pensa. "Outra mudança de fase." E está certo: a água está fervendo e virando vapor. A bolsa que contém o gelo parece bem resistente e se expande enquanto a água vira vapor.

Você mede a temperatura da água. Fascinante — embora a água ferva, transformando-se em vapor, a temperatura não muda. Novamente, você precisa fornecer calor para estimular uma mudança de fase — desta vez, de água para vapor. Veja na Figura 14-2 que, ao adiciona calor, a água ferve, mas a temperatura dessa água não muda.

O que acontecerá em seguida, quando a bolsa ficar extremamente inflada? Você nunca descobrirá, pois ela finalmente explode. Você pega alguns pedaços da bolsa e os examina de perto. Como incluir o calor necessário para mudar o estado de um objeto? Como incrementar a equação da energia térmica para levar em conta as mudanças de fase? É aí que entra a ideia de calor latente.

Compreendendo o calor latente

O *calor latente* é o calor por quilograma que você precisa acrescentar ou remover para fazer o objeto mudar seu estado; ou seja, o calor latente é o calor necessário para que uma mudança de fase ocorra. Suas unidades são joules por quilograma (J/kg) no sistema MKS.

LEMBRE-SE

Os físicos reconhecem três tipos de calor latente, correspondendo às mudanças de fase entre sólido, líquido e gasoso:

> - **O calor latente de fusão, L_f:** O calor por quilograma necessário para fazer a mudança da fase sólida para a líquida, quando a água vira gelo ou o gelo vira água.
> - **O calor latente de vaporização, L_v:** O calor por quilograma necessário para fazer a mudança da fase líquida para a gasosa, quando a água ferve ou o vapor se condensa em água.
> - **O calor latente de sublimação, L_s:** O calor por quilograma necessário para fazer a mudança da fase sólida para a gasosa, como quando o gelo seco evapora.

O calor latente de fusão da água, L_f, é $3{,}35 \times 10^5$ J/kg, e seu calor latente de vaporização, L_v, é $2{,}26 \times 10^6$ J/kg. Isto é, você precisa de $3{,}35 \times 10^5$ J para derreter 1kg de gelo a 0°C (só para derretê-lo, não para mudar sua temperatura). E precisa de $2{,}26 \times 10^6$ J para ferver 1kg de água em vapor.

LEMBRE-SE

Esta é a fórmula da transferência de calor durante as mudanças de fase, em que ΔQ é a mudança no calor, m é a massa e L é o calor latente.

$$\Delta Q = mL$$

Aqui, L assume o lugar dos termos ΔT (mudança na temperatura) e c (capacidade de calor específico) na fórmula de mudança de temperatura.

Suponha que você esteja em um restaurante com um copo de 100,0g de água em temperatura ambiente, 25°C, mas prefere água gelada a 0°C. Quanto gelo é necessário? Encontre a resposta usando as fórmulas de calor para a mudança de temperatura e mudança de fase.

Você pega sua prancheta, raciocinando que o calor absorvido pelo gelo derretendo deve ser igual ao calor perdido pela água que deseja resfriar. Este é o calor perdido pela água sendo resfriada:

$$\Delta Q_{água} = cm\Delta T = cm(T - T_0)$$

em que $\Delta Q_{água}$ é o calor perdido pela água, c é a capacidade de calor específico da água, m é a massa da água, ΔT é a mudança na temperatura da água, T é a temperatura final e T_0 é a temperatura inicial.

Inserindo os números, você obtém quanto calor a água precisa perder:

$$\Delta Q_{água} = cm(T - T_0)$$
$$= (4{,}186 \text{ J/kg·K})(0{,}100 \text{ kg})(0 \text{ K} - 25 \text{ K}) \approx -1{,}04 \times 10^4 \text{ J}$$

Então, a água precisa perder $1{,}04 \times 10^4$ J de calor.

CAPÍTULO 14 **Esquentando com a Termodinâmica** 299

E quanto gelo essa quantidade de calor derreteria? Isto é, quanto gelo a 0°C seria necessário adicionar para gelar a água a 0°C? Seria a quantidade a seguir, em que L_f é o calor latente de fusão para o gelo:

$$\Delta Q_{gelo} = m_{gelo} L_f$$

Para o gelo, L_m é $3,35 \times 10^5$ J/kg, então obtemos a resposta a seguir:

$$\Delta Q_{gelo} = m_{gelo} (3,35 \times 10^5 \, J/kg)$$

Você sabe que isso precisa ser igual ao calor perdido pela água, então podemos igualar ao oposto de $\Delta Q_{água}$, ou $-1,04 \times 10^4$J:

$$\Delta Q_{gelo} = -\Delta Q_{água}$$
$$m_{gelo}(3,35 \times 10^5 \, J/kg) = -(-1,04 \times 10^4 \, J)$$

Ou seja:

$$m_{gelo} = \frac{1,04 \times 10^4 \, J}{3,35 \times 10^5 \, J/kg} = 3,10 \times 10^{-2} \, kg$$

Então você precisa de $3,10 \times 10^{-2}$ quilogramas, ou 31,0 gramas de gelo.

"Com licença", diz ao garçom. "Por favor, traga-me exatamente 31,0g de gelo a exatamente 0°C."

> **NESTE CAPÍTULO**
>
> » Examinando a convecção natural e forçada
>
> » Transferindo calor por condução
>
> » Esclarecendo a radiação

Capítulo **15**

Aqui, Pegue Meu Casaco: Como o Calor É Transferido

O *calor* é a propagação de energia térmica de um ponto a outro (veja o Capítulo 14). Testemunhamos a transferência de calor todos os dias. Ao cozinhar, vemos correntes de água circulando pelo macarrão na panela. Se pegamos a panela sem uma luva, queimamos a mão. Olhamos para o céu em um dia de verão e sentimos o rosto esquentar. Emprestamos o casaco para nosso(a) acompanhante e vemos o coração dele(a) irradiar calor (por nós, é claro!).

Neste capítulo, abordo as três principais maneiras de transferir calor. Descubra como prever a rapidez com que os cabos da panela esquentam, ver por que o calor aumenta e descobrir como o Sol esquenta a Terra.

Convecção: Deixando o Calor Fluir

A convecção é um meio de transferir energia térmica (calor) em um fluido. Na *convecção*, o fluido carrega a energia, misturando-a com o restante do fluido e, assim, transferindo a energia térmica. Por meio dessa mistura, a energia térmica se move de uma região de alta temperatura para uma de baixa temperatura.

LEMBRE-SE

A convecção ocorre em líquidos e fases, pois ambos são fluidos. A *flutuabilidade*, que é a força para cima na parte do fluido menos densa do que o restante, geralmente impulsiona seu movimento. Os fluidos expandem quando recebem calor, mudando sua densidade (veja o Capítulo 14 para informações sobre dilatação térmica). Regiões mais frias e densas do fluido tendem a afundar, enquanto regiões mais quentes e menos densas sobem, causando o fluxo do fluido.

A Figura 15-1 mostra um recorte de uma panela de água fervendo. A água no fundo esquenta, expande levemente e, então, sobe na panela pela força de flutuação. O fluido quente carrega a energia térmica do fundo para o topo da panela.

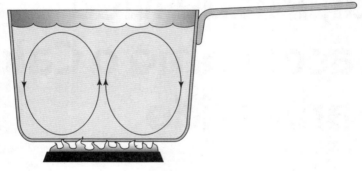

FIGURA 15-1: Você pode ver a convecção em ação ao ferver uma panela de água.

A convecção pode ser natural ou forçada, e as próximas subseções contarão a história de ambas.

O fluido quente sobe: Colocando o fluido em movimento com a convecção natural

Você já deve ter escutado que "o calor sobe", é disso que trata a convecção. No entanto, uma afirmação mais precisa é que "o fluido quente sobe". Em substâncias em que a convecção fica livre para ocorrer — isto é, gases e líquidos —, o material mais quente acaba naturalmente em cima e o material mais frio acaba no fundo por causa da flutuação.

Se sua casa tem dois andares, você geralmente acaba com o andar inferior mais frio do que o superior. O ar mais quente sobe por flutuação, que impulsiona a convecção. Os físicos se referem a esse tipo de convecção como *natural*, pois não é impulsionada por forças externas.

DICA

Para entender como a convecção natural funciona, imagine uma cena microscópica. Qualquer substância é feita de moléculas, partículas minúsculas que se movem em velocidades variadas. Quando um gás ou líquido fica quente, suas moléculas se movem mais rapidamente. Se você tiver um elemento de aquecimento em contato com o fundo da substância — como um forno a lenha embaixo de um cômodo ou uma boca de fogão esquentando uma chaleira de água —, as moléculas próximas a ele ficam quentes. Moléculas mais quentes têm mais energia cinética e podem se movimentar com mais rapidez e se chocar contra outras moléculas com mais força.

Como se movem com mais rapidez e se chocam com mais força, as moléculas quentes deixam a substância em sua área imediata menos densa. Isto é, elas têm mais energia para empurrar outras moléculas e tirá-las do caminho. As moléculas atingidas também têm mais energia para empurrar outras moléculas, então a substância vizinha do elemento de aquecimento fica menos densa.

Um volume unitário de material menos denso pesa menos do que um volume unitário do material ao seu redor e, se esse material for um gás ou um líquido, a parte menos densa sobe. Como o material mais tenso tem mais massa por volume, ele afunda sob a influência da gravidade.

PAPO DE ESPECIALISTA

Qualquer um que já tenha voado de avião está familiarizado com a convecção natural em forma de turbulência. A turbulência é causada pelo aquecimento da Terra pelo Sol, que acaba esquentando o ar acima dela. O ar quente sobe pela atmosfera e os aviões, voando alegremente, passam por essas colunas de ar quente em ascensão. Se olhar pela janela do avião, também poderá ver pássaros pegando carona nessas colunas, chamadas *termais*. Se vir um pássaro em ascensão sem bater as asas, provavelmente ele pegou carona em uma termal.

Controlando o fluxo com a convecção forçada

Com a convecção natural, você depende do fato de que o fluido quente suba para propagar o calor. Mas às vezes a convecção natural é o oposto do que você quer. Com a convecção forçada, controlamos o movimento do fluido quente ou frio, geralmente usando um ventilador ou uma bomba.

Por exemplo, veja um cômodo em um dia frio de inverno. Como o ar sobe, o ar quente no cômodo flutua para o teto, enquanto o ar mais frio fica próximo do chão, onde você está. Então, no devido tempo, todo o ar quente do cômodo estará próximo do teto e todo o ar frio estará próximo do chão. Embora você estivesse originalmente bem confortável, agora pode estar ficando com bastante frio — tudo resultado da convecção natural.

CAPÍTULO 15 **Aqui, Pegue Meu Casaco: Como o Calor É Transferido**   303

O que se pode fazer? Você pode inverter o seu ventilador de teto! Ventiladores de teto forçam o ar a circular, então o ar quente próximo do teto do cômodo se move para baixo. O ar mais quente agora fica novamente embaixo, onde você está. É só se certificar de escolher uma velocidade baixa para não criar uma brisa.

Encontramos a convecção forçada por todos os lados. Os ventiladores em um computador desktop, por exemplo, causam a convecção forçada (e a falta de espaço para um ventilador em um notebook causa muitos problemas de sobreaquecimento). Geladeiras usam ventiladores para expulsar o calor, dependendo da convecção forçada.

PAPO DE ESPECIALISTA

A convecção natural é a forma dominante de transferir o calor pelo interior de um forno-padrão (fornos de micro-ondas, por outro lado, usam a radiação eletromagnética para mover as moléculas de água nos alimentos — veja detalhes no Capítulo 19). Em fornos tradicionais, a flutuação do ar quente distribui o calor. Fornos especialmente chamados de *fornos de convecção* usam um ventilador para aumentar a propagação de calor por convecção. O ventilador faz o ar dentro do forno se mover mais e, assim, distribui o calor de modo mais rápido.

Veja um último exemplo, desta vez de convecção forçada acontecendo duas vezes no mesmo sistema. Carros geram muito calor quando estão em funcionamento. Para manter o motor frio, uma bomba circula refrigerante pelo motor. O líquido refrigerante transfere o calor do motor para o radiador, evitando que o carro sobreaqueça. E o próprio radiador é outro exemplo de convecção forçada, movendo o ar não com um ventilador, mas com o movimento do próprio carro: o carro faz o ar passar pelo radiador, resfriando-o enquanto o carro se move. Quando o carro não está em movimento, o motor produz menos calor, então há menor necessidade de dissipar o calor do radiador.

Quente Demais para Aguentar: Entrando em Contato com a Condução

A *condução* transfere calor diretamente pelo material, por meio do contato. Dê uma olhada na panela de metal da Figura 15-2 e seu cabo de metal; a panela está fervendo há 15 minutos. Você gostaria de tirá-la do fogo pegando no cabo sem uma luva? Provavelmente não. O cabo está quente por causa da condução de calor que passa por ele.

>
>
> ## COMO O ELEFANTE GANHOU SUAS ORELHAS: UMA LIÇÃO DE FÍSICA SOBRE DESIGN CORPORAL
>
> **PAPO DE ESPECIALISTA**
>
> Quando corpos ficam maiores, seu volume cresce de modo mais rápido do que sua área de superfície. Esfriar um corpo maior fica mais difícil porque, para cada unidade de volume do corpo, há menos área de superfície pela qual o calor pode escapar. Essa ideia também se aplica a animais, e explica parcialmente por que o elefante precisa de orelhas tão grandes. Como um elefante tem um corpo enorme, ele tem muito calor para conduzir pelo corpo e da pele para o ar; mas, em relação a seu grande volume, o elefante não tem muita área de superfície pela qual conduzir o calor. Então ele tem duas orelhonas, com uma área de superfície grande pela qual conduzir esse calor para longe.

No nível molecular, as moléculas próximas da fonte de calor são aquecidas e começam a se mover de modo mais rápido. Elas quicam em moléculas próximas e as fazem vibrar mais rapidamente. É esse aumento de choques que aquece uma substância.

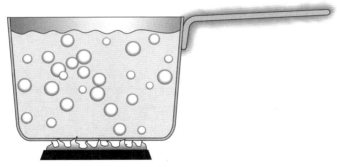

FIGURA 15-2: A condução aquece a panela que contém água fervente.

Alguns materiais, como a maioria dos metais, conduzem calor melhor do que outros, por exemplo, a porcelana, a madeira ou o vidro. O modo como as substâncias conduzem calor depende muito de suas estruturas moleculares, então substâncias diferentes reagem de maneiras diferentes.

Encontrando a equação da condução

Você tem que levar em conta as diferentes propriedades dos objetos quando deseja examinar a condução. Se tiver uma barra de aço, por exemplo, precisa considerar a área e o comprimento da barra, junto à temperatura em suas diferentes partes.

Veja a Figura 15-3, em que uma barra de aço está sendo aquecida em uma extremidade e o calor está migrando por condução em direção ao outro lado. É possível descobrir a energia termal propagada? Sem problema.

LEMBRE-SE

Estes são os fatores que afetam a velocidade da condução:

» **Diferença de temperatura:** Quanto maior a diferença de temperatura entre as duas extremidades da barra, maior a velocidade da propagação da energia termal, então mais calor é propagado. O calor, Q, é proporcional à diferença de temperatura, ΔT:

$$Q \propto \Delta T$$

» **Área transversal:** Uma barra duas vezes mais ampla conduz o dobro de calor. Em geral, a quantidade de calor conduzido, Q, é proporcional à área transversal, A, assim:

$$Q \propto A$$

» **Comprimento (a distância que deve ser percorrida pelo calor):** Quanto mais longa a barra, menos calor chegará ao outro lado. Portanto, o calor conduzido é inversamente proporcional ao comprimento da barra, l:

$$Q \propto \frac{1}{l}$$

» **Tempo:** A quantidade de calor transferido, Q, depende da quantidade de tempo que passa, t — o dobro do tempo é igual ao dobro do calor. Veja como expressar essa ideia matematicamente:

$$Q \propto t$$

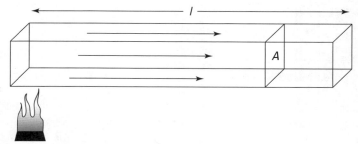

FIGURA 15-3: Conduzindo calor em uma barra de aço.

Agora você pode juntar todas as variáveis, usando k como uma constante de proporcionalidade que ainda será determinada.

LEMBRE-SE

Veja a equação para propagação do calor por condução em um material:

$$Q = \frac{kA\Delta T t}{l}$$

306 PARTE 4 Estabelecendo as Leis da Termodinâmica

Essa equação representa a quantidade de calor transferida por condução em uma determinada quantidade de tempo, t, por um comprimento, l, em que a área transversal é A. Aqui, k é a *condutividade térmica* do material, medida em joules por segundo-metros-graus Celsius, ou J/s·m·°C.

Trabalhando com a condutividade térmica

LEMBRE-SE

Materiais diferentes (como vidro, aço, cobre e goma de mascar) conduzem calor com velocidades diferentes, portanto a constante da condutividade térmica depende do material em questão. O bom é que os físicos já mediram as constantes para vários materiais. Confira alguns dos valores na Tabela 15-1.

TABELA 15-1 **Condutividades Térmicas para Vários Materiais**

Material	Condutividade Térmica (J/s·m·°C)
Diamante	1.600
Prata	420
Cobre	390
Latão	110
Chumbo	35
Aço	14,0
Vidro	0,80
Água	0,60
Gordura corporal	0,20
Madeira	0,15
Lã	0,04
Ar	0,0256
Isopor	0,01

A condutividade térmica da parte de aço do cabo da panela é 14,0 J/s·m·°C (veja a Tabela 15-1). Observe a Figura 15-3. Suponha que o cabo tenha 15cm de comprimento, com uma área transversal de 2,0cm² (2,0 × 10⁻⁴m²). Se o fogo em uma extremidade tem 600°C, quanto calor chegaria à sua mão em 1 segundo ao pegar no cabo? A equação para a propagação de calor por condução é:

$$Q = \frac{kA\Delta T t}{l}$$

Você supõe que a parte da extremidade do cabo começa em temperatura ambiente, 25°C, e obtém a seguinte quantidade de calor propagado em um tempo t:

$$Q = \frac{kA\Delta Tt}{l} = \frac{\left(14\ \text{J/s}\cdot\text{m}\cdot°\text{C}\right)\left(2{,}0\times10^{-4}\ \text{m}^2\right)\left(600°\text{C}-25°\text{C}\right)t}{0{,}15\ \text{m}}$$

$$= \left(10{,}7\ \text{J/s}\right)t$$

Podemos ver que em 1 segundo, 10,7J de energia térmica iriam para a sua mão.

Se 10,7J de calor são propagados para a extremidade do cabo a cada segundo, então o calor se propaga a 10,7J/s, ou 10,7W. Com o passar do tempo, os joules de calor se acumulam, deixando o cabo cada vez mais quente. Note que a velocidade da condução de 10,7W diminuirá com o tempo, pois a extremidade do cabo se aquece, dando um valor menor de ΔT.

Acampando com os Silva: Um exemplo de condução

A família Silva vai tirar férias e quer saber se têm gelo suficiente no cooler para durar as 12 horas em que estiverem acampando, então eles consultam você, o físico famoso. Uma rápida olhada em seu termômetro externo diz que a temperatura lá fora é 35°C. Você mede as paredes de isopor do cooler como tendo 2,0cm de espessura. A área total de superfície do cooler é 0,66m².

A última medida que você anota na prancheta é que os Silva colocaram exatamente 1,5kg de gelo a 0°C no cooler. Assim, quanto tempo 1,5kg de gelo levará para derreter nesse cooler?

Como, nesta situação, há uma quantidade de calor sendo propagada por um material de área de superfície e espessura conhecidas, comece pela equação de condução:

$$Q = \frac{kA\Delta Tt}{l}$$

Você quer saber o tempo, então isole t:

$$t = \frac{Ql}{kA\Delta T}$$

Agora pense em quais valores você já conhece. O calor precisa percorrer a espessura do cooler para escapar, então $l = 2{,}0\text{cm} = 0{,}020\text{m}$. A condutividade térmica do isopor é $k = 0{,}010\text{J/s}\cdot\text{m}\cdot°\text{C}$, e a área de superfície do cooler é $A = 0{,}66\text{m}^2$. A diferença entre a temperatura interna e externa é $\Delta T = 35°\text{C} - 0°\text{C} = 35°\text{C}$. Agora você só precisa do Q, a quantidade de calor necessária para derreter o gelo.

Você pode usar o calor latente de fusão da água para descobrir de quanto calor precisa para mudar o gelo do estado sólido para o líquido (veja detalhes sobre calor e mudanças de fase no Capítulo 14). Em geral, precisa da seguinte quantidade de calor para derreter o gelo a 0°C:

$$Q = mL$$

em que Q é a quantidade de calor necessária, m é a massa do gelo e L é o calor latente de fusão da água, $3,35 \times 10^5$ J/kg. Inserindo os números você obtém a quantidade de calor necessária:

$$Q = mL = (1,5 \text{ kg})(3,35 \times 10^5 \text{ J/kg}) \approx 5,0 \times 10^5 \text{ J}$$

Agora você conhece Q, então tem informações suficientes para usar a equação da condução. Insira os números na equação da condução (com o tempo isolado) e obtenha a resposta:

$$t = \frac{(5,0 \times 10^5 \text{ J})(0,020 \text{ m})}{(0,010 \text{ J/s} \cdot \text{m} \cdot °C)(0,66 \text{ m}^2)(35°C)} \approx 44.000 \text{ s}$$

Você diz aos Silva: "Levará 44.000 segundos para o gelo derreter."

"E quanto tempo é isso?", eles perguntam.

Bem, você pensa, há 60 segundos em 1 minuto e 60 minutos em 1 hora, então faz mais alguns cálculos:

$$t = (44.000 \text{ s})\left(\frac{1 \text{ min}}{60 \text{ s}}\right)\left(\frac{1 \text{ hr}}{60 \text{ min}}\right) \approx 12 \text{ hr}$$

"Seu gelo vai durar 12 horas", você diz a eles entregando a conta da consultoria.

Considerando condutores e isolantes

Materiais com *condutividade térmica* alta, como o cobre, conduzem bem o calor. Por exemplo, você pode ter visto fios de cobre em termômetros para áreas internas e externas. Os fios conduzem o calor de fora para dentro para que o termômetro possa medir a temperatura externa. O diamante é um condutor de calor muito melhor do que o cobre, como podemos ver na Tabela 15-1 (mas construir termômetros com diamantes seria um pouco caro).

Do outro lado da balança, alguns materiais agem como *isolantes* térmicos, pois sua condutividade térmica é muito baixa. Por exemplo, a gordura corporal tem uma condutividade térmica baixa, como podemos ver na Tabela 15-1, e por isso é um isolante natural. Assim, a gordura corporal pode ajudá-lo a se manter quente em dias frios.

FRIO AO TOQUE

PAPO DE ESPECIALISTA

Por que os metais parecem frios ao toque quando estão em temperatura ambiente? Se sabe alguma coisa de condução térmica, o fenômeno faz sentido. Os metais são condutores térmicos tão bons que podem retirar o calor de seus dedos muito rapidamente, o que leva a uma queda na temperatura da sua pele. Os nervos da sua pele detectam essa queda de temperatura e enviam a mensagem ao seu cérebro de que você está tocando algo gelado. A madeira, por outro lado, não é uma boa condutora (é isolante), então pouco calor é retirado de seus dedos. Seu cérebro interpreta isso como se a madeira fosse mais quente que o metal, quando, na verdade, ambos estão em equilíbrio térmico com o ambiente — ou seja, na mesma temperatura!

DICA

É claro que, em termos de condução, o melhor isolante térmico de todos os tempos é o vácuo. A condução depende do movimento do calor pelo material, e, se não há material, não pode haver condução. Nada pode conduzir o calor nesse caso.

Por isso as pessoas usam vasilhas com vácuo para manter alimentos frios ou quentes. Essas vasilhas têm uma parede dupla com um vácuo entre elas, então o calor não pode ser conduzido de dentro para fora ou de fora para dentro. Portanto, sua sopa permanece quente ou seu chá gelado permanece frio.

Então a condutividade térmica existe entre a parte interna e externa de uma vasilha com vácuo. Sempre há algum caminho para o calor seguir, como a própria vedação da vasilha. Como um pouco de calor é conduzido, essas vasilhas mantêm o alimento quente ou frio apenas por um tempo. Teoricamente, se você tivesse uma cápsula de comida flutuando no vácuo, não haveria perda ou ganho algum de calor por meio da condução — mas ainda haveria perda ou ganho de calor por meio da radiação.

Radiação: Pegando a Onda (Eletromagnética)

A radiação é outra forma de propagar o calor. Experimentamos a radiação pessoalmente sempre que saímos encharcados do chuveiro no auge do inverno e nos aquecemos no calor da lâmpada incandescente do banheiro. Por quê? Por causa da física, é claro. A lâmpada incandescente, vista na Figura 15-4, transporta calor e o mantém aquecido por meio da radiação.

Com a *radiação*, as ondas eletromagnéticas carregam a energia (você pode encontrar muitas informações sobre ondas eletromagnéticas em *Física II Para Leigos*). A radiação eletromagnética vem da aceleração de cargas elétricas. Em um nível molecular, é isso que acontece quando os objetos são aquecidos — suas moléculas se movem cada vez mais rapidamente e quicam com força contra outras moléculas.

A energia térmica propagada pela radiação é tão familiar quanto a luz do dia; na verdade, ela *é* a luz do dia. O Sol é um grande reator térmico a aproximadamente 93 milhões de milhas de distância no espaço, e nenhuma condução ou convecção pode produzir nada da energia que chega à Terra pelo vácuo do espaço. A energia solar chega à Terra pela radiação, que pode ser confirmada em um dia ensolarado se você ficar do lado de fora de casa e deixar os raios de sol esquentarem seu rosto.

FIGURA 15-4: Uma lâmpada incandescente irradia calor em seu ambiente.

Radiação mútua: Dando e recebendo calor

Todo objeto à sua volta irradia continuamente, a menos que esteja em uma temperatura de zero absoluto (o que é um pouco improvável, porque não é possível chegar fisicamente a uma temperatura de zero absoluto sem movimento molecular). Por exemplo, uma bola de sorvete irradia. Até mesmo você irradia o tempo todo, mas essa radiação não é visível como a luz, pois está na parte infravermelha do espectro. No entanto, essa luz é visível em miras infravermelhas, como você já deve ter visto em filmes ou na TV.

CAPÍTULO 15 **Aqui, Pegue Meu Casaco: Como o Calor É Transferido**   311

Você irradia calor em todas as direções o tempo todo, e tudo em seu ambiente irradia calor de volta para você. Quando você tem a mesma temperatura que o ambiente, irradia com a mesma velocidade e quantidade para seu ambiente, como ele para você. Quando duas coisas estão em contato térmico mas nenhuma energia é trocada, elas estão em *equilíbrio térmico*. Se duas coisas estão em equilíbrio térmico, elas têm a mesma temperatura.

LEMBRE-SE

Se seu ambiente não irradiasse calor de volta para você, você congelaria, e é por isso que o espaço é considerado tão "frio". Não há nada frio para tocar no espaço, e o calor não é perdido por condução ou convecção. Tudo que acontece é que o ambiente não irradia de volta para você, significando que o calor que você irradia é perdido. É possível congelar muito depressa por causa do calor perdido.

Quando um objeto aquece em cerca de 1.000 Kelvins, ele começa a brilhar em vermelho (o que pode explicar por que você não fica vermelho no espectro de luz visível mesmo que esteja irradiando). À medida que o objeto fica mais quente, sua radiação sobe no espectro passando pelo alaranjado, pelo amarelo e assim até o branco quente em algo em torno de 1.700K (aproximadamente 2.600°F ou 1.426°C).

PAPO DE ESPECIALISTA

Os aquecedores de irradiação com bobinas que ficam vermelhas dependem da radiação para propagar o calor. A convecção ocorre quando o ar fica quente, sobe e se espalha no cômodo (e a condução poderá ocorrer se você tocar no aquecedor em um ponto quente sem querer — não é a transferência de calor mais desejável!). Mas a transferência de calor para você ocorre, em grande parte, por meio da radiação.

Corpos negros: Absorvendo e refletindo a radiação

Os seres humanos compreendem a radiação e a absorção de calor no ambiente intuitivamente. Por exemplo, em um dia quente, você pode evitar vestir uma camiseta preta, pois sabe que ela o deixará mais quente. Uma camiseta preta absorve a luz do ambiente enquanto reflete menos do que uma camiseta branca. A camiseta branca o mantém mais fresco, pois reflete mais calor irradiante de volta para o ambiente.

Alguns objetos absorvem mais da luz que os atinge do que outros. Os objetos que absorvem todo o calor irradiante que os atinge são chamados de *corpos negros*. Um corpo negro absorve 100% da energia irradiada que o atinge e, se estiver em equilíbrio com o ambiente, ele emitirá toda a energia irradiada também.

Em termos de reflexão e absorção da radiação, a maioria dos objetos se classifica entre espelhos, que refletem toda a luz, e corpos negros, que absorvem toda a luz. Os objetos intermediários absorvem parte da luz que os atinge e a emitem de volta para o ambiente. Os objetos brilhantes o são porque refletem grande parte da luz, significando que não têm que emitir tanto calor de forma irradiante de volta para o cômodo como os outros objetos. Os objetos escuros parecem escuros porque não refletem muita luz, o que significa que têm que emitir mais como calor irradiante (geralmente mais abaixo no espectro, em que a luz é infravermelha e não pode ser vista).

A constante de Stefan-Boltzmann

Quanto calor um corpo negro emite quando está em certa temperatura? A quantidade de calor irradiada é proporcional ao tempo permitido — o dobro do tempo é igual ao dobro do calor irradiado, por exemplo. Então você pode escrever a relação do calor, em que t é o tempo, da seguinte forma:

$Q \propto t$

E como pode esperar, a quantidade de calor irradiada é proporcional à área total que irradia. Portanto, também é possível a equação como a seguir, em que A é a área que irradia:

$Q \propto At$

A temperatura, T, precisa estar na equação em algum lugar — quanto mais quente o objeto, mais calor é irradiado. Experimentalmente, os físicos descobriram que a quantidade de calor irradiado é proporcional a T elevada à quarta potência, T^4. Então agora temos a seguinte relação:

$Q \propto AtT^4$

Para mostrar o relacionamento exato entre o calor e as outras variáveis, você precisa incluir uma constante, que os físicos mediram experimentalmente. Para descobrir o calor emitido por um corpo negro, use a constante de Stefan-Boltzmann, σ, que entra na equação assim:

$Q = \sigma A t T^4$

O valor de σ é $5{,}67 \times 10^{-8}$ J/s·m²·K⁴. Note, no entanto, que essa constante funciona apenas para corpos negros que são emissores perfeitos.

A lei da radiação de Stefan-Boltzmann

A maioria dos objetos não é um emissor perfeito, então você precisa adicionar outra constante na maior parte do tempo — uma que depende da substância com a qual trabalha. A constante é chamada de *emissividade, e*.

LEMBRE-SE

A *lei da radiação de Stefan-Boltzmann* diz o seguinte:

$Q = e\sigma A t T^4$

em que e é a emissividade de um objeto, σ é a constante de Stefan-Boltzmann, $5,67 \times 10^{-8}$J/s·m²·K⁴, A é a área que irradia, t é o tempo e T é a temperatura em Kelvins.

DESCOBRINDO O CALOR DO CORPO HUMANO

A emissividade de uma pessoa é de aproximadamente 0,98. Com uma temperatura corporal de 37°C, quanto calor uma pessoa irradia por segundo? Primeiramente, é preciso levar em conta quanto da área irradia. Se você sabe que a área de superfície do corpo humano é $A = 1,7$m², pode descobrir o calor total irradiado por uma pessoa inserindo os números na equação da lei de radiação de Stefan-Boltzmann, lembrando-se de converter a temperatura para Kelvins:

$$Q = e\sigma AtT^4$$
$$Q = (0,98)(5,67 \times 10^{-8} \text{ J/s} \cdot \text{m}^2 \cdot \text{K}^4)(1,07 \text{ m}^2)[(37 + 273,15)\text{K}]^4 t$$
$$Q \approx 550t$$

Depois divida ambos os lados por t:

$$\frac{Q}{t} = 550\,\text{W}$$

Você obtém um valor de 550J/s, ou 550W. Isso pode parecer alto, porque a temperatura da pele não é a mesma que a temperatura corporal interna, mas é aproximada.

FAZENDO CÁLCULOS ESTELARES

Veja outro exemplo: você escuta uma batida à sua porta por volta das 22 horas. Surpreso, abre a porta e vários astrônomos entram. "Precisamos que você meça o raio de Betelgeuse", eles dizem.

"Betelgeuse, a estrela?", você pergunta. "Vocês querem que eu meça o raio de uma estrela a 640 anos-luz da Terra?"

"Se não for muito incômodo", eles respondem. "Ouvimos dizer que ela é uma estrela supergigante e queríamos saber qual o tamanho dela."

Você pega seu telescópio e encontra Betelgeuse. Usando o conjunto de instrumentos que sempre carrega no bolso, usa o espectro da estrela para medir sua temperatura (a distribuição da intensidade da luz sobre os diferentes comprimentos de onda está diretamente relacionada à temperatura de sua superfície, pois estrelas irradiam como corpos negros). A temperatura tem cerca de 2.900K e a potência da estrela é $4,0 \times 10^{30}$ watts.

Como você conhece a velocidade em que a estrela irradia energia e a temperatura de sua superfície, pode usar a lei da radiação de Stefan-Boltzmann para relacionar a área de superfície da estrela a esses valores conhecidos. Depois, supondo que ela é esférica, pode facilmente encontrar o raio da esfera que tem essa área de superfície.

Você sabe que $Q = e\sigma AtT^4$, então a potência é:

$$\frac{Q}{t} = e\sigma AT^4$$

E pode isolar a área de superfície, A, da estrela assim:

$$\frac{Q/t}{e\sigma T^4} = A$$

Supondo que Betelgeuse é uma esfera, ligue a área de superfície ao raio da estrela usando esta fórmula para esferas:

$$A = 4\pi r^2$$

Isole r:

$$r = \sqrt{\frac{A}{4\pi}}$$

Inserindo a expressão de área de superfície A da estrela, você obtém:

$$r = \sqrt{\frac{Q/t}{4\pi e\sigma T^4}}$$

Supondo que $e = 1$, inserindo os números você obtém:

$$r = \sqrt{\frac{\left(4,0\times10^{30}\ \text{J/s}\right)}{4\pi\left(1\right)\left(5,67\times10^{-8}\ \text{J/s}\cdot\text{m}^2\cdot\text{K}^4\right)\left(2.900\ \text{K}\right)^4}}$$
$$\approx 2,8\times10^{11}\ \text{m}$$

Esse é um raio bem grade para uma estrela. Se o Sol tivesse esse raio, a Terra estaria dentro dele — e Marte também.

"Duzentos e oitenta milhões de quilômetros", você diz aos astrônomos, e entrega-lhes a conta de sua consultoria.

NESTE CAPÍTULO

» Ficando com gases com o número de Avogadro

» Encontrando seu gás ideal

» Dominando as leis de Boyle e Charles

» Acompanhando as moléculas em gases ideais

Capítulo **16**

No Melhor de Todos os Mundos: A Lei dos Gases Ideais

Os gases chegam a praticamente todos os lugares — em balões, no vento, no seu fogão e até nos seus pulmões. Na física, um conhecimento átomo por átomo (molécula por molécula) desses gases é essencial para quando você começar a trabalhar com calor, pressão, volume e outros.

Pegue seu remédio para o estômago, pois neste capítulo você ficará com gases! Ele foca a lei dos gases ideais, que explica o relacionamento entre pressão, calor, volume e quantidade de gás. Mas, primeiro, apresento-lhes o mol, uma medida que o ajuda a trabalhar com gases no nível molecular.

CAPÍTULO 16 **No Melhor de Todos os Mundos: A Lei dos Gases Ideais** 317

Investigando Moléculas e Mols com o Número de Avogadro

Para observar os gases no nível molecular, é preciso saber quantas moléculas existem em uma determinada amostra. Contar as moléculas não é prático, então, em vez disso, os físicos usam uma medida chamada *mol* para relacionar a massa de uma amostra ao número de moléculas que ela contém.

Um *mol* é o número de átomos em 12,0g de isótopo de carbono-12. Esse *isótopo de carbono-12* — também chamado apenas de carbono-12 — é a versão mais comum do carbono. Os *isótopos* de um elemento têm o mesmo número de prótons, mas diferentes números de nêutrons. O carbono-12 tem seis prótons e seis nêutrons (um total de 12 partículas); contudo, alguns átomos de carbono (isótopos) têm alguns nêutrons a mais — o carbono-13, por exemplo, tem sete nêutrons. A massa média de um mol de uma mistura de isótopos de carbono é 12,011 gramas.

LEMBRE-SE

O número de átomos em um mol (em 12,0g de carbono-12) foi medido como sendo $6,022 \times 10^{23}$, que é chamado de *número de Avogadro*, N_A.

Podemos encontrar o mesmo número de átomos em 12,0g de enxofre, por exemplo? Não. Cada átomo de enxofre tem uma massa diferente de cada átomo de carbono, então mesmo que você tenha a mesma quantidade em gramas, há um número de átomos diferente.

Quanta massa a mais um átomo de enxofre tem em relação ao átomo de carbono-12? Se verificarmos a tabela periódica dos elementos que fica pendurada no laboratório de química, descobrimos que a *massa atômica* do enxofre é 32,06. (**Nota:** a massa atômica geralmente aparece abaixo do símbolo do elemento.) Mas 32,06 o quê? São 32,06 *unidades de massa atômica*, u, em que cada unidade de massa atômica é 1/12 de massa de um átomo de carbono-12.

Um mol de carbono-12 ($6,022 \times 10^{23}$ átomos de carbono-12) tem uma massa de 12,0g, e a massa de um átomo médio de enxofre é maior do que a massa de um átomo de carbono-12:

   Massa do enxofre = 32,06u

   Massa do carbono-12 = 12u

Portanto, um mol de átomos de enxofre deve ter esta massa:

$$\frac{32,06\,u}{12\,u}(12,0\,g) = 32,06\,g$$

DICA

Que conveniente! Um mol de um elemento tem a mesma massa em gramas que sua massa atômica em unidades atômicas. Podemos ler a massa atômica de qualquer elemento em unidades atômicas na tabela periódica. Por exemplo, podemos descobrir que um mol de silício (massa atômica: 28,09u) tem uma massa de 28,09g, um mol de sódio (massa atômica: 22,99u) tem uma massa de 22,99g, e assim por diante. Cada um desses mols contém $6,022 \times 10^{23}$ átomos.

Agora podemos determinar o número de átomos em um diamante, que é carbono sólido (massa atômica: 12,01u). Um mol é 12,01g de diamante, então quando descobrir quantos mols você tem, multiplique isso por $6,022 \times 10^{23}$ átomos. Depois, se quiser, poderá descobrir quantos átomos de carbono existem em 1 quilate de diamante: 1 quilate é igual a 0,200g, então esta é a quantidade de átomos:

$$\frac{0,200 \text{ g}}{12,01 \text{ g}} \left(6,022 \times 10^{23} \right) \approx 1,00 \times 10^{22}$$

LEMBRE-SE

Nem todo objeto é formado por um único tipo de átomo. Quando os átomos são combinados, temos moléculas. Por exemplo, a água é formada por dois átomos de hidrogênio para cada um átomo de oxigênio (H_2O). Em vez da massa atômica, observamos a *massa molecular*, que também é medida em unidades de massa atômica. Por exemplo, a massa molecular da água é 18,0153 unidades de massa atômica, então 1 mol de moléculas de água tem uma massa de 18,0153g.

Alguns problemas de física fornecem a massa molecular; outros exigem que você calcule a massa molecular usando a massa atômica e a fórmula molecular do composto. Isto é, somando as massas atômicas dos átomos individuais da molécula.

Relacionando Pressão, Volume e Temperatura com a Lei dos Gases Ideais

Quando você começa a trabalhar átomo por átomo, molécula por molécula, começa a trabalhar com gases do ponto de vista da física. Por exemplo, é possível relacionar a temperatura, a pressão, o volume e o número de mols juntos para um gás. A relação apresentada nesta seção nem sempre é verdadeira, mas sempre funciona para os gases ideais.

LEMBRE-SE

Os *gases ideais* são regidos pela lei dos gases ideais. Essa lei é um modelo idealizado em que as partículas dos gases são pequenas em comparação à distância média entre elas e apenas interagem por meio de colisão elástica. Também acontece de não existir essa coisa de gás "ideal", mas os gases reais se aproximam bem desse cenário quando a pressão está baixa e a temperatura alta. Gases ideais são muito leves, como o hélio.

Forjando a lei dos gases ideais

Usando a *lei dos gases ideais*, podemos prever a pressão de um gás ideal se soubermos a quantidade de gás, sua temperatura e o volume em que foi contido. Veja os vários fatores que afetam a pressão:

» **Temperatura:** Experimentos mostram que, se mantivermos o volume constante e aquecermos um gás, a pressão sobe linearmente, como pode ser visto na Figura 16-1. Ou seja, em um volume constante, em que T é a temperatura medida em Kelvins e P é a pressão, a pressão é proporcional à temperatura:

- $P \propto T$

» **Volume:** Se deixamos o volume variar, também descobrimos que a pressão é inversamente proporcional ao volume:

- $P \propto \dfrac{T}{V}$

Por exemplo, se o volume do gás dobra, sua pressão é reduzida pela metade.

» **Mols:** Quando o volume e a temperatura de um gás ideal são constantes, a pressão é proporcional ao número de mols de gás existente — o dobro do gás é igual ao dobro da pressão (veja a seção anterior "Investigando Moléculas e Mols com o Número de Avogadro" para mais informações sobre mols). Se o número de mols é n, então podemos dizer o seguinte:

- $P \propto \dfrac{nT}{V}$

LEMBRE-SE

Incluindo uma constante, R — *a constante universal dos gases*, que tem um valor de 8,31 joules/mol-Kelvin (J/mol·K) — temos a *lei dos gases ideais*, que relaciona a pressão, o volume, o número de mols e a temperatura:

$PV = nRT$

LEMBRE-SE

A unidade da pressão é o pascal e a unidade do volume é metros^3, e sua combinação fornece o joule; quando a quantidade de gás, n, é medida em mols e a temperatura, T, é medida em Kelvins, então as unidades da constante universal dos gases, R, são joules/mol-Kelvin (J/mol·K).

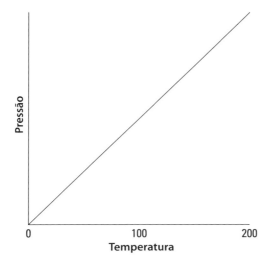

FIGURA 16-1: Para um gás ideal, a pressão é diretamente proporcional à temperatura.

Também podemos expressar a lei dos gases ideais de modo levemente diferente usando o número total de moléculas, N, e o número de Avogadro, N_A (veja a seção anterior, "Investigando Moléculas e Mols com o Número de Avogadro"):

$$PV = nRT = \left(\frac{N}{N_A}\right)RT$$

DICA

A constante R/N_A também é chamada de *constante de Boltzmann*, k, e tem um valor de $1{,}38 \times 10^{-23}$ J/K. Usando essa constante, a lei dos gases ideais fica assim:

$$PV = NkT$$

Digamos que você esteja medindo um volume de 1 metro cúbico cheio de 600 mols de hélio em temperatura ambiente, 27°C, o que é muito próximo de um gás ideal nessas condições. Qual é a pressão do gás? Usando essa forma da lei dos gases ideais, $PV = nRT$, podemos isolar P dividindo por V. Agora é só inserir os números, lembrando-se de converter a temperatura para Kelvins (veja mais detalhes no Capítulo 14):

$$P = \frac{nRT}{V} = \frac{(600{,}0 \text{ mol})(8{,}31 \text{ J/mol}\cdot\text{K})\left[(273{,}15 + 27)\text{ K}\right]}{1{,}0 \text{ m}^3} \approx 1{,}50 \times 10^6 \text{ N/m}^2$$

A pressão em todas as paredes do recipiente é $1{,}50 \times 10^6$ N/m². Observe as unidades de pressão aqui — newtons por metro quadrado. A unidade é tão comumente usada que tem seu próprio nome no sistema MKS: *pascal*, ou Pa.

LEMBRE-SE

Um pascal é igual a 1 newton por metro quadrado, ou $1,45 \times 10^{-4}$ libras por polegada quadrada. A pressão atmosférica é $1,013 \times 10^5$Pa, que é 14,70 libras por polegada quadrada. A pressão de 1 atmosfera também é dada em *torricelli* de vez em quando, e 1,0 atmosfera = 760 torr.

Neste exemplo, temos a pressão de $1,50 \times 10^6$Pa, que é cerca de 15 atmosferas.

Trabalhando com as condições normais de temperatura e pressão

LEMBRE-SE

Você pode se deparar com um conjunto especial de condições ao falar sobre gases — as *condições normais de temperatura e pressão*, ou CNTP. A pressão normal é 1 atmosfera (ou $1,013 \times 10^5$Pa) e a temperatura normal é 0°C (ou 273,15K).

Podemos usar a lei dos gases ideais para calcular que na CNTP 1,0 mol de um gás ideal ocupa 22,4 litros de volume (1,0 litro é 1×10^{-3}m³). De onde surgiram 22,4 litros? Você sabe que $PV = nRT$, e isolando V temos:

$$V = \frac{nRT}{P}$$

Insira as CNTP e faça os cálculos:

$$V = \frac{nRT}{P} = \frac{(1,0)(8,31\,\text{J/mol}\cdot\text{K})(273\,\text{K})}{1,013 \times 10^5\,\text{Pa}} \approx 22,4 \times 10^{-3}\,\text{m}^3$$

E isso dá 22,4 litros, o volume que 1 mol de gás ideal ocupa em condições normais de temperatura e pressão.

Problemas para respirar: Verificando seu oxigênio

Veja um exemplo usando a lei dos gases ideais. Lá está você, andando pelo parque, quando nota um homem sentado em um banco respirando com dificuldade. Você pergunta qual é o problema. "Não acho que estou conseguindo fazer com que oxigênio suficiente chegue aos meus pulmões", ele diz.

Você decide conferir. Usando uma sacola de plástico grande que tem no bolso, mede a capacidade pulmonar dele com 5,0 litros. A quantas moléculas de oxigênio isso corresponde? Você sabe que, por uma boa aproximação, o ar é um gás ideal, então pode usar a lei dos gases ideais:

$$PV = NkT$$

Isolando N, o número de moléculas, você consegue a equação a seguir:

$$N = \frac{PV}{kT}$$

A pressão nos pulmões é aproximadamente a pressão atmosférica, então $P = 1,0 \times 10^5$ Pa. A temperatura nos pulmões é igual à temperatura corporal, então $T = 37°C$, ou cerca de 310 Kelvins ($K = C + 273,15$). V é o volume dos pulmões, que você mediu como sendo 5,0 litros, ou 0,0050 metros cúbicos. Juntando tudo isso e fazendo os cálculos, você obtém a resposta:

$$N = \frac{PV}{kT} = \frac{(1,0 \times 10^5 \text{ Pa})(0,0050 \text{ m}^3)}{(1,38 \times 10^{-23} \text{ J/K})(310 \text{ K})} \approx 1,2 \times 10^{23}$$

Sendo um físico, você sabe que o gás nos pulmões é cerca de 14% de oxigênio (um pouco menos que o próprio ar), então o número de moléculas de oxigênio nos pulmões desse homem é igual a:

(0,14)(1,2 × 10²³ moléculas) ≈ 1,7 × 10²² moléculas

Você se vira para o homem e diz: "Você tem aproximadamente 17 sextilhões de moléculas de oxigênio em seus pulmões." É mais do que o suficiente.

As leis de Boyle e Charles: Expressões alternativas da lei dos gases ideais

LEMBRE-SE

Podemos expressar a lei dos gases ideais de diversas maneiras. Por exemplo, o relacionamento entre a pressão e o volume de um gás ideal antes e depois que uma dessas quantidades muda em temperatura constante pode ser expressa da seguinte forma:

$P_f V_f = P_i V_i$

Essa equação, chamada de *lei de Boyle*, diz que se todos os outros fatores permanecerem iguais o produto da pressão e do volume (PV) será conservado.

LEMBRE-SE

Sob pressão constante, podemos dizer que o seguinte relacionamento é verdadeiro para um gás ideal:

$$\frac{V_f}{T_f} = \frac{V_i}{T_i}$$

Essa equação, chamada de *lei de Charles,* diz que a proporção do volume pela temperatura *(V/T)* será conservada para um gás ideal, desde que todos os outros fatores permaneçam inalterados.

Veja um exemplo que usa a lei de Boyle. Você está tirando férias merecidas na praia quando o diretor da Empresa Acme de Turismo corre até você e diz: "Normalmente deixamos nossos turistas mergulharem 10,0 metros por 10 minutos, mas um deles diz que quer ficar lá por meia hora. Ele vai acabar ficando sem ar e seremos processados!"

"Hmm", você diz. "Deixe-me ver seus dados." Você pega alguns papéis das mãos do diretor e vê que a Empresa Acme de Turismo tem tanques de mergulho com um volume de 0,015 metros cúbicos pressurizados a $2,0 \times 10^7$Pa. O mergulhador respira a uma velocidade de 0,04 metros cúbicos por minuto.

Como você é físico, sabe como funciona um tanque de mergulho. Eles mantêm o ar nos pulmões com a mesma pressão da água ao redor (ou os pulmões podem entrar em colapso).

Para resolver esse problema, pegue o volume do ar pressurizado dentro do tanque e descubra qual seria seu volume se fosse liberado na pressão de submersão. Você conhece as exigências de oxigênio do corpo como uma proporção de volume, então pode descobrir por quanto tempo o ar pressurizado pode sustentar a respiração a partir do volume que o ar teria na pressão de submersão. Para descobrir o volume que o ar pressurizado no tanque teria quando liberado durante a submersão, use a lei de Boyle:

$$P_f V_f = P_i V_i$$

Você conhece a pressão do tanque de mergulho e seu volume. Agora precisa saber a pressão na profundidade do mergulhador para ser capaz de calcular o volume de ar disponível para o mergulhador. Encontre a pressão da água com esta equação (veja o Capítulo 8), em que P_w é a pressão da água, ρ é a densidade da água, g é a aceleração devido à gravidade e h é a mudança de profundidade:

$$P_w = \rho g h$$

A densidade da água é aproximadamente 1,025 quilogramas por metro cúbico, e o mergulhador desce 10,0 metros, então a pressão da água é a seguinte:

$$P_w = \rho g h = (1.025 \text{ kg/m}^3)(9,8 \text{ m/s}^2)(10,0 \text{ m}) \approx 1,0 \times 10^5 \text{Pa}$$

Para obter a pressão total na profundidade do mergulhador, some a pressão do ar na superfície da água — isto é, a pressão atmosférica, P_a — à pressão da água:

$$P_f = P_a + P_w = (1,0 \times 10^5 \text{Pa}) + (1,0 \times 10^5 \text{Pa}) = 2,0 \times 10^5 \text{Pa}$$

Agora você está pronto para usar a equação de Boyle:

$$P_f V_f = P_i V_i$$

em que P_i é a pressão do tanque e V_i é o volume do tanque.

Você quer descobrir o volume de ar disponível para o mergulhador, então isole V_f:

$$V_f = \frac{P_i V_i}{P_f}$$

Inserindo os números e fazendo os cálculos você obtém o volume de ar disponível:

$$V_f = \frac{P_i V_i}{P_f} = \frac{\left(2,0 \times 10^7 \text{ Pa}\right)\left(0,015 \text{ m}^3\right)}{2,01 \times 10^5 \text{ Pa}} \approx 1,5 \text{ m}^3$$

Quanto tempo isso vai durar? O mergulhador respira a uma velocidade de 0,04 metros cúbicos por minuto, então 1,5 metro cúbico de ar é o suficiente para:

$$\text{Tempo total de ar} = \frac{1,5 \text{ m}^3}{0,04 \text{ m}^3/\text{min}} \approx 38 \text{ min}$$

Você diz ao diretor que o mergulhador terá ar suficiente para 38 minutos. O diretor suspira aliviado. "Nada de processo, então?"

"Nada de processo."

"Mas e se o mergulhador descer 30,0 metros?" Você verifica a nova pressão da água para 30 metros:

$$P_w = \rho g h = (1.025 \text{ kg/m}^3)(9,8 \text{ m/s}^2)\left(30,0 \text{ m}\right) \approx 3,0 \times 10^5 \text{Pa}$$

E soma a pressão do ar para conseguir:

$$P_f = P_a + P_w = (1,01 \times 10^5 \text{Pa}) + (3,0 \times 10^5 \text{Pa}) = 4,01 \times 10^5 \text{Pa}$$

Como antes, você quer descobrir V_f, o volume de ar disponível para o mergulhador:

$$V_f = \frac{P_i V_i}{P_f}$$

CAPÍTULO 16 **No Melhor de Todos os Mundos: A Lei dos Gases Ideais** 325

Inserindo os números e fazendo os cálculos, você consegue este resultado:

$$V_f = \frac{P_i V_i}{P_f} = \frac{(2{,}0 \times 10^7 \text{ Pa})(0{,}015 \text{ m}^3)}{4{,}01 \times 10^5 \text{ Pa}} \approx 0{,}75 \text{ m}^3$$

Em uma velocidade de 0,03 metros cúbicos por minuto, 0,75 metros cúbicos de ar é o suficiente para:

$$\text{Tempo total de ar} = \frac{0{,}75 \text{ m}^3}{0{,}04 \text{ m}^3/\text{min}} \approx 19 \text{ min}$$

"Eita", você diz ao diretor.

"Processo?", ele pergunta.

"Processo."

Rastreando Moléculas de Gás Ideal com a Fórmula da Energia Cinética

LEMBRE-SE

Podemos examinar certas propriedades de moléculas de um gás ideal enquanto elas se movimentam. Por exemplo, é possível calcular a energia cinética média de cada molécula com uma equação muito simples:

$$\text{méd} = \frac{3}{2}kT$$

em que k é a constante de Boltzmann, $1{,}38 \times 10^{-23}$ joules por Kelvin (J/K), e T é a temperatura em Kelvins. E como podemos determinar a massa de cada molécula se soubermos com qual gás estamos lidando (veja a seção "Investigando Moléculas e Mols com o Número de Avogadro", anteriormente neste capítulo), podemos descobrir as velocidades das moléculas em várias temperaturas.

Prevendo a velocidade das moléculas de ar

Imagine que esteja em um piquenique com seus amigos em um lindo dia de primavera. Não é possível ver as moléculas de ar passando por você, mas é possível prever suas velocidades médias. Você pega sua calculadora e seu termômetro. Mede a temperatura do ar como cerca de 28°C, ou 301K (veja essa conversão no Capítulo 14). Você sabe que, para as moléculas de ar, pode medir sua energia cinética média com:

$$EC_{méd} = \frac{3}{2}kT$$

Agora insira os números:

$$EC_{méd} = \frac{3}{2}\left(1{,}38 \times 10^{-23}\,\text{J/K}\right)\left(301\,\text{K}\right) \approx 6{,}23 \times 10^{-21}\,\text{J}$$

A molécula comum tem uma energia cinética de $6{,}23 \times 10^{-21}$ joules. As moléculas são bem pequenas — a que velocidade $6{,}23 \times 10^{-21}$ joules corresponde? Bem, você sabe que $EC = (1/2)mv^2$, em que m é a massa e v é a velocidade (veja o Capítulo 9). Portanto:

$$v = \sqrt{\frac{2EC}{m}}$$

O ar é, em sua maioria, nitrogênio, e cada átomo de nitrogênio tem uma massa de aproximadamente 14,0u = $2{,}32 \times 10^{-26}$kg (você pode descobrir isso sozinho encontrando a massa de um mol de nitrogênio e dividindo pelo número de átomos em um mol, N_A). No ar, as moléculas de nitrogênio formam moléculas compostas de dois átomos de nitrogênio, então a massa dessas moléculas é 28,0u = $4{,}65 \times 10^{-26}$kg. Insira os números para obter:

$$v = \sqrt{\frac{2EC}{m}} = \sqrt{\frac{2\left(6{,}23 \times 10^{-21}\,\text{J}\right)}{\left(4{,}65 \times 10^{-26}\,\text{kg}\right)}} \approx 518\,\text{m/s}$$

Nossa! Que imagem; números enormes de pequenos carinhas se chocando contra você a 1.160 milhas por hora! Ainda bem que as moléculas são tão pequenas. Imagine se cada molécula de ar pesasse quase 1 quilo? Que problemão!

Calculando a energia cinética em um gás ideal

As moléculas têm bem pouca massa, mas os gases contêm muitas moléculas e, como todas têm energia cinética, a energia cinética total pode se acumular bem rápido. Quanta energia cinética total você consegue encontrar em certa quantidade de gás? Cada molécula tem esta média de energia cinética:

$$EC_{méd} = \frac{3}{2}kT$$

Para descobrir a energia cinética total, multiplique a energia cinética média pelo número de moléculas existentes, nN_A, em que n é o número de mols:

$$EC_{total} = \frac{3}{2}nN_A kT$$

LEMBRE-SE

$N_A k$ é igual a R, a constante universal dos gases (veja a seção "Forjando a lei dos gases ideais", anteriormente neste capítulo), então essa equação fica assim:

$$EC_{total} = \frac{3}{2}nRT$$

Se existem 6,0 mols de gás ideal a 27°C, veja quanta energia interna está envolvida no movimento térmico (lembre-se de converter a temperatura para Kelvins):

$$EC_{total} = \frac{3}{2}nRT = \frac{3}{2}(6,0\,\text{mol})(8,31\,\text{J/K})\left[(273,15+27)\,\text{K}\right] \approx 2,24 \times 10^6 \,\text{J}$$

Isso dá cerca de 5 quilocalorias, ou *Calorias* (o tipo de unidade de energia encontrada em embalagens alimentícias).

Suponha que você esteja testando um novo dirigível de hélio. Ao elevar-se para o céu, você começa a pensar, como qualquer físico faria, quanta energia interna há no gás hélio mantido pelo dirigível. Ele tem cerca de 5.400 metros cúbicos de hélio a uma temperatura de 283 Kelvins. A pressão do hélio é levemente maior do que a pressão atmosférica, $1,1 \times 10^5$Pa. Então, qual é a energia interna total do hélio?

A fórmula de energia cinética total diz que $EC_{total} = (3/2)nRT$. Você conhece T, mas qual é n, o número de mols? Descubra o número de mols do hélio com a equação do gás ideal:

$$PV = nRT$$

Isolando n temos o seguinte:

$$n = \frac{PV}{RT}$$

Insira os números e resolva para descobrir o número de mols:

$$n = \frac{PV}{RT} = \frac{\left(1,1 \times 10^5 \text{ Pa}\right)\left(5.400 \text{ m}^3\right)}{\left(8,31 \text{ J/mol} \cdot \text{K}\right)\left(283 \text{ K}\right)} \approx 2,5 \times 10^5 \text{ mol}$$

Então você tem $2,5 \times 10^5$ mols de hélio. Agora está pronto para usar a equação da energia cinética total:

$$EC_{total} = \frac{3}{2} nRT$$

Inserindo os números nessa equação e fazendo os cálculos:

$$EC_{total} = \frac{3}{2}\left(2,5 \times 10^5 \text{ mol}\right)\left(8,31 \text{ J/mol} \cdot \text{K}\right)\left(283 \text{ K}\right) \approx 8,8 \times 10^8 \text{ J}$$

Portanto, a energia interna do hélio é de $8,8 \times 10^8$ joules. Isso é quase a mesma energia armazenada em 94.000 baterias alcalinas.

330   PA RTE 4   Estabelecendo as Leis da Termodinâmica

NESTE CAPÍTULO

» **Alcançando o equilíbrio térmico**

» **Armazenando calor e energia sob diferentes condições**

» **Aprimorando as máquinas térmicas para aumentar sua eficiência**

» **Chegando perto do zero absoluto**

Capítulo **17**

Calor e Trabalho: As Leis da Termodinâmica

Se você já teve um trabalho de verão, sabe tudo sobre calor e trabalho, uma relação abarcada pelo termo *termodinâmica*. Este capítulo reúne esses dois tópicos queridos, que trato detalhadamente no Capítulo 9 (trabalho) e no Capítulo 14 (calor).

A termodinâmica tem três leis, assim como Newton, mas supera Newton com uma melhor: a termodinâmica também tem uma lei zero. Talvez ache isso estranho, pois poucas coisas cotidianas começam assim ("Cuidado com o degrau zero, ele é traiçoeiro..."), mas você sabe como os físicos amam suas tradições.

Neste capítulo, abordo o equilíbrio térmico (a lei zero), a conservação do calor e da energia (a primeira lei), a propagação térmica (a segunda lei) e o zero absoluto (a terceira lei). É hora de julgar a termodinâmica.

Equilíbrio Térmico: Obtendo a Temperatura com a Lei Zero

Dois objetos estão em *equilíbrio térmico* se o calor puder se propagar entre eles, mas não o fizer de fato. Por exemplo, se você e a piscina em que está estiverem com a mesma temperatura, nenhum calor se propaga de você para ela ou dela para você (embora haja a possibilidade). Você está em equilíbrio térmico. Por outro lado, se pular na piscina durante o inverno, quebrando uma camada de gelo que a cobre, não estará em equilíbrio térmico com a água. E não vai querer ficar. (Não tente esse experimento em casa!)

Para verificar o equilíbrio térmico (especialmente em casos de piscinas congeladas nas quais está preste a pular), use um termômetro. Verifique a temperatura da piscina com um termômetro e, então, verifique a sua temperatura. Se as duas temperaturas forem iguais — ou seja, se você estiver em equilíbrio térmico com o termômetro e o termômetro estiver em equilíbrio térmico com a piscina —, você estará em equilíbrio térmico com a piscina.

LEMBRE-SE

A *lei zero da termodinâmica* diz que se dois objetos estão em equilíbrio térmico com um terceiro, então, estão em equilíbrio térmico uns com os outros. Então podemos dizer que cada um desses objetos tem uma propriedade térmica compartilhada — essa propriedade é chamada de *temperatura*.

Entre outras funções, a lei zero estabelece a ideia da temperatura como um indicador de equilíbrio térmico. Os dois objetos mencionados na lei zero estão em equilíbrio com um terceiro, fornecendo o necessário para estabelecer uma escala como a escala Kelvin.

Conservando Energia: A Primeira Lei da Termodinâmica

A *primeira lei da termodinâmica* trata da conservação de energia. Uma das formas de energia envolvidas é a *energia interna* no movimento dos átomos e moléculas (vibrações e choques aleatórios). Outro dos termos nesta lei é o *calor*, que é uma propagação de energia térmica. E finalmente o *trabalho*, que é uma transferência de energia mecânica; por exemplo, o trabalho é realizado em um gás quando ele é comprimido. A primeira lei da termodinâmica afirma que essas energias, juntas, são conservadas. A energia inicial em um sistema, U_i, muda para uma energia interna final, U_f, quando o calor, Q, é absorvido ou liberado pelo sistema e o sistema realiza o trabalho, W, no seu ambiente (ou o ambiente realiza o trabalho no sistema), de modo que:

$$U_f - U_i = \Delta U = Q - W$$

Para que a energia mecânica seja conservada (veja o Capítulo 9), você precisa trabalhar com sistemas em que nenhuma energia seja perdida como calor — não pode haver atrito, por exemplo. Tudo isso muda agora. Agora você pode dividir a energia total de um sistema, que inclui calor, trabalho e sua energia interna.

Essas três quantidades — calor, trabalho e energia interna — compõem toda a energia que precisa ser levada em conta. Quando você adiciona calor, Q, a um sistema e esse sistema não funciona, a quantidade de energia interna nele, dada pelo símbolo U, muda conforme Q. Um sistema também pode perder energia realizando trabalho ao seu ambiente, como quando um motor levanta um peso na extremidade de um cabo. Quando um sistema realiza trabalho ao seu ambiente e não desprende nenhum calor, sua energia interna, U, muda segundo W. Em outras palavras, pense em termos de calor como energia, então quando levar em conta todas as três quantidades — calor, trabalho e energia interna — a energia será conservada.

A primeira lei da termodinâmica é poderosa porque relaciona todas as quantidades. Se souber duas delas, poderá encontrar a terceira.

Calculando com conservação de energia

A parte mais confusa de usar $\Delta U = Q - W$ é descobrir quais sinais usar. A quantidade Q (propagação de calor) é positiva quando o sistema absorve calor e negativa quando libera calor. A quantidade W (trabalho) é positiva quando o sistema realiza trabalho ao seu ambiente e negativa quando o ambiente realiza trabalho no sistema.

DICA

Para evitar confusão, não tente descobrir os valores positivo ou negativo de toda quantidade matemática na primeira lei da termodinâmica; trabalhe com a ideia de conservação de energia. Pense nos valores de trabalho e calor saindo do sistema como negativos:

- » **O sistema absorve calor:** $Q > 0$
- » **O sistema libera calor:** $Q < 0$
- » **O sistema realiza trabalho ao seu ambiente:** $W > 0$
- » **O ambiente realiza trabalho no sistema:** $W < 0$

Praticando as convenções de sinais

Digamos que um motor realize 2.000J de trabalho em seu ambiente enquanto libera 3.000J de calor. Qual a variação da energia interna? Neste caso, você sabe que o motor realiza 2.000J de trabalho em seu ambiente, portanto sua energia interna (U) diminuirá em 2.000J. E o sistema também libera 3.000J de calor enquanto realiza o trabalho, então a energia interna do sistema diminuirá outros 3.000J. Pensando assim, a mudança total de energia interna é a seguinte:

$$\Delta U = -2.000 \text{ J} - 3.000 \text{ J} = -5.000 \text{ J}$$

A energia interna do sistema diminui 5.000J, o que faz sentido. Por outro lado, e se o sistema *absorver* 3.000J de calor de seu ambiente enquanto realiza 2.000J de trabalho nele? Neste caso, há 3.000J de energia entrando e 2.000J saindo. Os sinais agora são fáceis de entender:

$$\Delta U = -2.000 \text{ J} \left[\text{trabalho saindo} \right] + 3.000 \text{ J} \left[\text{trabalho entrando} \right] = 1.000 \text{ J}$$

Nesse caso, a mudança resultante da energia interna do sistema é +1.000J.

Você também pode ver trabalho negativo quando o ambiente realiza trabalho no sistema. Digamos, por exemplo, que um sistema absorva 3.000J ao mesmo tempo em que seu ambiente realize 4.000J de trabalho no sistema. Pode-se dizer que ambas as energias fluirão para o sistema, então a energia interna do sistema sobe 3.000J + 4.000J = 7.000J. Se quiser encontrar os números, use esta equação:

$$\Delta U = Q - W$$

Depois observe que, como o ambiente realiza trabalho no sistema, W é considerado negativo. Portanto, você obtém a seguinte equação:

$$\Delta U = Q - W = +3.000 \text{ J} - \left(-4.000 \text{ J} \right) = 7.000 \text{ J}$$

Digamos que o sistema absorva 1.600J de calor do ambiente e realize 2.300J de trabalho nele. Qual é a mudança na energia interna do sistema? Use a equação $\Delta U = Q - W$. Aqui, Q é positivo, porque a energia é absorvida pelo sistema, e o trabalho também é positivo porque é realizado pelo sistema, então:

$$\Delta U = Q - W = +1.600 \text{ J} - \left(+2.300 \text{ J} \right) = 700 \text{ J}$$

A energia interna do sistema diminui 700J.

Agora digamos que o sistema absorva 1.600J de calor enquanto o ambiente realiza 2.300J de trabalho no sistema. Qual é a mudança na energia interna do sistema?

334   PARTE 4 **Estabelecendo as Leis da Termodinâmica**

Nesse caso, o trabalho realizado pelo sistema é negativo — isto é, o ambiente realiza o trabalho no sistema. Então, usando $\Delta U = Q - W$, faça os cálculos a seguir:

$$\Delta U = Q - W$$
$$= +1.600 \text{ J} - (-2.300 \text{ J})$$
$$= +1.600 \text{ J} + 2.300 \text{ J}$$
$$= 3.900 \text{ J}$$

Portanto, neste caso em que o sistema absorve calor e tem trabalho realizado nele, a mudança da energia interna é de 3.900J.

Experimentando uma amostra de problema da primeira lei da termodinâmica

O presidente da Acme Gás chega até você, o físico renomado. "Nossos gases estão ficando preguiçosos", diz o presidente. "Temos dois processos e precisamos selecionar o que o gás realiza mais trabalho. Em ambos os métodos, a temperatura de 6,0 mols do gás ideal é reduzida de 590 Kelvins para 400 Kelvins. No método 1, 5.500J de calor se propagam para o gás; enquanto, no método 2, 1.500J de calor se propagam para o gás. Então, em qual método o gás realiza mais trabalho?"

Hmm, você pensa. Agora é a hora de usar a equação $\Delta U = Q - W$. Você quer descobrir o trabalho, então isole o trabalho feito pelo gás:

$$W = Q - \Delta U$$

Sabemos quanto calor, Q, se propaga para o gás em cada método, pois o presidente acabou de lhe contar. Mas e a mudança na energia interna do gás? Você sabe que a energia cinética interna de um gás ideal é a seguinte (usando uma dica do Capítulo 16):

$$EC = \frac{3}{2} nRT$$

E, como o gás é ideal, as moléculas não interagem umas com as outras, então ele não tem energia potencial; portanto, a energia interna total do gás é simplesmente a energia cinética:

$$U = EC = \frac{3}{2} nRT$$

Isso significa que a energia interna de um gás ideal depende apenas de sua temperatura. Como ele acaba com a mesma mudança de temperatura em ambos os métodos que a Acme Gás usa, a mudança de energia interna do gás será a mesma em ambos os casos.

CAPÍTULO 17 **Calor e Trabalho: As Leis da Termodinâmica**   335

Em particular, a mudança na energia interna do gás em ambos os métodos é:

$$\Delta U = EC$$
$$= \frac{3}{2} nRT$$
$$= \frac{3}{2} \left(6{,}0 \text{ mol} \right) \left(8{,}31 \text{ J} / \text{K} \cdot \text{mol} \right) \left(400 \text{ K} - 590 \text{ K} \right)$$
$$\approx -14.200 \text{ J}$$

Portanto, como o gás ideal tem sua temperatura reduzida, a energia interna do gás é reduzida — neste caso, em 14.200J.

Agora você pode inserir o valor de ΔU nas equações de trabalho para o gás ideal em ambos os métodos:

$$W = Q - \left(-14.200 \text{ J} \right)$$

No método um, o gás absorve 5.500J, então:

$$W_1 = 5.500 \text{ J} - \left(-14.200 \text{ J} \right) = 19.700 \text{ J}$$

E no segundo método o gás absorve 1.500J, então esta é a quantidade de trabalho realizado pelo gás:

$$W_2 = 1.500 \text{ J} - \left(-14.200 \text{ J} \right) = 15.700 \text{ J}$$

"No método 1", você diz ao presidente da Acme Gás, "o gás realiza 19.700J de trabalho. No método 2, ele realiza apenas 15.700J de trabalho".

"Então usaremos o método 1", diz o presidente. "E faremos com que esses gases parem de ser preguiçosos!"

Permanecendo constante: Processos isobárico, isocórico, isotérmico e adiabático

Você encontrará várias quantidades neste capítulo — volume, pressão, temperatura etc. O modo que essas quantidades variam à medida que o trabalho é realizado determina o estado final do sistema. Por exemplo, se um gás realiza trabalho enquanto mantém sua temperatura constante, a quantidade de trabalho realizada e os estados intermediário e final do sistema serão diferentes de quando a pressão do gás é constante.

LEMBRE-SE

Um gás realiza trabalho apenas se expandir. Demonstre essa ideia matematicamente. Primeiro, note que o trabalho, W, é igual à força, F, vezes a distância, s (veja o Capítulo 9):

$$W = Fs$$

Por sua vez, a força é igual à pressão, P, vezes a área, A (veja o Capítulo 8). Isso significa que podemos escrever o trabalho como a pressão vezes a área vezes a distância:

$$W = PAs$$

Por fim, a área vezes a distância (As) é igual à variação de volume, ΔV, então esta é a nova equação de trabalho:

$$W = P\Delta V$$

DICA

A fórmula $W = P\Delta V$ cria gráficos de pressão versus volume muito úteis na termodinâmica. A curva desenhada mostra como a pressão e o volume mudam em relação um ao outro, e a área sob a curva mostra quanto trabalho é realizado.

Nesta seção, abordo as quatro condições normais em que o trabalho é realizado na termodinâmica: pressão constante, volume constante, temperatura constante e calor constante. Também diagramo a pressão e o volume para cada um desses processos e mostro como se parecem. **Nota:** Quando qualquer coisa muda nesses processos, a mudança é presumida como sendo *quase estática*, o que significa que a mudança chega de forma lenta o bastante, de modo que a pressão e a temperatura sejam as mesmas por todo o volume do sistema.

Em pressão constante: Isobárico

Quando há um processo em que a pressão permanece constante, ele é chamado de *isobárico* (*bárico* significa "pressão"). Na Figura 17-1, vemos um cilindro com um pistão sendo levantado por uma quantidade de gás à medida que o gás fica mais quente. O volume do gás está mudando, mas o pistão pesado mantém a pressão constante.

Graficamente, podemos ver como é o processo isobárico na Figura 17-2, em que o volume está mudando enquanto a pressão permanece constante. Como $W = P\Delta V$, o trabalho é a área sombreada abaixo do gráfico.

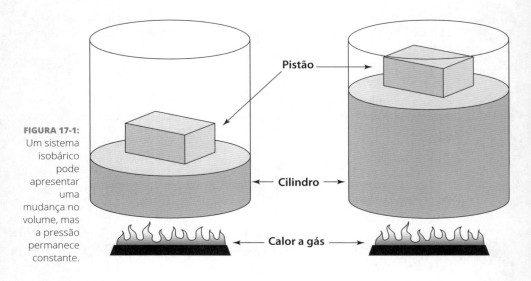

FIGURA 17-1: Um sistema isobárico pode apresentar uma mudança no volume, mas a pressão permanece constante.

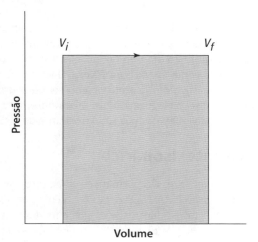

FIGURA 17-2: Pressão e volume em um sistema isobárico.

Digamos que você tenha 60 metros cúbicos de um gás ideal a uma pressão de 200Pa. Você aquece o gás até que ele se expanda a um volume de 120 metros cúbicos (veja detalhes sobre expansão de gases com o aumento de temperatura no Capítulo 14). Quanto trabalho esse gás realiza? Apenas insira os números:

$$W = P\Delta V = (200 \text{ Pa})(120 \text{ m}^3 - 60 \text{ m}^3) = 12.000 \text{ J}$$

O gás realiza 12.000J de trabalho à medida que expande sob pressão constante.

TRABALHANDO COM PRESSÃO CONSTANTE DA ÁGUA

Suponha que esteja esperando por um voo de conexão para a próxima conferência de física. Você olha em volta mas não vê nada com o que se distrair — apenas um bebedouro. Provando que os físicos conseguem se divertir em qualquer lugar, você pega um grama de água do bebedouro e coloca na câmara isobárica de bolso que sempre carrega consigo. Enquanto um segurança do aeroporto observa, você aumenta a pressão para $2,0 \times 10^5$Pa e a temperatura da água para 62°C.

Você nota que o grama de água aumenta de volume em $1,0 \times 10^{-8}$ metros cúbicos. Hmm, você pensa. Imagino qual trabalho foi realizado pela água e qual foi sua mudança de energia interna. O processo foi isobárico, então o trabalho realizado pela água foi:

$$W = P\triangle V$$

Preenchendo os números e fazendo os cálculos:

$$W = (2,0 \times 10^5 \text{Pa})(1,0 \times 10^{-8} \text{m}^3) = 0,002 \text{J}$$

Então esse é o trabalho realizado pela água. Mas e sua mudança de energia interna? A primeira lei da termodinâmica diz que:

$$\triangle U = Q - W$$

Você conhece W, mas o que é o Q? Q é o calor absorvido pela água. Você conhece a mudança de temperatura na água e, usando a capacidade de calor específico da água (veja o Capítulo 15), pode encontrar o calor realmente absorvido pela água usando esta equação:

$$Q = cm\triangle T$$

A capacidade de calor específico da água é 4.186J/kg·°C. Inserindo os números e fazendo os cálculos:

$$Q = cm\triangle T = (4.186 \text{J/kg·°C})(0,0010 \text{kg})(62°\text{C}) \approx 260 \text{J}$$

Agora de volta à primeira lei da termodinâmica:

$$\triangle U = Q - W$$

Substituindo os valores você obtém a mudança na energia interna:

$$\triangle U = Q - W = 260 \text{J} - 0,002 \text{J} \approx 260 \text{J}$$

Hmm, você pensa. O trabalho realizado foi um minúsculo 0,002J, enquanto a mudança na energia interna foi de 260J. Interessante — pouquíssimo trabalho foi realizado, porque a água não expandiu muito, mas você viu um bom ganho de energia interna, pois a temperatura da água subiu.

CAPÍTULO 17 **Calor e Trabalho: As Leis da Termodinâmica** 339

AUMENTANDO A ENERGIA DO VAPOR
SEM MUDAR A PRESSÃO

Agora você decide descobrir o trabalho realizado por algo que realmente pode expandir, como o vapor. O trabalho realizado mudaria muito? Você decide verificar.

Usando sua câmara isobárica, você aumenta a temperatura da água até que ela se transforme em vapor. Depois aumenta a temperatura do vapor em 62°C (assim como aumentou a temperatura da água líquida na mesma proporção na seção anterior) enquanto mantém a pressão a $2,0 \times 10^5$Pa. Desta vez, você nota que o vapor expandiu muito mais do que a água líquida — $7,1 \times 10^{-5}$ metros cúbicos.

Quanto trabalho o vapor realizou? Como a expansão ocorreu em sua câmara isobárica de bolso, o processo não envolveu mudança na pressão, então use a equação a seguir:

$$W = P\Delta V$$

Substituindo os números e fazendo os cálculos:

$$W = P\Delta V = (2,0 \times 10^5\text{Pa})(7,1 \times 10^{-5}\text{m}^3) \approx 14\text{J}$$

E a mudança na energia interna do vapor? Mais uma vez, você usa a equação da primeira lei da termodinâmica:

$$\Delta U = Q - W$$

Você conhece W, mas o que é o Q? Q é o calor absorvido pelo vapor. A mudança de temperatura do vapor é conhecida, então use a equação a seguir:

$$Q = cm\Delta T$$

Inserindo os números e fazendo os cálculos:

$$Q = cm\Delta T = (2.020\text{J/kg} \cdot {}^\circ\text{C})(0,0010\text{kg})(62^\circ\text{C}) \approx 126\text{J}$$

Voltando à primeira lei da termodinâmica, você obtém o seguinte depois de inserir os números e fazer os cálculos:

$$\Delta U = Q - W = 126\text{J} - 14\text{J} = 112\text{J}$$

O vapor fez muito mais trabalho do que a água ao expandir, então houve menos energia disponível para aumentar a energia interna total do vapor.

"Ei, amigo", diz o segurança do aeroporto, apontando para sua câmara isobárica de bolso: "O que é essa geringonça?"

"Essa geringonça acabou de me dizer que o vapor realiza muito mais trabalho pela expansão sob condições isobáricas do que a água líquida."

O segurança pisca e diz: "Ah."

Em volume constante: Isocórico

E se a pressão no sistema não for constante? Podemos ver um recipiente simples fechado, que não consegue mudar seu volume. Neste caso, o volume é constante, então temos um processo *isocórico*.

Na Figura 17-3, alguém jogou descuidadamente uma lata de spray no fogo. À medida que o gás dentro da lata de spray se aquece, sua pressão aumenta, mas seu volume permanece igual (a não ser, é claro, que a lata exploda).

Quanto trabalho o fogo realiza na lata de spray? Veja o gráfico na Figura 17-4. Nesse caso, o volume é constante, então Fs (a força vezes a distância) é igual a zero. Nenhum trabalho é realizado — a área sob o gráfico é zero.

Veja um exemplo. O CEO da Acme de Vasos de Pressão aborda você e diz: "Estamos adicionando 16.000J de energia a 5mol de gás ideal em volume constante, e queremos saber quanto a energia interna muda. Pode nos ajudar?"

Você pega sua prancheta e explica. O trabalho realizado por um gás ideal depende da mudança em seu volume: $W = P\Delta V$ (veja a seção anterior "Permanecendo constante: Processos isobárico, isocórico, isotérmico e adiabático" para detalhes). Como a mudança de volume é zero neste caso, o trabalho realizado é zero.

A mudança na energia interna de um gás ideal é $\Delta U = Q - W$. Como W é zero, o seguinte é verdadeiro:

$$\Delta U = Q$$

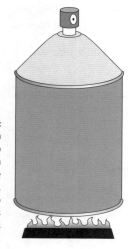

FIGURA 17-3: Um sistema isocórico apresenta um volume constante, enquanto outras quantidades variam.

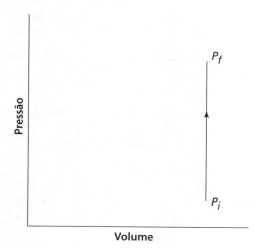

FIGURA 17-4: Como o volume é constante em um processo isocórico, nenhum trabalho é realizado.

Você se vira para o CEO e diz: "Você adicionou 16.000J de energia para um gás ideal em volume constante, então a mudança na energia interna de gás é exatamente 16.000J."

"O quê?", diz o CEO. "Isso foi fácil demais. Não vamos pagar você."

Entregando o recibo ao CEO, você diz: "Já pagaram. Foi um prazer fazer negócios com vocês."

Em temperatura constante: Isotérmico

Em um *sistema isotérmico*, a temperatura permanece constante à medida que outras quantidades variam. Veja o aparato notável na Figura 17-5. Ele é especialmente projetado para manter constante a temperatura de um gás contido, mesmo quando o pistão levanta. Ao aplicar calor a esse sistema, o pistão sobe ou abaixa devagar de modo a manter constante o produto da pressão pelo volume. Como $PV = nRT$ (veja o Capítulo 14), a temperatura permanece constante também. (Lembre-se: n é o número de mols de um gás que permanece constante, e R é a constante do gás.)

E como se parece o trabalho com a mudança de volume? Como $PV = nRT$, a relação entre P e V é:

$$P = \frac{nRT}{V}$$

Você pode ver essa equação diagramada na Figura 17-6, que demonstra o trabalho realizado como a área sombreada sob a curva. Mas que área é essa?

LEMBRE-SE

O trabalho realizado em um processo isotérmico é dado pela seguinte equação, em que *ln* é o logaritmo natural (*ln* na sua calculadora), R é a constante do gás (8,31J/mol·K), V_f é o volume final e V_i é o volume inicial:

$$W = nRT \ln\left(\frac{V_f}{V_i}\right)$$

LEMBRE-SE

Como a temperatura permanece constante em um processo isotérmico e como a energia interna de um gás ideal é igual a $(3/2)nRT$ (veja o Capítulo 16), a energia interna não muda. Portanto, você descobre que o calor é igual ao trabalho realizado pelo sistema:

$$\Delta U = Q - W$$
$$0 = Q - W$$
$$Q = W$$

Se imergir o cilindro da Figura 17-5 em um banho térmico, o que aconteceria? O calor, Q, se propagaria ao aparato e, como a temperatura do gás permanece constante, todo o calor se transformaria em trabalho realizado pelo sistema.

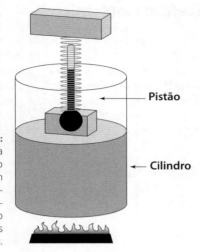

FIGURA 17-5:
Um sistema isotérmico mantém uma temperatura constante dentro de outras mudanças.

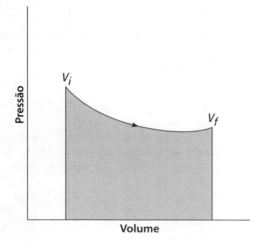

FIGURA 17-6:
A área sob a curva mostra o trabalho realizado em um processo isotérmico.

Digamos que você tenha um mol de hélio para brincar em um dia chuvoso com 20°C de temperatura e decida expandi-lo de V_i = 0,010m³ a V_f = 0,020m³. Qual é o trabalho realizado pelo gás na expansão? Apenas insira os números:

$$W = nRT \ln\left(\frac{V_f}{V_i}\right)$$

$$= (1,0)(8,31 \text{ J/mol} \cdot \text{K})\left[(273,15 + 20)\text{ K}\right] \ln\left(\frac{0,020 \text{ m}^3}{0,010 \text{ m}^3}\right)$$

$$\approx 1.690 \text{ J}$$

O gás realiza 1.690J de trabalho. A mudança na energia interna do gás é 0J, como sempre em um processo isotérmico. E como $Q = W$, o calor adicionado ao gás também é igual a 1.690J.

Veja outro exemplo. Digamos que você ganhe de aniversário 2,0 mols de gás hidrogênio em uma temperatura de 600K. Você se pergunta quanto trabalho o gás realiza ao ser expandido de um volume de 0,05 metros cúbicos a 0,10 metros cúbicos isotermicamente, então pega sua prancheta. O trabalho realizado por um gás ideal durante a expansão isotérmica é:

$$W = nRT \ln\left(\frac{V_f}{V_i}\right)$$

Inserindo os números e fazendo os cálculos:

$$W = nRT \ln\left(\frac{V_f}{V_i}\right)$$
$$= (2,0 \text{ mol})(8,31 \text{ J/mol} \cdot \text{K})(600 \text{ K}) \ln\left(\frac{0,10 \text{ m}^3}{0,05 \text{ m}^3}\right)$$
$$\approx 6.900 \text{ J}$$

Então o gás realiza 6.900J de trabalho durante sua expansão.

Mas e a mudança na energia interna do gás? Você sabe que a mudança na energia interna é $\Delta U = (3/2)nR\Delta T$ (veja os detalhes no Capítulo 16). Portanto, como ΔT é igual a zero em um processo isotérmico, ΔU também é igual a zero. Então, a mudança na energia interna do gás é zero durante a expansão isotérmica.

Em calor constante: Adiabático

Em um *processo adiabático*, não há propagação de calor a partir do sistema ou para ele. Dê uma olhada na Figura 17-7, que mostra um cilindro envolto por um material isolante. O isolamento impede que o calor se propague para dentro ou para fora do sistema, então qualquer mudança no sistema é adiabática.

Examinando o trabalho realizado durante um processo adiabático, podemos dizer que $Q = 0$, então ΔU (a mudança na energia interna) é igual a $-W$. Como a energia interna de um gás ideal é $U = (3/2)nRT$ (veja o Capítulo 16), o trabalho realizado é o seguinte:

$$W = \left(\frac{3}{2}\right)nR\left(T_f - T_i\right)$$

em que T_f representa a temperatura final e T_i representa a temperatura inicial. Então, se o gás realiza trabalho, esse trabalho vem da mudança na temperatura — se a temperatura diminui, o gás realiza trabalho em seu ambiente.

Podemos ver como se parece um gráfico de pressão versus volume para um processo adiabático na Figura 17-8. A *curva adiabática* nessa figura é diferente das *curvas isotérmicas*. O trabalho realizado quando o calor total no sistema é constante é a área sombreada sob a curva.

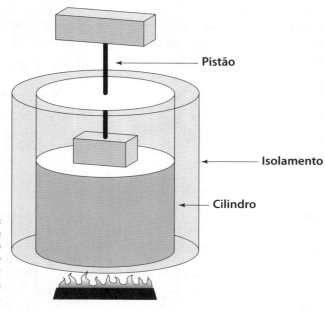

FIGURA 17-7: Um sistema adiabático não permite que o calor escape ou entre.

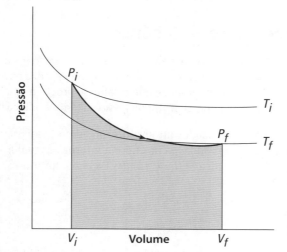

FIGURA 17-8: Um gráfico adiabático de pressão versus volume.

Na expansão ou compressão adiabática podemos relacionar a pressão e o volume iniciais à pressão e ao volume finais da seguinte forma:

$$P_i V_i^\gamma = P_f V_f^\gamma$$

Nesta equação, γ é a proporção da capacidade de calor específico de um gás ideal em pressão constante dividida pela capacidade de calor específico de um gás ideal em volume constante (a *capacidade de calor específico* é a medida de quanto calor um objeto consegue reter; veja o Capítulo 15):

$$\gamma = \frac{C_P}{C_V}$$

Como encontramos essas capacidades de calor específico? Veja a seguir.

ENCONTRANDO AS CAPACIDADES DE CALOR ESPECÍFICO MOLAR

Para descobrir a capacidade de calor específico, é preciso relacionar o calor, Q, e a temperatura, T. Geralmente usamos a fórmula $Q = cm\Delta T$, em que c representa a capacidade de calor específico, m representa a massa e ΔT representa a mudança na temperatura.

Para os gases, no entanto, é mais fácil falar em termos de *capacidade de calor específico molar*, dada por C e cujas unidades são joules/mol-Kelvin (J/mol·K). Com a capacidade de calor específico molar, usamos o número de mols, n, em vez da massa, m:

$$Q = Cn\Delta T$$

Para encontrar C, devemos considerar duas quantidades diferentes, C_P (pressão constante) e C_V (volume constante). Isolando Q, a primeira lei da termodinâmica afirma que:

$$Q = W + \Delta U$$

Então, se conseguirmos ΔU e W em termos de T, estaremos prontos.

Primeiramente considere o calor com volume constante (Q_V). O trabalho realizado (W) é $P\Delta V$, portanto, em volume constante não há trabalho realizado; $W = 0$, assim $Q_V = \Delta U$. E ΔU, a mudança na energia interna de um gás ideal, é (3/2) $nR\Delta T$ (veja o Capítulo 16). Portanto, Q com volume constante é o seguinte:

$$Q_V = \Delta U = \frac{3}{2} nR\Delta T$$

CAPÍTULO 17 **Calor e Trabalho: As Leis da Termodinâmica** 347

Agora observe o calor sob pressão constante (Q_P). Sob pressão constante, o trabalho (W) é igual a $P\Delta V$. E como $PV = nRT$, podemos representar o trabalho como nRT: $W = P\Delta V = nR\Delta T$. Em pressão constante, a mudança na energia, ΔU, ainda é $(3/2)nR\Delta T$, assim como no volume constante. Portanto, Q sob pressão constante é:

$$Q_P = W + \Delta U$$
$$= \frac{3}{2}nR\Delta T + nR\Delta T$$

Então como obtemos as capacidades de calor específico molar a partir disso? Você decidiu que $Q = Cn\Delta T$, que relaciona a troca de calor, Q, à diferença de temperatura, ΔT, por meio da capacidade de calor específico molar, C. Esta equação é verdadeira para a troca de calor em volume constante, Q_V, então escreva:

$$Q_V = C_V n\Delta T$$

em que C_V é a capacidade de calor específico em volume constante. Você já tem uma expressão para Q_V, então substitua na equação anterior:

$$\frac{3}{2}nR\Delta T = C_V n\Delta T$$

Depois divida ambos os lados por $n\Delta T$ para conseguir a capacidade de calor específico em volume constante:

$$C_V = \frac{3}{2}R$$

Se repetir isso para a capacidade de calor específico sob pressão constante, terá:

$$C_P = \frac{3}{2}R + R = \frac{5}{2}R$$

Agora você tem as capacidades de calor específico molar de um gás ideal. A proporção que você quer, γ, é a razão dessas duas equações:

$$\gamma = \frac{C_P}{C_V} = \frac{5}{3}$$

LEMBRE-SE

Para um gás ideal, ligue a pressão e o volume em quaisquer dois pontos ao longo da curva adiabática desta forma:

$$P_i V_i^{5/3} = P_f V_f^{5/3}$$

ENCONTRANDO A NOVA PRESSÃO DEPOIS DE UMA MUDANÇA ADIABÁTICA

Suponha que você comece com 1,0 litro de gás em uma pressão de 1,0 atmosfera. Depois de uma mudança adiabática (em que nenhum calor é ganhado ou perdido), você acaba com 2,0 litros de gás. Qual seria a nova pressão, P_f? Isolando P_f em um lado da equação:

$$P_f = \frac{P_i V_i^{5/3}}{V_f^{5/3}}$$

Insira os números e faça os cálculos:

$$P_f = \frac{P_i V_i^{5/3}}{V_f^{5/3}} = \frac{(1,0\text{ atm})(1,0\text{ L})^{5/3}}{(2,0\text{ L})^{5/3}} \approx 0,31\text{ atm}$$

A nova pressão seria 0,31 atmosferas.

CONSTRUINDO UM LABORATÓRIO MAIOR: UM PROBLEMA PRÁTICO DE MUDANÇA ADIABÁTICA

Lá está você, o físico mundialmente famoso, de férias na Antártica. O chefe de uma equipe científica do Polo Sul vem correndo até você e pede sua ajuda. "Temos um grande problema", diz o diretor.

"Ah é?", você pergunta.

"Colocamos um explorador no Polo Sul em um laboratório com paredes de câmara de vácuo — elas evitam que qualquer calor seja ganhado ou perdido no ambiente, então ele fica bem confortável", o diretor diz. "O problema é que pressurizamos demais. Está com 2 atmosferas e o cientista está muito desconfortável. Gostaríamos de expandir o volume do laboratório para que ele tenha 1 atmosfera do lado de dentro."

Sempre disposto a auxiliar seus colegas cientistas, você pega sua prancheta. O laboratório especialmente construído tem paredes de câmara de vácuo, então nenhum calor é trocado com o exterior. Portanto, a expansão será adiabática e esta equação pode ser aplicada:

$$P_i V_i^{5/3} = P_f V_f^{5/3}$$

Os cientistas querem reduzir a pressão de 2 atmosferas para 1 atmosfera, então:

$$\frac{P_f}{P_i} = 0,5$$

Resolvendo a equação de pressão-volume para a proporção de pressões, P_f/P_i, você obtém:

$$\frac{P_f}{P_i} = \frac{V_i^{5/3}}{V_f^{5/3}}$$

$$\frac{P_f}{P_i} = \left(\frac{V_i}{V_f}\right)^{5/3}$$

Se elevar ambos os lados dessa equação à potência 3/5, terá:

$$\left(\frac{P_f}{P_i}\right)^{3/5} = \left(\frac{V_i}{V_f}\right)$$

Depois, se inverter os termos de ambos os lados (isso é o mesmo que elevar ambos os lados à potência de −1), terá:

$$\left(\frac{P_i}{P_f}\right)^{3/5} = \left(\frac{V_f}{V_i}\right)$$

Finalmente, multiplique ambos os lados por V_i:

$$V_f = V_i \left(\frac{P_i}{P_f}\right)^{3/5}$$

Se inserir o valor da proporção de pressão, terá:

$$V_f = V_i \, 2^{3/5} \approx 1{,}5 V_i$$

Então V_f é aproximadamente $1{,}5 V_i$. Você se vira para o diretor e diz: "Expanda o volume do laboratório em 50 por cento."

"Obrigado", diz o diretor. "Seu pagamento é o de sempre?"

"Não cobro colegas cientistas", você diz.

Do Quente ao Frio: A Segunda Lei da Termodinâmica

LEMBRE-SE

A *segunda lei da termodinâmica* diz que o calor se propaga naturalmente de um objeto de temperatura mais alta para um objeto de temperatura mais baixa, e o calor não se propaga na direção oposta por conta própria.

A lei certamente nasceu da observação cotidiana — quando foi a última vez que notou um objeto ficando mais frio do que seu ambiente a não ser se outro objeto estiver realizando algum tipo de trabalho? É possível forçar o calor a se propagar para longe de um objeto quando se propagaria naturalmente para ele se você realizar algum trabalho — como com geladeiras e aparelhos de ar-condicionado —, mas o calor não segue essa direção sozinho.

Motores térmicos:
Colocando o calor para trabalhar

Há muitas maneiras de transformar calor em trabalho. Você pode ter um motor a vapor, por exemplo, com uma caldeira e um conjunto de pistões, ou pode ter um reator atômico que gera vapor superaquecido que pode girar uma turbina.

Os motores que dependem de alguma fonte de calor para realizar trabalho são chamados de *motores térmicos*; podemos ver o princípio por trás de um motor térmico na Figura 17-9. Uma fonte de calor fornece calor ao motor, que realiza o trabalho. O calor residual passa por um *dissipador térmico*, que tem efetivamente uma capacidade de calor infinita, porque pode receber uma quantidade tão grande de energia térmica sem mudar de temperatura. O dissipador térmico poderia ser cercado por ar ou poderia ser um radiador cheio de água, por exemplo. Desde que o dissipador térmico esteja com uma temperatura menor do que a fonte de calor, o motor térmico pode realizar trabalho — pelo menos teoricamente.

Avaliando o trabalho do calor:
A eficiência do motor térmico

O calor fornecido por uma fonte de calor recebe o símbolo Q_h (para a fonte quente), e o calor enviado para o dissipador térmico recebe o símbolo Q_c (para o dissipador térmico frio). Com alguns cálculos, é possível encontrar a eficiência de um motor térmico. Ela é a proporção do trabalho que o motor faz, W, e a quantidade de entrada de calor — a fração da entrada de calor que o motor converte para trabalho:

$$\text{Eficiência} = \frac{\text{Trabalho}}{\text{Entrada de Calor}} = \frac{W}{Q_h}$$

Se o motor converte toda a entrada de calor em trabalho, a eficiência é 1,0. Se nenhum calor é convertido em trabalho, a eficiência é 0,0. Muitas vezes a eficiência é dada como uma porcentagem, então expressamos esses valores como 100 por cento e 0 por cento.

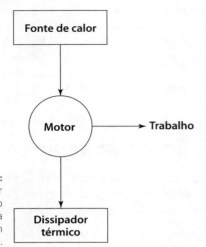

FIGURA 17-9: Um motor térmico transforma calor em trabalho.

LEMBRE-SE

Como a energia total é conservada, o calor no motor deve ser igual ao trabalho realizado mais o calor enviado para o dissipador térmico, o que significa que $Q_h = W + Q_c$. Portanto, podemos reescrever a eficiência em termos de Q_h e Q_c:

$$\text{Eficiência} = \frac{W}{Q_h} = \frac{Q_h - Q_c}{Q_h} = 1 - \left(\frac{Q_c}{Q_h}\right)$$

Encontrando o calor de um motor de carro

Digamos que você tenha um motor térmico com 78,0 por cento de eficiência que produz $2,55 \times 10^7$ J de energia. Talvez essa seja a energia produzida pelo motor de um carro ao queimar um tanque de combustível. Quanto calor o motor usa e quanto ele rejeita? Bem, sabe-se que $W = 2,55 \times 10^7$ J e que:

$$\text{Eficiência} = \frac{W}{Q_h}$$

$$0{,}780 = \frac{2{,}55 \times 10^7 \text{ J}}{Q_h}$$

Isolando Q_h:

$$Q_h = \frac{2{,}55 \times 10^7 \text{ J}}{0{,}780} \approx 3{,}27 \times 10^7 \text{ J}$$

A quantidade de entrada de calor é $3{,}27 \times 10^7$ joules. Então quanto calor sobra e quanto calor é enviado para o dissipador térmico, Q_c? Você sabe que $Q_h = W + Q_c$, e pode reorganizar o problema para encontrar Q_c:

$$Q_c = Q_h - W$$

Inserindo os números:

$$Q_c = Q_h - W = (3{,}27 \times 10^7 \, J) - (2{,}55 \times 10^7 \, J) = 7{,}2 \times 10^6 \, J$$

A quantidade de calor enviada para o dissipador térmico é $7{,}2 \times 10^6 J$.

Encontrando o calor no seu carro de corrida

Você está na pista de corridas testando seu carro novo. Está orgulhoso dele, pois ele tem 25 por cento de eficiência. Você estima que hoje ele já produziu 8.000J de trabalho; então nota um mecânico prestes a colocar as mãos no radiador. "Não toque nisso", você diz. "Deve estar quente."

"Quente demais?", o mecânico pergunta.

A que temperatura? O carro se livra do excesso de calor pelo radiador. Então de quanto calor o carro se livrou? Seu carro tem 25 por cento de eficiência e realizou 8.000J de trabalho, então o calor que entra é:

$$Q_h = \frac{W}{\text{Eficiência}}$$

Inserindo os números

$$Q_h = \frac{W}{\text{Eficiência}} = \frac{8.000 \, J}{0{,}25} = 32.000 \, J$$

Certo, o calor que entrou foi 32.000J. Você sabe que o calor de entrada é igual ao trabalho realizado mais o calor de saída $Q_h = W + Q_c$, então o calor de saída é:

$$Q_c = Q_h - W$$

O calor de entrada foi 32.000J e o motor realizou 8.000J de trabalho, então insira os números e resolva:

$$Q_c = Q_h - W = 32.000 \, J - 8.000 \, J = 24.000 \, J$$

"Quente demais?", você pergunta ao mecânico. "Vinte e quatro mil joules de calor, quente demais!"

"Mas quanto é isso?", responde o mecânico. De fato, se o radiador tiver 10kg e absorve 24.000J de energia, qual é a mudança em sua temperatura?

Bem, se a capacidade de calor específico é 460J/kg·K, então a mudança na temperatura é a seguinte:

$$\Delta T = \frac{24.000 \text{ J}}{(10 \text{kg})(460 \text{ J/kg}\cdot\text{K})} \approx 5,2 \text{ K}$$

A diferença de 5,2K é a mesma diferença de 5,2°C. "Ah, só cinco graus? Tudo bem", diz o mecânico. Você se pergunta se deve contar a ele que isso é mais de 40°F.

Limitando a eficiência: Carnot diz que não se pode ter tudo

Dada a quantidade de trabalho que um motor térmico realiza e sua eficiência, você pode calcular quanto calor entra e quanto calor sai (com um pouco de ajuda da lei da conservação de energia, que liga o trabalho, o calor que entra e o que sai). Mas por que não criar motores térmicos com 100 por cento de eficiência? Converter todo o calor que entra em um motor em trabalho seria ótimo, mas o mundo real não funciona assim. Motores térmicos têm algumas perdas inevitáveis, como por meio do atrito nos pistões em um motor a vapor.

Estudando esse problema, Sadi Carnot (um engenheiro do século XIX) chegou à conclusão de que o melhor que se pode fazer, efetivamente, é usar um motor que não tenha tais perdas. Se o motor não tiver perdas, o sistema retornará ao estado em que estava antes de o processo ocorrer. Isso é chamado de *processo reversível*.

O *princípio de Carnot* diz que nenhum motor irreversível pode ser tão eficiente quanto um motor reversível e que todos os motores reversíveis que funcionam entre as duas mesmas temperaturas têm a mesma eficiência. O problema é: um motor perfeitamente reversível não existe, então Carnot criou um ideal.

Encontrando a eficiência no motor de Carnot

Nenhum motor real consegue operar reversivelmente, então Carnot imaginou um tipo de motor reversível ideal. No *motor de Carnot*, o calor que vem da fonte

354   PA RTE 4   **Estabelecendo as Leis da Termodinâmica**

de calor é fornecido a uma temperatura constante T_h. Enquanto isso, o calor rejeitado passa pelo dissipador térmico, que está em uma temperatura constante T_c. Como a fonte de calor e o dissipador de calor estão sempre com a mesma temperatura, podemos dizer que a proporção do calor fornecido é igual à proporção dessas temperaturas (expressas em Kelvins):

$$\frac{Q_c}{Q_h} = \frac{T_c}{T_h}$$

LEMBRE-SE

E como a eficiência do motor térmico é Eficiência = 1 − (Q_c/Q_h), a eficiência do motor de Carnot é:

$$\text{Eficiência} = 1 - \frac{Q_c}{Q_h} = 1 - \frac{T_c}{T_h}$$

Essa equação representa a *máxima eficiência possível* de um motor térmico. Não tem como ser melhor do que isso. E como a terceira lei da termodinâmica afirma (veja a seção final deste capítulo), não se pode alcançar o zero absoluto; portanto, T_c nunca é 0, então a eficiência é sempre 1 menos algum número. Não é possível ter um motor térmico com 100 por cento de eficiência.

Usando a equação do motor de Carnot

Aplicar a equação para a máxima eficiência possível (Eficiência = 1 − Q_c/Q_h = 1 − T_c/T_h) é fácil. Por exemplo, digamos que você tenha criado uma nova invenção incrível: um motor de Carnot que usa um balão para conectar o solo (27°C) como fonte de calor ao ar a 33.000 pés (cerca de −25°C), usado como dissipador térmico. Qual é a máxima eficiência obtida com esse motor térmico? Depois de converter as temperaturas para Kelvins, insira os números para obter:

$$\text{Eficiência} = 1 - \frac{Q_c}{Q_h} = 1 - \frac{T_c}{T_h} = 1 - \left(\frac{248 \text{ K}}{300 \text{ K}}\right) \approx 0{,}173$$

Seu motor de Carnot não consegue ter mais de 17,3 por cento de eficiência — nada impressionante. Por outro lado, suponha que você possa usar a superfície do sol (cerca de 5.800 Kelvins) como a fonte de calor e o espaço interestelar (cerca de 3,40 Kelvins) como o dissipador térmico (é disso que são feitas as histórias de ficção científica). Você teria algo bem diferente agora:

$$\text{Eficiência} = 1 - \frac{T_c}{T_h} = 1 - \left(\frac{3{,}40 \text{ K}}{5.800 \text{ K}}\right) \approx 0{,}999$$

Você obtém uma eficiência teórica para seu motor de Carnot — 99,9 por cento.

Veja outro exemplo. Você está no Havaí, tirando umas férias bem merecidas com outros físicos esforçados. O verão tem sido quente e você deita na praia e lê um artigo sobre a crise de energia causada por todos esses aparelhos de ar-condicionado ligados; deixa o artigo de lado quando os físicos alegres balançando nas ondas o chamam para dar um mergulho.

"A água está quente?", você pergunta.

"Muito", eles dizem subindo e descendo na água. "Uns 300 Kelvins."

Hmm, você pensa. Se pudesse criar um motor de Carnot e usar na superfície do oceano como fonte de entrada de calor (300K) e o fundo do oceano (cerca de 7°C ou 280K) como o dissipador térmico, qual seria a eficiência de tal motor? E quanto calor de entrada seria necessário para fornecer toda a necessidade de energia dos Estados Unidos por um ano (cerca de $1,0 \times 10^{20}$J)?

Sabe-se que Eficiência = $1 - (T_c/T_h)$, então insira os números e faça os cálculos para encontrar a eficiência:

$$\text{Eficiência} = 1 - \left(\frac{280\ \text{K}}{300\ \text{K}} \right) \approx 0,067$$

Hmm, 6,7 por cento de eficiência. Então quanto calor de entrada seria necessário para obter $1,0 \times 10^{20}$ joules de saída? Você sabe que Eficiência = W/Q_h, então:

$$Q_h = \frac{W}{\text{Eficiência}}$$

Inserindo os números e fazendo os cálculos:

$$Q_h = \frac{1,0 \times 10^{20}\ \text{J}}{0,067} \approx 1,5 \times 10^{21}\ \text{J}$$

Quanto a temperatura mudaria se o calor do metro superior do Oceano Pacífico fosse retirado? Suponha que o metro superior do Oceano Pacífico contenha cerca de $1,56 \times 10^{14}$ metros cúbicos de água — isso seria $1,56 \times 10^{17}$ quilogramas de água.

O calor ganhado ou perdido é igual à mudança de temperatura $Q = cm\Delta T$, então a mudança de temperatura seria:

$$\Delta T = \frac{Q}{cm}$$

356 PA RTE 4 **Estabelecendo as Leis da Termodinâmica**

Inserindo os números e fazendo os cálculos você obtém a mudança de temperatura de:

$$\Delta T = \frac{1,5 \times 10^{21} \text{ J}}{\left(4.186 \text{ J/kg} \cdot {}^{\circ}\text{C}\right)\left(1,56 \times 10^{17} \text{ kg}\right)} \approx 4,5 {}^{\circ}\text{C}$$

Então, se seu motor de Carnot fosse colocado na superfície do Oceano Pacífico e conectado ao fundo e sugasse todo o calor do primeiro metro de superfície, ele teria sua temperatura diminuída em 4,5°C para fornecer todas as necessidades de energia dos Estados Unidos.

Indo contra a corrente com bombas de calor

Normalmente, os motores de Carnot pegam o calor do reservatório quente (Q_h), realizam trabalho e mandam o calor residual para o reservatório frio (Q_c). Mas e se você trocasse os reservatórios quente e frio e realmente realizasse algum trabalho no motor de Carnot (em vez de fazê-lo realizar por você)? Então poderia "bombear o calor para cima", do reservatório frio para o quente. É possível fazer isso conectando a entrada de um motor de Carnot ao reservatório frio e o exaustor ao reservatório quente.

Mas por que diabos você quer mover o calor? Pense em um cômodo frio em um dia mais frio ainda. Se conectar um motor de Carnot ao lado de fora — que é ainda mais frio que o lado de dentro — o trabalho realizado no motor de Carnot pode levar o calor para dentro do cômodo. Isso utiliza um motor de Carnot chamado *bomba de calor,* porque o trabalho é realizado para levar o calor para cima, do reservatório frio para o quente.

Por que as bombas de calor são uma boa maneira de esquentar sua casa? Considere um aquecedor elétrico. Se usar eletricidade suficiente para adicionar 1.000J de calor dentro de sua casa, terá que pagar por 1.000J de energia. Mas, se bombear o calor de fora para dentro, a maior parte do calor vem do reservatório frio, e você só precisará fornecer o trabalho necessário para fazer a bomba funcionar.

Uma bomba de calor também pode ser usada para mover o calor em outra direção, causando o resfriamento. Neste caso, o trabalho mecânico é usado para bombear o calor de uma fonte com temperatura mais alta para uma temperatura mais baixa. Sua geladeira usa energia elétrica para mover um compressor, que compõe parte do ciclo de refrigeração.

Aquecendo com menos trabalho

A operação de bombas de calor requer menos trabalho do que o calor que elas transferem. Por exemplo, suponha que você esteja de férias em sua cabana na floresta, que está a 20°C (isto é, 293K — aproximadamente 68°F). Você quer bombear um pouco de calor lá de fora, que está a 10°C (283K — cerca de 50°F). Você decide que precisa de aproximadamente 4.000J de calor. Quanto trabalho seria necessário para bombear 4.000J para dentro da cabana?

Você desembala um motor de Carnot e o conecta ao lado externo para que ele use o lado de fora (que está mais frio) como o reservatório quente e o lado de dentro da cabana (que está mais quente) como o reservatório frio. Para fazer com que o calor se mova ao contrário dessa forma, é necessário realizar trabalho no motor de Carnot em vez de ele realizá-lo por você.

Então quanto trabalho seria necessário para bombear 4.000J de calor para dentro? Comece com esta equação:

$$Q_h = W + Q_c$$

Aqui, Q_h é o calor jogado dentro da cabine e Q_c é o calor retirado do lado de fora. W é a quantidade de trabalho necessária a ser fornecida para a bomba de calor. Você está tentando descobrir o trabalho, então reorganize a equação:

$$W = Q_h - Q_c$$

Para o motor de Carnot, $Q_c/Q_h = T_c/T_h$. Portanto, esta é a fórmula para o calor retirado do lado de fora:

$$Q_c = Q_h \left(\frac{T_c}{T_h} \right)$$

Agora insira esse valor de Q_c na equação do trabalho ($W = Q_h - Q_c$) e simplifique:

$$W = Q_h \left[1 - \left(\frac{T_c}{T_h} \right) \right]$$

Você quer 4.000J de calor no cômodo, então $Q_h = 4.000$J. Inserindo o calor e as temperaturas, e fazendo os cálculos, terá:

$$W = 4.000 \text{ J} \left[1 - \left(\frac{283 \text{ K}}{293 \text{ K}} \right) \right] \approx 136 \text{ J}$$

Então você precisaria de apenas 136J de trabalho para bombear 4.000J de calor de fora para dentro. Viu por que as bombas de calor são tão interessantes? Se estivesse usando um aquecedor elétrico, teria que pagar pelos 4.000J.

Contudo, à medida que a temperatura do lado de fora cai, é necessário realizar mais trabalho para bombear o calor para dentro, pois há uma diferença maior de temperatura para superar. Por exemplo, e se a temperatura do lado de fora fosse de −20°C (isto é, 253K ou −4°F)? Nesse caso, quanto trabalho seria preciso realizar no motor de Carnot para bombear 4.000J de calor para dentro da cabana?

Use a mesma equação de trabalho que você acabou de derivar:

$$W = Q_h \left[1 - \left(\frac{T_c}{T_h} \right) \right]$$

Inserindo os números e fazendo os cálculos você encontra:

$$W = 4.000 \text{ J} \left[1 - \left(\frac{253 \text{ K}}{293 \text{ K}} \right) \right] \approx 546 \text{ J}$$

Então, quando a temperatura do lado de fora é 10°C, você só precisa de 136J para bombear 4.000J de calor para a cabana. Mas quando a temperatura é −20°C, você precisa de 546J para bombear os mesmos 4.000J. Perceba, porém, que em ambos os casos você consegue 4.000J por muito menos do 4.000J que teria que pagar se usasse o aquecedor elétrico.

Verificando a performance de uma bomba de calor

LEMBRE-SE

O calor entregue por uma bomba de calor é maior do que o trabalho realizado na bomba. Podemos medir quanto calor a mais obtemos com uma bomba de calor usando o *coeficiente de performance (COP)*:

$$\text{COP} = \frac{Q_h}{W}$$

O coeficiente de performance diz quanto calor obtemos de uma bomba de calor por trabalho realizado nela.

Para algo como calor gerado por fonte elétrica, em que é preciso pagar por todo o calor obtido, o coeficiente de performance é 1. Mas, para uma bomba de calor, ele pode ser muito maior do que 1, indicando que conseguimos mais calor com a bomba do que o trabalho realizado nela.

O coeficiente de performance depende das temperaturas interna e externa. Podemos escrever o coeficiente de performance de forma que sua dependência das temperaturas fique explícita.

Como $W = Q_h - Q_c$, o coeficiente de performance fica assim:

$$\text{COP} = \frac{Q_h}{W} = \frac{Q_h}{Q_h - Q_c}$$

Ou, se multiplicarmos o numerador e o denominador por $1/Q_h$, poderemos escrevê-lo assim:

$$\text{COP} = \frac{Q_h}{W} = \frac{1}{\left(1 - Q_c / Q_h\right)}$$

Para um motor de Carnot, $Q_c/Q_h = T_c/T_h$, então acabamos com:

$$\text{COP} = \frac{1}{\left(1 - Q_c / Q_h\right)} = \frac{1}{\left(1 - T_c / T_h\right)}$$

Suponha que você esteja bombeando calor de 283K para 293K. O coeficiente de performance é:

$$\text{COP} = \frac{1}{\left(1 - T_c / T_h\right)} = \frac{1}{\left(1 - 283\,\text{K} / 293\,\text{K}\right)} \approx 29$$

Então, quando dentro está a 293K e fora está a 283K, você bombeia 29 vezes a quantidade de energia do trabalho realizado para fazer a transferência de calor. Nada mal.

Congelando: A Terceira (e Absolutamente Última) Lei da Termodinâmica

O zero absoluto é o limite mais baixo da temperatura de qualquer sistema, e a terceira lei da termodinâmica pode ser formulada em termos dessa temperatura. A terceira lei é bem direta — ela diz que não se pode alcançar o zero absoluto (0K, ou cerca de −273,15°C) por nenhum processo que use um número infinito de passos. Ou seja, é impossível chegar ao zero absoluto. Cada passo no processo de diminuir a temperatura de um objeto para o zero absoluto pode deixar a temperatura um pouco mais próxima, mas não consegue chegar lá.

PAPO DE ESPECIALISTA

Embora não se possa chegar ao zero absoluto por nenhum processo, é possível chegar próximo. E se você tiver um equipamento caro descobrirá cada vez mais fatos estranhos sobre o mundo próximo de zero. Eu tenho um amigo que descobriu como o hélio líquido funciona em temperaturas baixíssimas — abaixo de dois milésimos de um Kelvin. Por exemplo, o hélio sairá sozinho de qualquer recipiente se incitado. Por essas e outras observações, ele e alguns amigos ganharam o Prêmio Nobel de Física em 1996, os sortudos (leia sobre isso em `nobelprize.org` — conteúdo em inglês).

362   PA RTE 4   Estabelecendo as Leis da Termodinâmica

5

A Parte dos Dez

NESTA PARTE...

Eu solto a física da coleira na Parte 5 e ela corre solta. Aqui, listo descobertas e ideias que tiveram impactos profundos sobre a física e mudaram o modo como as pessoas veem o mundo. Também listo dez grandes cientistas e comento sobre as contribuições que eles fizeram no campo da física.

NESTE CAPÍTULO

» Vendo pessoas que fizeram grandes contribuições para a física

» Emprestando nomes a leis famosas e a unidades de medida

Capítulo **18**

Dez Heróis da Física

Ao longo dos séculos, a física teve milhares de heróis — pessoas que fizeram o campo avançar de um jeito ou de outro. Neste capítulo você verá dez heróis da física que fizeram sua parte para torná-la o que é hoje. E, só porque a idade tem seus privilégios, organizei-os em ordem cronológica por data de nascimento.

Galileu Galilei

Galileu Galilei (1564–1642) foi um físico, matemático, astrônomo e filósofo italiano. Ele foi uma pessoa muito importante na Revolução Científica — muitas vezes, as pessoas o chamaram de pai da astronomia observacional moderna, pai da física moderna e até mesmo pai da ciência.

Ele talvez seja mais conhecido por suas melhorias no telescópio e pelas observações consequentes que foi capaz de fazer. Entre outras realizações estão a confirmação das fases de Vênus, a descoberta dos quarto maiores satélites de Júpiter (agora chamados de *Luas de Galileu*) e a observação e análise de manchas solares. Ele também estudou o movimento de objetos passando por aceleração constante.

Como todos sabem, ele apoiou a visão *heliocêntrica* do sistema solar, que diz que os planetas orbitam em torno do Sol e não da Terra. Essa foi uma posição difícil de tomar em 1610 e por isso Galileu teve problemas com a Igreja Católica, que em 1616 a declarou "falsa e contrária às escrituras". Em 1632, foi julgado pela Inquisição Romana, condenado por heresia e forçado a se retratar. Passou o resto da vida em prisão domiciliar. Os físicos modernos podem ficar felizes que esse tipo de coisa não acontece mais tanto assim.

Robert Hooke

Como muitos físicos antigos, Robert Hooke (1635–1703) fez de tudo — foi cientista, arquiteto, investidor etc. É mais conhecido por sua lei da elasticidade, a *lei de Hooke*, que afirma que a força restauradora de um objeto que passa por uma tração elástica é proporcional ao deslocamento do objeto e uma constante, geralmente chamada de *constante elástica da mola* (veja o Capítulo 13).

No entanto, Hooke experimentou em muitos campos diferentes — na verdade, foi a primeira pessoa a usar o termo *célula* para se referir à unidade básica de vida. Originalmente muito pobre, enriqueceu com seus investimentos. Foi muito ativo depois do Grande Incêndio de Londres, fazendo um levantamento topográfico das ruínas em mapas organizados. Também foi um arquiteto muito conhecido, e os prédios que projetou ainda estão de pé na Inglaterra.

Sir Isaac Newton

Sir Isaac Newton (1643–1726) era um gênio excepcional. Foi físico, matemático, astrônomo, filósofo natural e teólogo inglês. Suas realizações incluem as seguintes:

>> Estabelecimento da base para a maior parte da mecânica clássica.

>> Descobrimento da gravitação universal.

>> Descobrimento das três leis do movimento.

>> Criação do primeiro telescópio refletor prático.

>> Desenvolvimento de uma teoria das cores com base em prismas.

>> Descobrimento de uma lei empírica do resfriamento.

>> Estudo da velocidade do som.

- » Compartilhou os créditos com Gottfried Leibniz pelo desenvolvimento do cálculo diferencial e integral.
- » Demonstração do teorema binomial generalizado, um problema matemático antigo da expansão da soma de dois termos em uma série.
- » Desenvolvimento do método de Newton de aproximação das raízes de uma função.
- » Adições ao estudo das séries de potência.

Newton influenciou muito três séculos de físicos. Em 2005, os membros da Royal Society britânica foram questionados sobre quem teve a maior influência na história da ciência e fez a maior contribuição à raça humana — Sir Isaac Newton ou Albert Einstein. A Royal Society escolheu Newton.

Benjamin Franklin

Benjamin Franklin (1706–1790) é familiar para a maioria das pessoas como um dos Pais Fundadores dos Estados Unidos. Ele foi autor, tipógrafo, teórico político, agente dos correios, político, cientista, inventor, estadista e diplomata. Inventou os seguintes:

- » O para-raios.
- » Lentes bifocais.
- » A lareira Franklin Stove.
- » Um odômetro de carruagem.
- » A "harmônica" de vidro (um instrumento musical popular da época).
- » A primeira biblioteca pública dos EUA.

Franklin criou até o primeiro corpo de bombeiros da Pensilvânia. Ele também foi um importante jornalista e impressor na Filadélfia (a principal cidade das colônias da época). Ficou rico publicando o *Poor Richard's Almanack* e *The Pennsylvania Gazette*. Teve um papel muito importante na criação da Universidade da Pensilvânia e foi eleito o primeiro presidente da American Philosophical Society. Tornou-se um herói nacional quando liderou o esforço para conseguir a anulação parlamentar à impopular Lei do Selo.

CAPÍTULO 18 **Dez Heróis da Física** 367

Como cientista, Franklin ficou famoso por seu trabalho com a eletricidade. A ideia de que o raio é eletricidade pode parecer muito clara hoje em dia, mas na época de Franklin a maior faísca fabricada tinha apenas 2,5cm mais ou menos. Ninguém sabe se ele realmente realizou seu experimento mais famoso — amarrar uma chave ao fio de uma pipa e empiná-la durante uma tempestade para ver se conseguiria produzir faíscas com a chave, indicando que o raio era eletricidade (esse experimento é tão famoso que eu tive muitos alunos que confundiam Franklin com Francis Scott Key). Contudo, Franklin escreveu sobre como alguém poderia realizar tal experimento, dizendo que empinar a pipa *antes que a tempestade realmente começasse* seria importante, ou você poderia correr o risco de ser eletrocutado.

Charles-Augustin de Coulomb

Charles-Augustin de Coulomb (1736–1806) é mais conhecido pelo desenvolvimento da *lei de Coulomb,* que define a força eletrostática de atração ou repulsão entre cargas. Na verdade, a unidade MKS de carga, o *coulomb* (C), recebeu seu nome em homenagem a ele.

Coulomb veio a ser conhecido originalmente por seu trabalho de título longo *Recherches théoriques et expérimentales sur la force de torsion et sur l'élasticité des fils de metal* [Pesquisa teórica e experimental sobre a força da torção e a elasticidade do fio de metal, em tradução livre].

Ao longo da vida, Coulomb conduziu pesquisas em muitos campos, mas seu trabalho em eletrostática foi o que o tornou famoso. Ele mostrou que a atração e a repulsão eletrostática são inversamente proporcionais ao quadrado da distância entre as cargas. Mas ainda havia muito trabalho a ser feito — Coulomb achava que os "fluidos" elétricos eram responsáveis pelas cargas.

Amedeo Avogadro

Amedeo Avogadro (1776–1856) é mais conhecido pelo *número de Avogadro,* aproximadamente $6,022 \times 10^{23}$ — o número de moléculas contidas em um mol (veja detalhes no Capítulo 16). Ele começou a praticar advocacia depois de fazer seu doutorado. Em 1800, estudou matemática e física, e ficou tão interessado (quem não ficaria?) que transformou esta em sua nova carreira.

Avogadro foi pioneiro na física em nível microscópico com a *hipótese de Avogadro*, que diz que "volumes iguais de todos os gases sob as mesmas condições de temperatura contêm o mesmo número de moléculas". Infelizmente, a aceitação da hipótese foi lenta devido à oposição de outros cientistas e da confusão geral entre moléculas e átomos.

Cinquenta anos mais tarde, no Congresso de Karlsruhe, Stanislao Cannizzaro foi capaz de obter o acordo geral sobre a hipótese de Avogadro. Quando Johann Josef Loschmidt calculou o número de Avogadro pela primeira vez em 1865, Loschmidt passou a chamá-lo de *número de Loschmidt.* Mas a comunidade científica geral, em respeito ao cara que sugeriu pela primeira vez que esse número existia, o renomeou como número de Avogadro.

Nicolas Léonard Sadi Carnot

Nicolas Léonard Sadi Carnot (1796–1832) foi um físico e engenheiro militar francês. Em 1824, publicou seu trabalho *Reflections on the Motive Power of Fire* [Reflexões sobre a Potência Motriz do Fogo, em tradução livre], que deu a descrição teórica de motores térmicos, agora chamados de *ciclo de Carnot*. Esse trabalho estabeleceu a base teórica para a segunda lei da termodinâmica (veja o Capítulo 17).

Algumas pessoas chamam Carnot de pai da termodinâmica, porque ele desenvolveu conceitos como a eficiência de Carnot, o teorema de Carnot, o motor térmico de Carnot, entre outros.

James Prescott Joule

James Joule (1818–1889) foi um físico inglês que se destinou a estudar o relacionamento entre calor e trabalho (motores a vapor eram muito populares em sua época). Seus estudos levaram a leis sobre a conservação de energia (veja o Capítulo 9), que levaram ao desenvolvimento da primeira lei da termodinâmica (Capítulo 17). Como consequência, a unidade MKS de energia foi chamada de *joule.*

Ele também trabalhou no lado oposto do termômetro ao vapor, chegando o mais próximo que podia do zero absoluto, junto com Lord Kelvin (que virá a seguir). Os interesses de Joule eram muitos — na verdade, foi ele quem descobriu o relacionamento entre a corrente elétrica através de uma resistência e o calor gerado, chamado agora de *lei de Joule.*

William Thomson (Lord Kelvin)

William Thomson (1824–1907) realizou um trabalho importante ao analisar a eletricidade matematicamente e formular a primeira e a segunda leis da termodinâmica. Como muitos físicos do seu tempo, tinha muitos interesses; começou como engenheiro elétrico telegrafista e inventor, o que o fez famoso — e rico. Com dinheiro suficiente para fazer o que queria, Thomson se voltou para a física, naturalmente.

Os físicos se lembram dele por ter desenvolvido a escala de temperatura do zero absoluto, que leva seu nome até hoje — a escala Kelvin (veja o Capítulo 14). Já cavaleiro, tornou-se um homem nobre em reconhecimento às suas realizações na termodinâmica. Ele também é quase tão conhecido por seu trabalho de desenvolvimento da bússola marítima quanto pelas leis da termodinâmica. A Rainha Vitória deu a ele o título de Lord Kelvin por seu trabalho com o telégrafo transatlântico.

Albert Einstein

Talvez o físico mais conhecido pela população em geral seja Albert Einstein (1879–1955). Einstein, cujo nome é sinônimo para *gênio*, fez muitas contribuições para a física, incluindo as seguintes:

- As teorias especiais e gerais da relatividade.
- A base da cosmologia relativista.
- A explicação da *precessão do periélio* de Mercúrio, que é a rotação gradual do eixo da órbita elíptica do planeta.
- A previsão da deflexão da luz pela gravidade (*lente gravitacional*).
- O primeiro teorema de flutuação-dissipação, que explicou o *movimento browniano* das moléculas, que é o movimento aleatório e agitado de pequenas partículas suspensas em um fluido, causado por colisões com as moléculas do fluido.
- A teoria dos fótons.
- A dualidade onda-partícula.
- A teoria quântica do movimento atômico em sólidos.

Einstein foi o cientista que, às vésperas da Segunda Guerra Mundial, alertou o presidente Franklin D. Roosevelt de que a Alemanha poderia estar criando uma bomba atômica. Como resultado desse aviso, Roosevelt criou o Projeto Manhattan, altamente confidencial, que levou ao desenvolvimento da bomba atômica.

Em 1921, Einstein recebeu o Prêmio Nobel "por seus serviços para com a física teórica e especialmente por sua descoberta da lei do efeito fotoelétrico".

Einstein foi afetado por aquela distração que os cientistas que normalmente passam o tempo todo pensando sobre seus estudos podem sofrer. Conta-se que pintou sua porta da frente de vermelho para que pudesse saber qual era a sua casa. As pessoas zombam que um dia ele perguntou a uma criança: "Menininha, você sabe onde eu moro?" E a menininha respondeu: "Sim, papai. Vou levá-lo para casa."

372   PA RTE 5   **A Parte dos Dez**

NESTE CAPÍTULO

» **Indicando a distância menor e o menor tempo**

» **Ficando confortável com a incerteza**

» **Explorando o espaço para os fatos da física**

» **Descobrindo a verdade sobre os fornos de micro-ondas**

» **Entendendo-se com seus comportamentos no mundo físico**

Capítulo **19**

Dez Teorias Extraordinárias da Física

Este capítulo fornece os dez fatos não convencionais da física que você pode não ter ouvido falar em uma sala de aula. Porém, como em qualquer coisa na física, não se deve realmente considerar esses "fatos" como reais — são apenas o estado atual de muitas teorias. E neste capítulo algumas teorias são bem descontroladas, então não fique surpreso ao vê-las serem desbancadas nos próximos anos.

Você Pode Medir a Distância Menor

Os físicos têm uma teoria de que existe uma "distância menor". É o *comprimento de Planck*, nomeado em homenagem ao físico Max Planck. O comprimento é a menor divisão em que, teoricamente, pode-se dividir o espaço. Contudo, o comprimento de Planck — cerca de 1,6 × 10⁻³⁵m ou mais ou menos 10⁻²⁰ vezes o tamanho aproximado de um próton — é realmente a menor quantidade de comprimento com qualquer significância física, dada a compreensão atual do Universo. Menor do que isso e toda a noção de distância se perde.

Pode Existir um Tempo Menor

No mesmo sentido em que o comprimento de Planck é a menor distância (veja a seção anterior), o *tempo de Planck* é a menor quantidade de tempo. O tempo de Planck é o tempo que a luz leva para viajar 1 comprimento de Planck, ou 1,6 × 10⁻³⁵m. Se a velocidade da luz for a velocidade mais rápida possível, você poderá facilmente justificar que o menor tempo que pode ser medido é o comprimento de Planck dividido pela velocidade da luz. O comprimento de Planck é muito pequeno e a velocidade da luz é muito rápida, fornecendo um tempo muito curto para o tempo de Planck:

$$\text{Tempo de Planck} = \frac{1{,}6 \times 10^{-35}\,\text{m}}{3{,}0 \times 10^{8}\,\text{m/s}} \approx 5{,}3 \times 10^{-44}\,\text{s}$$

O tempo de Planck tem aproximadamente 5,3 × 10⁻⁴⁴ segundos, e a noção de tempo se perde com tempos menores que isso.

PAPO DE ESPECIALISTA

Algumas pessoas dizem que o tempo é dividido em partes de tempo quantum, chamadas *chronons*, e que cada chronon tem um tempo de Planck de duração.

Heisenberg Diz que Você Não Pode Ter Certeza

Você deve ter ouvido falar do princípio da incerteza, mas pode não saber que um físico chamado Heisenberg o sugeriu pela primeira vez. Naturalmente, isso explica por que é chamado de *princípio da incerteza de Heisenberg*, eu acho. O princípio surgiu da natureza ondulatória da matéria, como sugerido por Louis de Broglie. A matéria é composta de partículas, como os elétrons. Mas as partículas também agem como ondas, parecidas com as ondas de luz — normalmente não as notamos porque têm comprimentos de ondas muito pequenos.

As partículas têm propriedades parecidas com as das ondas, e, quanto mais localizada a onda é, mais certeza você pode ter da posição da partícula. No entanto, o comprimento de onda da onda é diretamente relacionado à quantidade de movimento da partícula. Quanto mais definido é o comprimento de onda, mais espalhada no espaço ela fica. É por isso que, quanto mais certeza você tem da quantidade de movimento, menos certeza pode ter da posição, e vice-versa. Também podemos dizer que, quanto mais precisamente medirmos suas localizações, menos precisamente sabemos de sua quantidade de movimento.

Buracos Negros Não Deixam a Luz Sair

Os *buracos negros* são criados quando estrelas particularmente grandes usam todo o seu combustível e implodem para formar objetos superdensos, muito menores do que as estrelas originais. Apenas estrelas muito grandes acabam como buracos negros. Estrelas não tão massivas para implodir com tanta frequência acabam como estrelas de nêutron. Uma *estrela de nêutron* ocorre quando a gravidade espreme todos os elétrons, prótons e nêutrons, criando efetivamente uma única massa de nêutrons com a densidade de um núcleo atômico.

Os buracos negros vão além disso. Eles implodem tanto que nem mesmo a luz consegue escapar de sua atração gravitacional intensa. Como assim? Os fótons que compõem a luz não devem ter massa alguma. Como podem ficar presos em um buraco negro?

Os fótons são afetados pela gravidade, um fato previsto pela teoria geral da relatividade de Einstein. Testes confirmaram experimentalmente que a luz que passa perto de objetos imensos no Universo é envergada por seus campos gravitacionais. A gravidade afeta os fótons e a atração gravitacional de um buraco negro é tão forte que eles não conseguem escapar.

A Gravidade Curva o Espaço

Isaac Newton deu aos físicos uma ótima teoria da gravitação e é dele que vem a famosa equação:

$$F = \frac{Gm_1 m_2}{r^2}$$

em que F representa a força, G representa a constante gravitacional universal, m_1 representa uma massa, m_2 representa outra massa, e r representa a distância entre as massas (veja o Capítulo 7). Newton foi capaz de demonstrar que o que faz uma maçã cair também mantém os planetas em órbita. Mas ele teve um problema que nunca conseguiu resolver: como a gravidade pode operar instantaneamente à distância.

CAPÍTULO 19 **Dez Teorias Extraordinárias da Física** 375

Entra Einstein, que criou a abordagem moderna deste problema. Em vez de pensar na gravidade como uma força simples, Einstein sugeriu em sua teoria geral da relatividade que o espaço e o tempo são, na verdade, diferentes aspectos de uma única entidade chamada *espaço-tempo*. A massa e a energia curvam o espaço-tempo, e essa curvatura é a gravidade!

PAPO DE ESPECIALISTA

A ideia de Einstein é que a gravidade curva o espaço e o tempo (e, basicamente, é de onde vem a ideia dos buracos de minhoca no espaço). A curvatura do espaço e do tempo é a *gravidade*. Matematicamente, você trata o tempo como a quarta dimensão ao trabalhar com a relatividade. Os vetores usados têm quatro componentes: três para os eixos x, y e z e um para o tempo, t.

O que realmente acontece quando um planeta orbita o Sol é que ele simplesmente segue o caminho mais curto através do espaço-tempo curvado percorrido. A massa do Sol curva o espaço-tempo à sua volta e os planetas seguem essa curvatura.

A Matéria e a Antimatéria Se Destroem

Uma das coisas mais legais sobre a física de alta energia, também chamada de *física de partículas*, é a descoberta da antimatéria. A antimatéria é um tipo de inverso da matéria. Os correspondentes dos elétrons são chamados de *pósitrons* (carregados positivamente) e os correspondentes dos prótons são os *antiprótons* (carregados negativamente). Até os nêutrons têm uma antipartícula: os *antinêutrons*. Um nêutron é formado por partículas menores chamadas *quarks*, que têm sua versão de antipartícula também. Então o antinêutron não tem carga, assim como o nêutron, mas cada quark que o forma é a antiversão dos quarks do nêutron.

Em termos físicos, a matéria está mais para o lado positivo e a antimatéria está mais para o lado negativo. Quando as duas se juntam, destroem-se, deixando energia pura — ondas de luz de grande energia, chamadas de *ondas gama*. E, como qualquer outra energia radiante, as ondas gama podem ser consideradas como energia térmica; portanto, se um quilo de matéria e um quilo de antimatéria se juntarem, você terá um estrondo.

Esse estrondo, quilo por quilo, é muito mais forte do que uma bomba atômica padrão, em que apenas 0,7 por cento do material físsil é transformado em energia. Quando a matéria atinge a antimatéria, 100 por cento se transforma em energia.

PAPO DE ESPECIALISTA

Se a antimatéria é o oposto da matéria, o Universo não deveria ter tanta antimatéria quanto matéria? Isso é um enigma, e o debate é contínuo. Onde está toda a antimatéria? O júri ainda não chegou a um acordo. Alguns cientistas dizem que poderia haver quantidades vastas de antimatéria por aí, que as pessoas simplesmente não sabem. Nuvens imensas de antimatéria podem estar espalhadas pela galáxia, por exemplo. Outros dizem que o Universo trata a matéria e a antimatéria de formas diferentes — mas diferente o suficiente para que a matéria que conhecemos no Universo possa sobreviver.

As Supernovas São as Explosões Mais Poderosas

Qual é a ação mais energética que pode ocorrer em qualquer lugar no Universo inteiro? Qual evento libera mais energia? Qual é o campeão de todos os tempos em relação a explosões? Sua vizinha supernova não tão amigável. Uma *supernova* ocorre quando uma estrela imensa explode. O combustível da estrela é usado e sua estrutura não é mais suportada por uma liberação interna de energia. Nesse ponto, a estrela implode e, se for imensa o bastante, sua energia potencial gravitacional é liberada repentinamente com essa implosão.

Dentre as 100 bilhões de estrelas na Via Láctea, a última supernova conhecida ocorreu há praticamente 400 anos. (Digo *conhecida* porque a luz leva um bom tempo para alcançar a Terra; uma estrela poderia ter virado uma supernova há 100 anos, mas, se estiver muito distante da Terra, podemos não saber ainda.)

A maioria das estrelas que viram uma supernova explode em velocidades de aproximadamente 10.000.000 de metros por segundo, ou mais ou menos 22.300.000mph. Em comparação, até o maior dos explosivos na Terra detona com velocidades de 1.000 a 10.000 metros por segundo.

A física de como uma estrela explode é bem compreendida, por isso os físicos podem observar o brilho aparente de uma supernova em uma galáxia distante e descobrir a distância dessa galáxia em minutos. Esse desenvolvimento levou às medidas mais precisas da taxa de expansão do Universo!

O Universo Começa com o Big Bang e Termina com o Gnab Gib

As primeiras ideias sobre a natureza de grande escala do Universo tendiam à hipótese de que o Universo era constante e imutável e que sempre havia existido e continuaria assim.

O astrônomo Edwin Hubble mediu as velocidades das galáxias e descobriu que todas estavam se afastando uma da outra e que, quanto mais distante, mais rapidamente se afastavam. Isso só poderia significar uma coisa: o Universo está expandindo. (A melhor maneira de imaginar isso é pensar nas galáxias como pontos desenhados em um balão que está sendo inflado. Cada um dos pontos se afasta dos outros à medida que o balão expande, e, quanto maior a separação entre os pontos, mais rapidamente eles se afastam uns dos outros.) Isso significa que ontem o Universo era levemente menor do que é hoje, e voltando no tempo sempre o foi assim, até que o Universo fosse todo concentrado em um único ponto! Esse é o ponto em que o espaço e o tempo estavam concentrados, chamado *singularidade*. É dessa singularidade, em um único evento violento chamado *Big Bang*, que o espaço, o tempo e o Universo se expandiram para o que são hoje.

Dado que o Universo "nasceu" no Big Bang, isso levanta a questão de se ele pode "morrer". Ou, se não, qual poderia ser o destino final do Universo? Bem, a teoria geral da relatividade de Einstein é útil aqui, porque diz como o espaço e o tempo se curvam com uma dada distribuição de matéria e energia. A teoria prevê que o destino final do Universo depende da densidade de sua massa e de sua energia. Se houver massa e energia suficientes no Universo, então elas podem causar atração suficiente para impedir sua expansão e revertê-la — levando o Universo inteiro de volta a um ponto único em um evento chamado *Grande Colapso* (ou *Big Crunch*). Caso contrário, o Universo continuará em expansão para sempre — ficando cada vez mais frio e escuro. Nenhuma opção parece muito atraente!

Os Fornos de Micro-ondas São Física Quente

É possível encontrar muita física acontecendo nos micro-ondas — itens diários que você pode ter subestimado em sua vida antes da física. O que realmente acontece em um forno de micro-ondas? Um dispositivo chamado *magnétron* gera ondas de radiação similares às envolvidas no transporte de energia térmica

378   PARTE 5   A Parte dos Dez

(veja o Capítulo 15). Essas ondas são chamadas de *ondas eletromagnéticas* e têm uma forma similar às ondas senoidais.

Ondas eletromagnéticas com comprimentos de ondas diferentes têm propriedades bem diferentes. Se tiverem um comprimento de onda em um intervalo específico, então são visíveis como a luz; em outro intervalo, com comprimentos de ondas maiores, podem esquentar a água. As ondas exercem forças nas moléculas ao passarem pela água, fazendo-as oscilar de modo similar ao movimento harmônico simples (veja o Capítulo 13).

Você deve se lembrar da química, em que as moléculas de água são polares por causa da organização dos átomos de hidrogênio e oxigênio e da distribuição de elétrons. Os átomos de hidrogênio e oxigênio compartilham elétrons, mas os elétrons passam mais tempo perto do núcleo do oxigênio, que tem uma tração mais forte. Isso significa que uma extremidade da molécula tem uma carga parcial positiva e a outra tem uma carga parcial negativa.

Uma micro-onda é composta de um campo elétrico oscilante, e as moléculas de água, com suas cargas parciais, giram para se alinhar ao campo em mutação. As moléculas de água oscilantes se chocam contra as moléculas ao seu redor que constituem o alimento. Esse movimento de choque maior das moléculas é exatamente o que queremos dizer quando falamos em temperatura aumentada — e seu jantar está pronto! A frequência da micro-onda determina a frequência das moléculas oscilantes (a frequência de seu movimento harmônico simples), e isso transfere a energia às moléculas a uma taxa que aumenta com a frequência (e intensidade) da onda. A frequência das micro-ondas é exata para aumentar a temperatura na taxa requerida para cozinhar alimentos.

PAPO DE ESPECIALISTA

Os fornos de micro-ondas foram inventados acidentalmente, durante os primeiros dias do radar. Um homem chamado Percy Spencer colocou sua barra de chocolate no lugar errado — perto de um magnétron usado para criar ondas de radar — e ela derreteu. "Ahá", pensou Percy. "Isso pode ser útil." E quando percebeu havia não só inventado os fornos de micro-ondas, mas também a pipoca de micro-ondas (não é piada).

PAPO DE ESPECIALISTA

O Universo é cheio de micro-ondas, que são um tipo de brilho de calor residual do Big Bang. A descoberta dessa chamada *radiação cósmica de fundo em micro-ondas* na década de 1960 foi uma confirmação poderosa da teoria do Big Bang. Você pode ler mais sobre micro-ondas e outras formas de radiação eletromagnética em meu livro *Física II Para Leigos*.

O Universo É Feito para Medir?

Constantes fundamentais são fixas e escritas nas leis da física, que descrevem todo o Universo. Essas constantes descrevem coisas como a força da gravidade e as massas relativas das partículas fundamentais. Os físicos esperam desenvolver uma teoria que explique por que as constantes físicas fundamentais têm os valores que têm. Os físicos gostariam que sua teoria final de tudo fosse completamente independente, sem deixar nenhuma explicação de fora — mesmo dos valores de constantes fundamentais.

Os físicos descobriram como o mundo seria se as constantes físicas fossem levemente diferentes. O que aconteceria se a gravidade fosse um pouco mais fraca? O que aconteceria se as forças que mantêm os átomos da matéria grudados fossem um pouco mais fortes? E a resposta que encontraram é que, se qualquer uma das constantes fosse apenas um pouquinho diferente dos valores que têm, as pessoas não seriam capazes de viver neste Universo. Por exemplo, se a gravidade fosse um pouco mais fraca, as estrelas não seriam formadas e não teríamos o Sol. E se a gravidade fosse um pouco mais forte, as estrelas queimariam seu combustível com tanta rapidez que a vida não teria tempo de evoluir! Como as pessoas podem explicar a razão de as constantes serem tão bem ajustadas?

O *princípio antrópico* diz que as constantes precisam ter os valores que têm, pois, se não os tivessem, não estaríamos aqui para medi-las. Esse é um argumento muito curioso do qual muitas pessoas não gostam!

Outro enigma relacionado às constantes é a pergunta de por que a gravidade é tão fraca. A gravidade é excessivamente fraca comparada a outras forças, como as elétricas (o mesmo tipo de força que faz seu cabelo arrepiar quando você esfrega um balão na camiseta e o aproxima de sua cabeça). Essa pergunta levou muitos físicos a contemplarem dimensões extras de espaço e tempo.

Glossário

Este é um glossário de termos físicos comuns encontrados neste livro. **Nota:** palavras em itálico aparecem em entradas separadas.

aceleração: A taxa da mudança de *velocidade*, expressa como um *vetor.*

aceleração angular: A taxa de mudança da *velocidade angular.*

aceleração centrípeta: A *aceleração* necessária para manter um objeto em movimento circular; a aceleração centrípeta é direcionada para o centro do círculo.

adiabático: Não libera calor para o ambiente ou não absorve calor dele.

atrito: A força entre duas superfícies que sempre agem em oposição a qualquer movimento relativo entre elas.

atrito cinético: O *atrito* que resiste ao movimento de um objeto que já está em movimento.

atrito estático: O *atrito* em um objeto parado.

calor: O fluxo de energia térmica.

calor latente: O calor por quilograma necessário para causar uma mudança na fase de uma substância.

capacidade de calor: A quantidade de *calor* necessária para aumentar a temperatura de uma unidade de massa de uma substância em 1 grau.

capacidade de calor específico: A *capacidade de calor* de um material por quilograma.

cinemática: A divisão da *mecânica* preocupada com o movimento sem referência à força ou à *massa.*

colisão elástica: Uma colisão em que a *energia cinética* é conservada (a quantidade de movimento também é conservada, como em qualquer colisão).

colisão inelástica: Uma colisão em que a energia cinética não é conservada (embora a quantidade de movimento seja conservada, como em qualquer colisão).

condução: A transmissão de calor através de um material por meio de contato direto.

condutividade térmica: Uma propriedade de uma substância que mostra a eficiência de propagação de *calor* por ela.

conservação de energia: A lei da física que diz que a energia total de um sistema fechado não muda.

constante de Boltzmann: Uma constante termodinâmica com um valor de $1,38 \times 10^{-23}$ joules por Kelvin; ela quantifica a quantidade média de energia de partículas individuais a uma dada temperatura e é dada pela constante do gás dividida pelo *número de Avogadro.*

convecção: Um mecanismo para transportar calor através do movimento de um gás ou líquido esquentado.

corpo negro: Um corpo que absorve toda a radiação incidente em si, alcança um equilíbrio termodinâmico com sua energia incidente e a irradia toda de volta.

densidade: Uma quantidade de massa dividida pelo volume.

deslocamento: A mudança na posição de um objeto em termos da distância e da direção.

deslocamento angular: O ângulo entre as posições angulares inicial e final.

dígitos significantes: O número de dígitos de valor conhecido, de acordo com a precisão da medição e qualquer cálculo subsequente.

emissividade: Uma propriedade de uma substância mostrando sua eficácia de *radiação.*

energia: A habilidade de um sistema de realizar *trabalho.*

energia cinética: A *energia* de um objeto devido ao seu movimento.

energia potencial: A *energia* que um objeto tem por causa de sua configuração interna ou sua posição quando uma força age sobre ele.

escalar: Uma quantidade que tem grandeza, mas não direção (em contraste a um *vetor*, que tem ambos).

expansão térmica: O aumento no comprimento ou no volume de um material à medida que ele esquenta.

fase (da matéria): Um de quatro estados notavelmente distintos da matéria — sólido (as moléculas estão relativamente fixas); líquido (as moléculas são livres para fluir, mas estão relativamente próximas umas das outras); gasoso (as moléculas são livres para fluir e estão longe umas das outras em relação ao seu tamanho); e plasma (os átomos foram divididos para formar um gás de partículas subatômicas).

382   Física I Para Leigos

fator de conversão: O número que relaciona dois conjuntos de unidades.

flutuação: A força que age para cima em um corpo imerso em um fluido que é igual em grandeza ao peso do fluido deslocado pelo objeto.

força centrípeta: A força direcionada para o centro do círculo que mantém um objeto em movimento circular.

força normal: A força que uma superfície aplica a um objeto em uma direção perpendicular a essa superfície.

frequência: O número de ciclos de uma ocorrência periódica por unidade de tempo.

grandeza: O tamanho, a quantidade ou o comprimento associado a um *vetor* (vetores são formados por uma direção e uma grandeza).

gravidade específica: A *densidade* de uma substância relativa à uma substância de referência.

hertz: A unidade MKS de medida de *frequência* — um ciclo por segundo.

impulso: O produto da quantidade de força sobre um objeto e o tempo durante o qual a força é aplicada.

inércia: A tendência das massas de resistir a mudanças em seu movimento.

inércia rotacional: Veja *momento de inércia.*

isobárico: Em *pressão* constante.

isocórico: Em volume constante.

isotérmico: Em *temperatura* constante.

joule: A unidade MKS de *energia* — um newton-metro.

Kelvin: A unidade MKS de temperatura, igual em tamanho ao grau Celsius; a escala Kelvin começa no *zero absoluto.*

lei da conservação da quantidade de movimento: Uma lei que afirma que a quantidade de movimento de um sistema não muda a não ser que seja influenciada por uma força externa.

linha de fluxo: Linhas em um fluido paralelas à velocidade do fluido em todos os pontos.

massa: A medida quantitativa da propriedade que faz a matéria resistir à aceleração.

mecânica: A área da física que lida com os movimentos dos corpos e das forças impostas sobre eles.

mol: Uma quantidade de substância definida por ter um número de átomos (ou moléculas, se a substância for molecular) igual ao *número de Avogadro.*

momento de inércia: A propriedade da matéria que a faz resistir à aceleração rotacional.

movimento harmônico simples: Movimento repetitivo em que a força restauradora é proporcional ao *deslocamento.*

newton: A unidade MKS da força; a quantidade de força que aceleraria uma *massa* de 1 quilograma com uma *aceleração* de 1 metro por segundo^2.

número de Avogadro: O número de moléculas em um *mol,* $6,022 \times 10^{23}$.

oscila: Move ou balança de um lado ao outro com regularidade.

pascal: A unidade MKS da *pressão,* igual a 1 *newton* por metro^2.

período: O tempo que leva para um ciclo completo de um evento que se repete.

peso: A força exercida em uma *massa* por um campo gravitacional.

potência: A taxa em que o trabalho é realizado pelo sistema.

pressão: A força aplicada a uma superfície dividida pela área de superfície sobre a qual a força age.

pressão normal: Uma atmosfera, ou $1,01 \times 10^5$ pascal.

quantidade de movimento angular: O produto do *momento de inércia* de um objeto e sua *velocidade angular.*

quantidade de movimento linear: O produto da *massa* de um objeto e sua *velocidade*; a quantidade de movimento é um *vetor.*

quilograma: A unidade MKS da *massa.*

radiação: Um mecanismo físico que transporta *calor* e *energia* como ondas eletromagnéticas.

radianos: A unidade MKS do ângulo; há 2π radianos em um círculo; um radiano é o ângulo delimitado por um arco que tem um comprimento igual ao raio de um círculo.

resultante: A soma de um *vetor.*

sistema FPS: O sistema de medição que usa pés, libras e segundos.

sistema MKS: O sistema de medição que usa metros, quilogramas e segundos.

temperatura: Uma medida de movimento molecular em uma substância; quando dois objetos estão em contato térmico, mas nenhum calor se propaga entre eles, então são definidos como estando na mesma temperatura.

temperatura normal: Uma temperatura de 0°C.

termodinâmica: A seção da física que trata de *calor* e matéria.

torque: O produto de uma força ao redor de um ponto de giro e a distância perpendicular da força a esse ponto de giro.

trabalho: A força multiplicada pelo *deslocamento* sobre o qual essa força age e o cosseno do ângulo entre eles; o trabalho é igual à quantidade de *energia* transferida por uma força.

velocidade: A taxa de tempo de mudança da posição de um objeto, expressa como um *vetor* cuja *grandeza* é a rapidez.

velocidade angular: A taxa de mudança do *deslocamento angular.*

vetor: Uma construção matemática que tem *grandeza* e direção.

viscosidade: A "densidade" de um fluido; a taxa pela qual a velocidade muda pelo fluxo de um fluido aumenta com a viscosidade.

zero absoluto: O limite mais baixo da temperatura fisicamente possível.

386   Física I Para Leigos

Índice

A

aceleração, 13, 42–48, 54
  angular, 127, 220
  centrípeta, 128–131, 224
  instantânea, 47–48
  média, 47–48
  não uniforme, 49
  positiva e negativa, 44–47
  tangencial, 223
  unidades, 43
  uniforme, 49
Albert Einstein, 88, 370–371
  cosmologia relativista, 370
  dualidade onda-partícula, 370
  lente gravitacional, 370
  movimento browniano das moléculas, 370
  precessão do periélio de Mercúrio, 370
  teoria dos fótons, 370
  teoria quântica, 370
Amedeo Avogadro, 368–369
  hipótese de Avogadro, 369
  número de Avogadro, 368
amplitude, 268
ângulos
  complementares, 110
antimatéria, 376
Aristóteles, 89
atrito, 16–17, 89, 112–121
  cinético, 114–116
  estático, 114–115

B

bárico, 337
Benjamin Franklin, 367–368
  eletricidade, 368
Big Crunch. *Consulte* Grande Colapso
bomba de calor, 357
braço de alavanca, 231, 233
braço do momento. *Consulte* braço de alavanca
buracos de minhoca, 376
buracos negros, 375
bússola marítima, 370

C

calor, 294, 301–316, 332
  latente, 298–299
    de fusão, 299
    de sublimação, 299
    de vaporização, 299
caloria, 294
capacidade de calor específico, 295
  molar, 347
carbono-12, 318
célula, 366
centígrado. *Consulte* Celsius
Charles-Augustin de Coulomb, 368
  eletrostática, 368
  lei de Coulomb, 368
ciclo, 271
cinemática, 199–218
cinética
  angular, 219–244
círculo de referência, 269–270
CNTP. *Consulte* condições normais de temperatura e pressão
coeficiente
  de atrito, 113
  de dilatação linear, 290
  de dilatação volumétrica, 291
  de performance, 359
colisão espacial, 207
colisões, 211–218
  elástica, 212–218
  inelástica, 212–218
compressão, 264
comprimento de Planck, 373
condições normais de temperatura e pressão, 322
condução, 304–310
condutividade térmica, 307, 309–310
conservação da energia mecânica, 190
constante de Stefan-Boltzmann, 314
constante elástica da mola, 264
convecção, 302–304
  forçada, 303–304
  natural, 302–303

COP. *Consulte* coeficiente de performance
corpos negros, 312
curva
    inclinada, 134–136
    plana, 133–134
curva adiabática, 346
curvas isotérmicas, 346

D

densidade
    gravidade específica, 151
    massa, 150–152
desaceleração, 43
deslocamento, 34–38, 54, 72
    angular, 127, 220
    posição final, 35
    posição inicial, 35
diagrama de corpo livre, 94
dígitos significantes, 26
dilatação térmica, 288–293
    linear, 289
    volumétrica, 291
dimensão, 59–84
direção
    radial, 221
    tangencial, 221
dissipador térmico, 351
distância, 51–54
    fórmula, 37
distância menor. *Consulte* comprimento de
    Planck

E

Edwin Hubble, 378
elasticidade, 263–282
elásticos, 263
elipses, 145
emissividade, 313
energia, 15–16
    cinética, 15, 181–185
        rotacional, 256–259
        versus força resultante, 184–185
    de ponto zero, 287
    interna
        no movimento de átomos e moléculas,
        332

mecânica, 190–194
    princípio da conservação, 192
potencial, 15, 186–188
    gravitacional, 190, 257
pressão, 16
térmica, 294–300
equação
    da continuidade, 165–166
        versus equação de Bernoulli, 169–171
    da energia cinética, 183
    de Bernoulli, 168
equilíbrio, 235
    rotacional, 235–244
    térmico, 294, 312, 332
espaço-tempo, 376
esticamento, 264
estrela de nêutron, 375
excentricidade da elipse, 145

F

fator de conversão, 21
física, 10–12
    de partículas, 376
    dos impulsos, 206
fluido, 150
flutuabilidade, 302
fluxo, 162–172
    cizalhamento, 164
    compressível, 162
    incompressível, 162
    invíscido, 163
    não rotacional, 163
    rotacional, 163
    uniforme, 162
    variado, 162
    viscoso, 163
força, 15–16, 87–106
    ângulos, 102
    centrípeta, 131–136
        gravidade, 139–145
        massa, 132–133
        raio, 132–133
        velocidade, 132–133
    conservativa, 188–190
    do atrito, 112–113
    gravidade
        entre corpos orbitantes, 142–145
    não conservativa, 188–190

normal, 113
restauradora, 264
resultante, 93, 181
unidades, 92
libra, 92
newtons, 92
versus atrito, 99–100
vetor, 93–98
ΣF, 91
frequência, 271
angular, 272
fundamentos matemáticos, 19–32

G

Galileu Galilei, 365–366
Luas de Galileu, 365
gases ideais, 320–326
energia cinética, 327
mols, 320
temperatura, 320
volume, 320
GPS, 144
Grande Colapso, 378
grandeza, 60
grandeza do deslocamento, 37
gravidade, 78–84, 107–126

H

heliocentrismo, 366
heresia, 366
heróis da física, 365–371

I

impulso, 199–218, 200–201
versus movimento, 203–204
inércia, 89–90
distribuição da massa, 248–254
DVD, 250
roldana, 252
inércia rotacional, 246
irradiação, 17
Isaac Newton, 88, 366–367
isolantes térmicos, 309
isótopo, 318

J

James Prescott Joule, 369
lei de Joule, 369
Johannes Kepler, 145

L

lei da elasticidade. *Consulte* lei de Hooke
lei da gravitação universal, 139
lei de Boyle, 323–326
lei de Charles, 324–326
lei de Hooke, 264–266
lei dos gases, 320
lei dos gases ideais, 317–330
pressão, 319–326
temperatura, 319–326
volume, 319–326
leis de Kepler, 145
leis de Newton, 88–106
primeira, 88–90
segunda, 91–98
terceira, 98–106
limite elástico, 265
linha de fluxo, 164

M

máquina de movimento perpétuo, 89
massa, 90
atômica, 318
molecular, 319
slug, 90
medidas experimentais, 11
medidas físicas, 19–32
álgebra básica, 28–29
precisão, 26–28
previsão, 20–23
sistemas de medição, 20–23
conversão, 21–23
MKS, 20
sistema inglês, 20
trigonometria, 29–30
menor quantidade de tempo. *Consulte* tempo de Planck
mergulho, 155–156
método científico, 9
micro-ondas, 378
mola ideal, 265

Índice   389

momento de inércia, 247

motores térmicos, 351

movimento, 12–18

  angular

    fórmula, 138

  circular

    versus movimento harmônico simples, 269

    vertical, 146

  circular uniforme, 129

    período, 129

  componente horizontal, 124

  componente vertical, 124

  eixo, 36–38

  fluidos, 161–164

  harmônico simples, 14, 266–277

    energia potencial elástica, 278–279

  linear

    fórmula, 138

  não uniforme, 40

  orbital, 142

  oscilatório, 266

  periódico, 263–282

  quantidade, 201–202

  radial, 221

  rotacional, 13, 127–148, 220–221

    segunda lei de Newton, 245–262

  tangencial, 221, 221–226

  uniforme, 39

N

navio, 151

Nicolas Léonard Sadi Carnot, 369

  ciclo de Carnot, 369

  eficiência de Carnot, 369

  motor térmico de Carnot, 369

  teorema de Carnot, 369

notação científica, 24–25

número de Avogadro, 318–319

número de Loschmidt. *Consulte* número de Avogadro

O

objeto estacionário, 181

ondas eletromagnéticas, 379

onda senoidal, 268

ondas gama, 376

P

parábola, 125

pêndulo, 279–282

Percy Spencer, 379

período, 271–272

peso, 89, 121, 141

  paralelo, 117

  perpendicular, 117

planos inclinados, 108–111

ponto de apoio, 230

ponto de equilíbrio, 266

ponto pivô, 231–233

potência, 194–198

prefixos, 25

pressão, 152–159

  fluidos, 149–172

  processo

    adiabático, 345

    isobárico, 337

    isocórico, 341

  versus profundidade, 153–157

  versus volume, 337

previsões, 11

princípio antrópico, 380

princípio da incerteza de Heisenberg, 374

princípio de Arquimedes, 159–161

princípio de Carnot, 354–357

  máxima eficiência possível, 355

  motor, 354

princípio de Pascal, 157–159

processo reversível, 354

projéteis, 121–125

Projeto Manhattan, 371

Q

quantidade de movimento, 23, 199–218
    angular, 259–262
    conservação, 206–211
    linear, 259
quantidades escalares, 195

R

radiação, 310–316
    mútua, 311–312
radiação cósmica de fundo em micro-ondas, 379
radiano, 136, 225
rampas, 257–259. *Consulte* planos inclinados
rapidez, 38
    angular, 220
    tangencial, 222
Richard Feynman, 31
Robert Hooke, 264, 366
roldana, 100–102
Royal Society, 367

S

Sadi Carnot, 354
satélites
    geossíncronos, 145
    período, 144
    velocidade, 142–143
sistema
    isotérmico, 343
sistema isolado, 207
sistemas de posicionamento global.
    Consulte GPS
sistemas fechados, 212
Stefan-Boltzmann, 313
    lei da radiação, 313
sublimação, 297
supernova, 377
suspensão, 122

T

taxa de fluxo de massa, 166
taxa de fluxo volumétrico, 167
telégrafo transatlântico, 370
temperatura, 286–288, 332
    Celsius, 286–287
    Fahrenheit, 286–287
    Kelvin, 287–288
    mudanças de fases, 296
tempo de Planck, 374
teorema de flutuação-dissipação, 370
teorema do impulso-quantidade de movimento, 202–206
teorema do trabalho-energia, 176, 181–182
teoria da relatividade, 88
termal, 303
termodinâmica, 17, 285–300
    leis, 331–362
        primeira, 332–350
        segunda, 350–360
        terceira, 361–362
        lei zero, 332
Terra
    período, 144
torque, 229–235, 246–247
    resultante, 247
torricelli, 322
trabalho, 15, 175–198, 255, 332
    linear
        conversão, 255
    mecânico, 176
    rotacional, 254–259
trajetória, 81
tubo de fluxo, 164

V

vácuo, 310
variáveis angulares
    aceleração, 136–139
    deslocamento, 136–139
    velocidade, 136–139

velocidade, 13, 38–42, 54
- angular, 127, 220
- instantânea, 39, 222
- média, 40–42
  - rapidez média, 41
- tangencial, 222
- uniforme, 39
- vetores, 38

vetor, 13
- rotação, 226–229

vetores, 59–84
- adição, 61–62
- componentes, 66
- deslocamento, 61
- escalares, 60
- fundamentos, 60–61
- grade, 63–64
- grandeza, 69
- multiplicação, 64
- notação, 63–64
- resultante, 61, 62
- subtração, 62
- trigonometria, 65–71

viscosidade, 163

W

William Thomson, 287
- Lord Kelvin, 370

Z

zero absoluto, 287

CONHEÇA OUTROS LIVROS DA ALTA BOOKS!

Negócios - Nacionais - Comunicação - Guias de Viagem - Interesse Geral - Informática - Idiomas

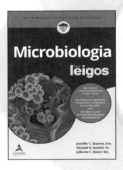   

Todas as imagens são meramente ilustrativas.

SEJA AUTOR DA ALTA BOOKS!

Envie a sua proposta para: autoria@altabooks.com.br

Visite também nosso site e nossas redes sociais para conhecer lançamentos e futuras publicações!

www.altabooks.com.br

/altabooks ▪ /altabooks ▪ /alta_books

ALTA BOOKS
EDITORA

Este livro foi impresso nas oficinas gráficas da Editora Vozes Ltda.,
Rua Frei Luís, 100 – Petrópolis, RJ.